ZHUSU MUJUGONG KUAISU RUMEN

注塑模具工快速入门

支伟 主编

化学工业出版社

·北京·

图书在版编目（CIP）数据

注塑模具工快速入门/支伟主编．—北京：化学工业出版社，2012.3（2019.10重印）
ISBN 978-7-122-13218-5

Ⅰ．注…　Ⅱ．支…　Ⅲ．注塑-塑料模具　Ⅳ．TQ320.66

中国版本图书馆 CIP 数据核字（2012）第 003870 号

责任编辑：李军亮　　　　文字编辑：项　潋
责任校对：陶燕华　　　　装帧设计：刘丽华

出版发行：化学工业出版社（北京市东城区青年湖南街 13 号　邮政编码 100011）
印　　装：北京虎彩文化传播有限公司
850mm×1168mm　1/32　印张 8½　字数 231 千字
2019 年10月北京第 1 版第 4 次印刷

购书咨询：010-64518888　　　　售后服务：010-64518899
网　　址：http://www.cip.com.cn
凡购买本书，如有缺损质量问题，本社销售中心负责调换。

定　　价：38.00 元

前　言

由于塑料制件拥有极为优异的包括物理、机械、热、电、化学性能在内的综合性能，与金属材料相比，塑料密度小、比强度大、容易加工、生产效率高，可简化加工程序、节省费用、降低成本。因此，目前在电子电气、交通运输、机械仪表、办公设备、家用电器、建筑照明等领域得到了广泛的使用。而注塑成型是塑料制品的主要成型方法，约有50%以上的塑料产品是通过注塑方式进行生产的，与此相应的注塑模具在塑料模具中所占的比重最大，其设计与制造技术水平直接影响到塑料制件的质量与寿命，因此如何提高模具制造水平越来越受到各加工企业的重视。

随着我国制造业水平的稳步提高，政府越来越重视职业技能的培训，近年来出台了一系列政策、法规，以促进高水平、高素质职业技能型人才的培养，适应经济社会发展的需要。本书结合国家职业标准，根据企业对注塑模具工技能的要求，较系统地介绍了注塑模具工快速上岗应知应会的知识与技能，内容包括注塑模具识图、模具材料、模具结构、模具加工方法、典型注塑模具零件的加工实例、模具装配、试模与调整以及模具的使用与维护等，结合实际应用，重点突出了模具加工工艺方法的实用性，注重知识能力与和技能培养之间的衔接。

本书由支伟担任主编，其中王小清编写第一、三、七章，郭烨编写第二、四、八章，李军编写第五、六章。

由于编者水平所限，书中不妥之处在所难免，恳切希望读者批评指正。

编者

目　录

第一章　注塑模具识图

第一节　塑料制件图分析

塑料制件图是表达塑料制件结构形状、尺寸和技术要求的图样，又称为塑料工作图。模具图样主要包括塑料制件图、成型零件图以及模具装配图。本节主要识读、分析塑料制件图。

(1) 塑料制件图的作用和内容

① 塑料制件图的作用。塑料产品或塑料制件是由塑料零件装配成的。如图 1-1 所示，该零件为塑料扣盒盒盖，大批量生产，材料为聚丙烯。

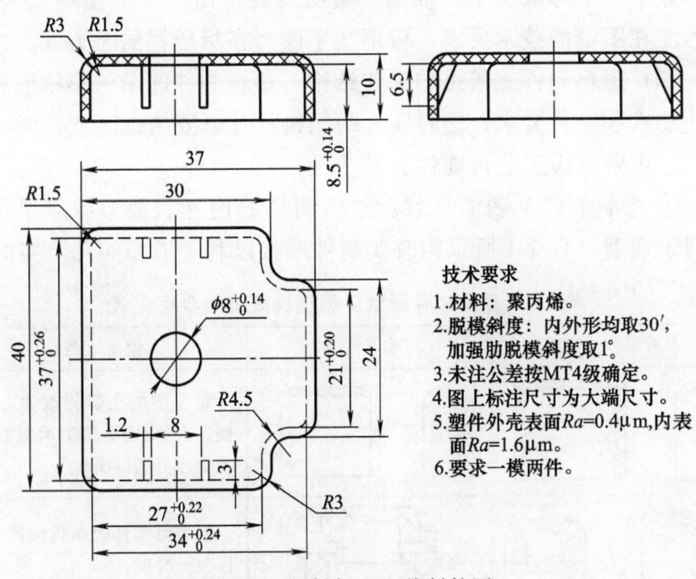

图 1-1　塑料扣盒盒盖制件图

塑料制件零件图是设计部门提交给生产部门的重要技术文件，它反映了设计者的意图，表达了对零件的要求（包括对零件的结构要求和制造工艺的可能性、合理性要求等），是制造、检验塑料零件的依据，也是检验注塑模具制造精度的依据。

② 塑料制件图的内容。从图 1-1 中可以看出作为塑料制件图一般应包括以下几方面内容：

a. 图形。用一组图形（包括各种表达方法）准确、清楚和简便地表达出制件的结构形状。如图 1-1 所示，用三个基本视图（主、左视图均采用剖视图）清楚地表达了该制件的壁厚、过渡圆角、加强肋等内外结构形状。

b. 尺寸。正确、齐全、清晰、合理地标注出制件各部分的大小及其相对位置尺寸，即提供制造和检验制件零件所需的全部尺寸，为注塑模具制造做好准备。

c. 技术要求。将制造制件应达到的质量要求（如表面粗糙度、尺寸公差、形位公差、材料、表面处理等），用一些规定的代（符）号、数字、字母或文字，准确、简明地表示出来。不便用代（符）号标注在图中的技术要求，可用文字注写在标题栏的上方或左方。

(2) 塑料制件上常见的工艺结构 塑料制件的结构形状应满足设计要求和工艺要求。塑料制件的结构设计既要考虑工业美学、造型学，更要考虑工艺可能性、方便性。

① 塑料制件的表面形状。塑料制件的内外表面形状应尽可能有利于成型。表 1-1 所示为改变制件形状以利于成型的几个实例。

表 1-1 改变制件形状以利模具成型的典型实例

不 合 理	合 理	说 明
		将左图侧孔容器改为右图侧凹容器，则不需采用侧抽芯或瓣合分型的模具
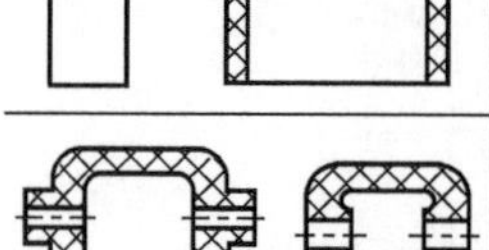	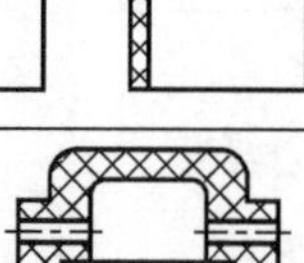	应避免塑件表面横向凹台，以便于脱模

续表

不 合 理	合 理	说 明
		塑件外侧凹，必须采用拼合凹模，使注塑模具结构复杂，塑件表面有接缝
		塑件内侧凹，抽芯困难
		将横向侧孔改为垂直向孔，可免去侧抽芯机构

塑件（塑料制件）内侧凹较浅并允许带有圆角时，则可以用整体凸模采取强制脱模的方法使塑件从凸模上脱下，如图 1-2（a）所示，因为塑料制件在脱模温度下具有足够的弹性，可以使塑件在强制脱模时不会变形，如聚乙烯、聚丙烯、聚甲醛等都能适应这种情况。某些情况下塑件外侧的凹凸也可以强制脱模，如图 1-2（b）所示。

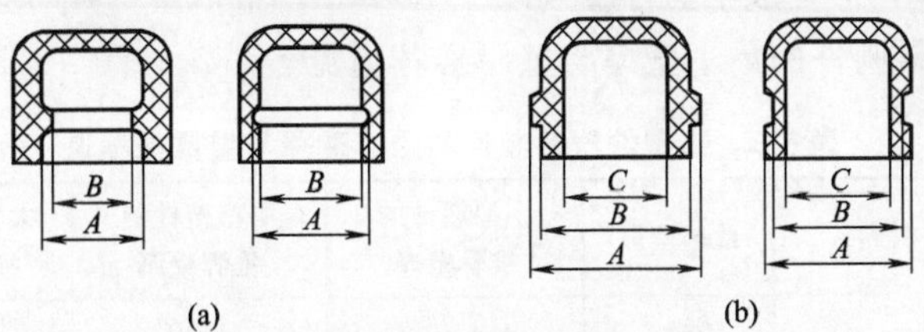

图 1-2　可强制脱模侧向凹凸

塑料制件的形状还应有利于提高制品的强度和刚度。薄壳状塑件可设计成球面或拱形曲面，如图 1-3～图 1-5 所示。

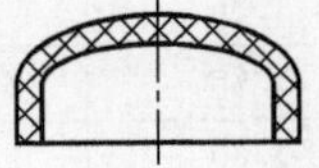
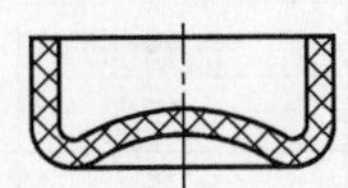
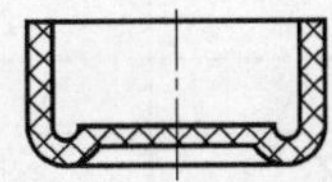

图 1-3　容器底与盖的加强

图 1-4 制件边缘的增强

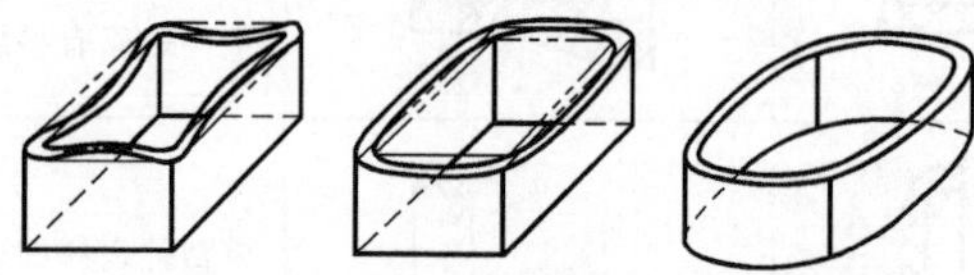

图 1-5 防止矩形薄壁容器侧里内凹变形

② 壁厚。塑料制件壁厚的大小对塑件质量的影响：

a. 壁厚太小。制件强度及刚度不足，注塑时塑料流动困难。

b. 壁厚太大。原料浪费，注塑时冷却时间长，易产生气泡、缩孔等缺陷。

热固性塑料的小型塑件，壁厚取 0.6～2.5mm，大型塑件取 3.2～8mm。苯基酚醛塑料等流动性差者取较大值，但一般不宜大于 10mm。脆性塑料如矿物填充的酚醛塑料件壁厚应不小于 3.2mm。热塑性塑料易于成型薄壁塑件，最小壁厚能达到 0.25mm，但一般不宜小于 0.6～0.9mm，常取 2～4mm。各种热塑性塑料制件的最小壁厚与壁厚推荐值见表 1-2。

表 1-2 热塑性塑料制件的最小壁厚与壁厚推荐值 mm

塑件材料	最小壁厚	小型塑件的推荐壁厚	中型塑件的推荐壁厚	大型塑件的推荐壁厚
尼龙	0.45	0.76	1.50	2.4～3.2
聚乙烯	0.6	1.25	1.60	2.4～3.2
聚苯乙烯	0.75	1.25	1.60	3.2～5.4
改性聚苯乙烯	0.75	1.25	1.60	3.2～5.4
有机玻璃	0.8	1.50	2.20	4～6.5
硬聚氯乙烯	1.2	1.60	1.80	3.2～5.8
聚丙烯	0.85	1.45	1.75	2.4～3.2
氯化聚醚	0.9	1.35	1.80	2.5～3.4
ABS	0.55	0.90	1.70	2.5～3.4

同一塑件的壁厚应尽可能一致，否则会因冷却或固化速度不同产生附加内应力，使塑件产生翘曲、缩孔、裂纹甚至开裂。表 1-3 为改善塑件壁厚的典型实例。如果结构要求必须有不同壁厚时，不同壁厚的比例不应超过 1∶3，且应采取适当的过渡半径以避免壁厚的突然变化。

表 1-3　改善塑件壁厚的典型实例

不合理	合理	说明
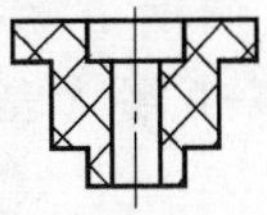	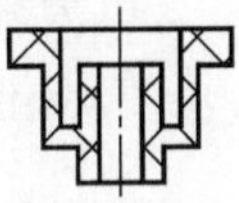	左图壁厚不均匀，易产生气泡及塑件变形，右图壁厚均匀，改善了成型工艺条件，有利于保证质量
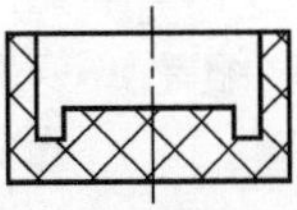	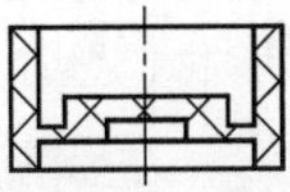	
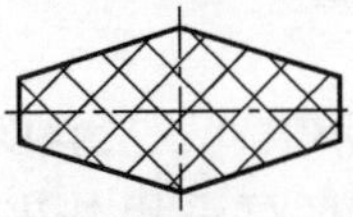	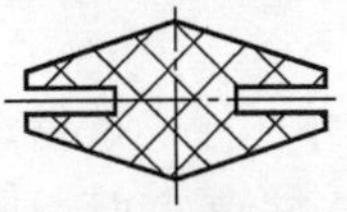	
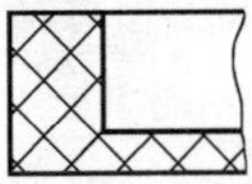	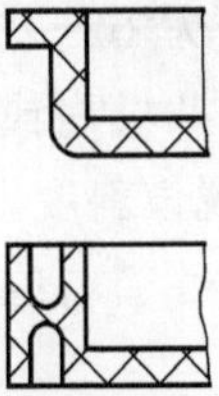	
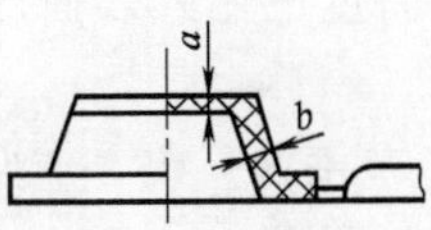	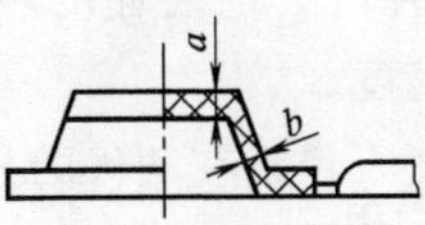	平顶塑件，采用侧浇口进料时，为避免平面上留有熔接痕，必须保证平面进料通畅，故 $a>b$
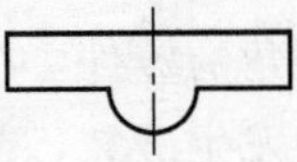	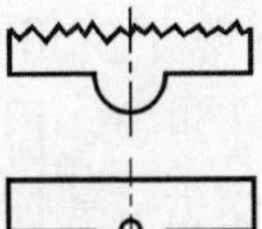	壁厚不均塑件，可在易产生凹痕表面采用波纹形式或在厚壁处开设工艺孔，以掩盖或消除凹痕

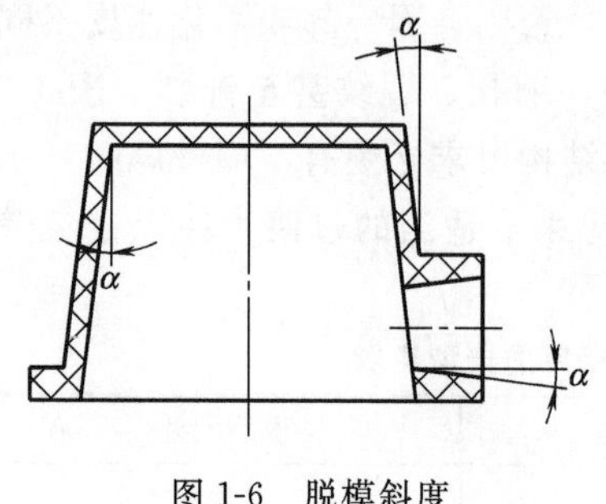

图 1-6　脱模斜度

③ 脱模斜度。为了便于塑件脱模，防止脱模时擦伤塑件，必须在塑件内外表面脱模方向上留有足够的斜度，在模具上称为脱模斜度，如图 1-6 所示。

a. 脱模斜度的取法。外形以大端为基准，斜度由缩小方向取得；内形以小端为基准，斜度由扩大方向取得。

b. 选择脱模斜度一般应掌握以下原则：

ⓐ 脱模斜度取决于塑件形状、壁厚及塑料收缩率，一般取 30′～1°30′。

ⓑ 成型型芯长或型腔深，则斜度应取偏小值，反之可选用偏大值。

ⓒ 塑件高度不大（通常小于 2～3mm）时可不设计脱模斜度。

ⓓ 当制件在使用上有特殊要求时，脱模斜度可采用外表面（型腔）为 5′，内表面（型芯）为 10′～20′。

ⓔ 开模后为了使塑件留在凹模内或凸模上，往往有意减小凹模的脱模斜度或者增大凸模的脱模斜度。

ⓕ 热固性塑料一般较热塑性塑料收缩率要小一些，故脱模斜度也相应小一些。

ⓖ 压缩成型较大的塑件时，内表面的脱模斜度应比外表面的大些，以保证顶缘部分的密度。

一般情况下，脱模斜度不包括在塑件的公差范围内。表 1-4 为常用塑料制件的脱模斜度推荐范围。

④ 制件的圆角。塑料制件除了使用上要求采用尖角之外，其余所有转角处应尽可能采用圆角过渡。因为带有尖角的塑件，往往会在尖角处产生应力集中，在受力或受冲击振动时发生破裂，甚至在脱模过程由于成型内应力而开裂，特别是塑件的内角处。图 1-7

表 1-4 塑料制品的脱模斜度推荐范围

塑料制品材料	脱模斜度	
	型腔	型芯
聚酰胺(通用)	20′～40′	25′～40′
聚酰胺(增强)	20′～50′	20′～40′
聚乙烯	20′～45′	25′～45′
聚苯乙烯	35′～1°30′	30′～1°
聚甲基丙烯酸甲酯	35′～1°30′	30′～1°
聚碳酸酯	35′～1°	30′～50′
ABS 塑料	40′～1°20′	35′～1°

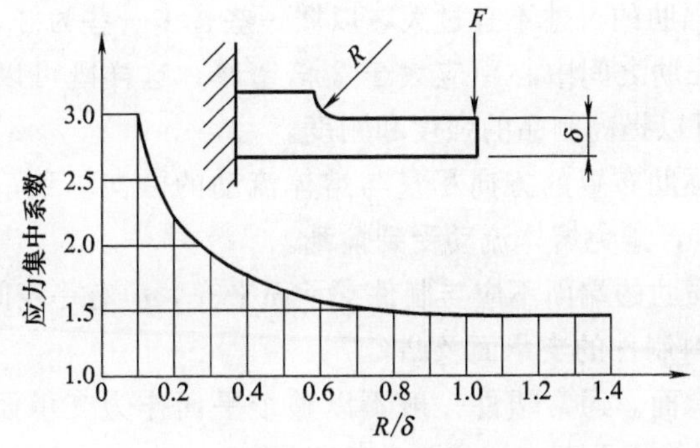

图 1-7 R/δ 与应力集中系数的关系

所示为塑料件受应力作用时应力集中系数与圆角半径的关系。从图中可以看出，理想的内圆角半径应在壁厚的 1/3 以上。

塑料制件上圆角的作用：

a. 避免了应力集中，提高了强度，而且还使塑件变得美观，有利于塑料充模时的流动。

b. 避免模具在淬火或使用时不致因应力集中而开裂。

通常，内壁圆角半径应是壁厚的 1/2，而外壁圆角半径可为壁厚的 1.5 倍，一般圆角半径不应小于 0.5mm，壁厚不等的两壁转角可按平均壁厚确定内、外圆角半径。

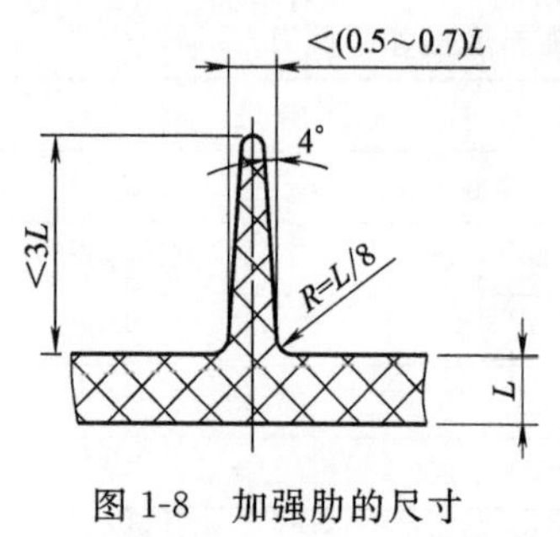

图 1-8 加强肋的尺寸

⑤ 制件的加强肋。制件采用加强肋，可以在不增加壁厚的情况下，增加塑件的强度和刚度，避免塑件变形翘曲，避免由于收缩不均产生的缩孔、气泡、凹陷等现象，有的加强肋还能改善成型时熔体的流动状况。加强肋的尺寸如图 1-8 所示。

在塑件上设置加强肋有以下要求：

a. 布置加强肋时，应尽时减少塑料的局部集中，以免产生缩孔和气泡。

b. 加强肋的尺寸不宜过大，以矮一些、多一些为好。

c. 加强肋之间中心距应大于 2 倍壁厚，这样既可以避免缩孔产生，又可以提高制品的强度和刚度。

d. 加强肋布置的方向尽量与熔体流动的方向一致，以利于熔体充满型腔，避免熔体流动受到搅乱。

e. 加强肋的端面不应与制件支承面平齐，应有一定间隙。

⑥ 塑料制件的支承面及凸台

a. 支承面。通常塑件一般不以整个平面作为支承面，而是以底脚或边框为支承面，如表 1-5 序号 1 所示。

b. 凸台。凸台是用来增强内孔强度或装配附件或为塑件提供支承的截锥台或支承块。设计凸台时，除应考虑前面所述的一般问题外，在可能情况下，凸台应当位于边角部位，其几何尺寸应小，高度不应超过其直径的 2 倍，并应具有足够的脱模斜度。设计固定用凸台时，除应保证有足够的强度以承受紧固时的作用力外，在转折处不应有突变，连接面应局部接触，如表 1-5 中序号 2 和 3 所示。

⑦ 塑料制件上孔的设计。对塑件上的孔的设计有以下要求：

a. 孔的形状宜简单，复杂形状的孔，模具制造较困难。

b. 孔与孔之间、孔与壁之间均应有足够的距离（表 1-6）。

表 1-5　支承面和固定凸台的结构

序号	不合理	合理	说明
1	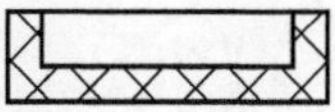	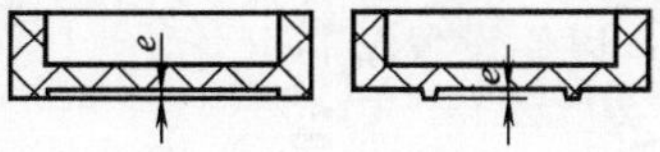	采用凸边或底脚作支承面，凸边或底脚的高度 e 取 0.3～0.5mm
2	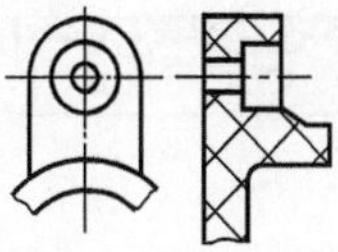	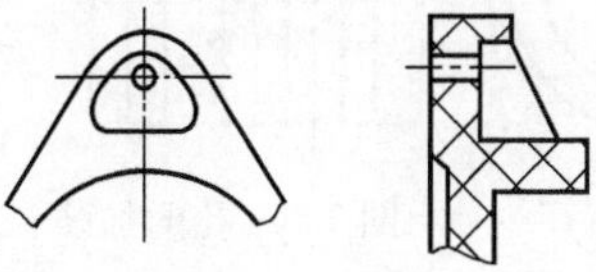	安装紧固用的螺钉的凸台或凸耳应有足够的强度，避免突然过渡和用整个底面作支承面
3	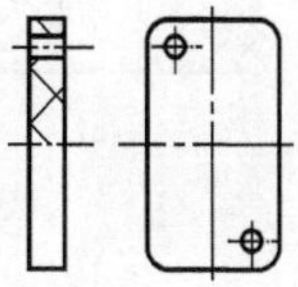	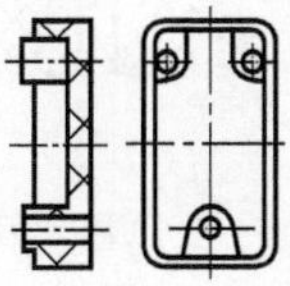	凸台应位于边角部位

表 1-6　热塑性塑料孔间距、孔边距与孔径的关系　mm

孔径 d	<1.5	1.5～3	3～6	6～10	10～18	18～30
孔间距 孔边距	0.75～1.2	1.2～1.5	1.5～2.3	2.3～3	3～3.8	3.8～5.3

c. 孔径与孔深的关系见表 1-7。

表 1-7　孔径与孔深的关系

成型方式	孔的形式	孔的深度	
		通孔	不通孔
压缩模塑	横孔	$2.5d$	$<1.5d$
	竖孔	$5d$	$<2.5d$
挤出或注射模塑	横孔、竖孔	$10d$	$(4\sim5)d$

注：1. d 为孔的直径。

2. 采用纤维状塑料时，表中数值乘系数 0.75。

塑件上紧固用的孔和其他受力的孔，应设计出凸台予以加强，如图 1-9 所示。固定孔建议采用图 1-10（a）所示沉头螺钉孔形式，一般不采用图 1-10（b）所示沉头螺钉孔形式，也可采用图 1-10（c）所示的形式，以便设置型芯。

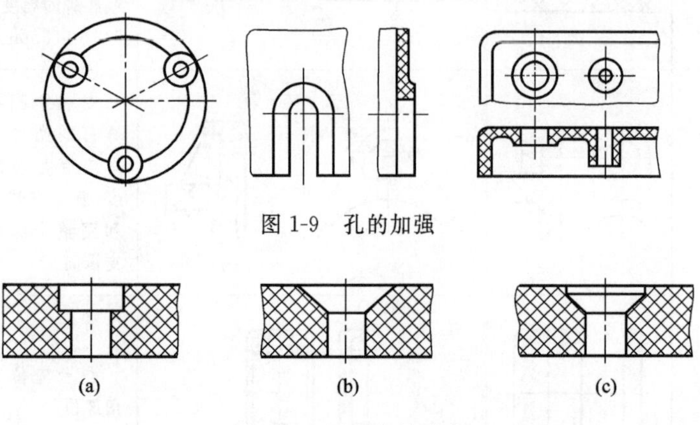

图 1-9　孔的加强

图 1-10　固定孔的形式

相垂直的孔或斜交的孔，在压缩模塑制品中不宜采用；在注射模塑和传递模塑中可以采用，但两个孔的型芯不能互相嵌合［图 1-11（a)］，而应采用图 1-11（b）所示的结构形式。成型时，小孔型芯从两边抽芯后，再抽大孔型芯。需要设置侧壁孔时，应尽可能避免侧抽芯装置，使模具结构简化。

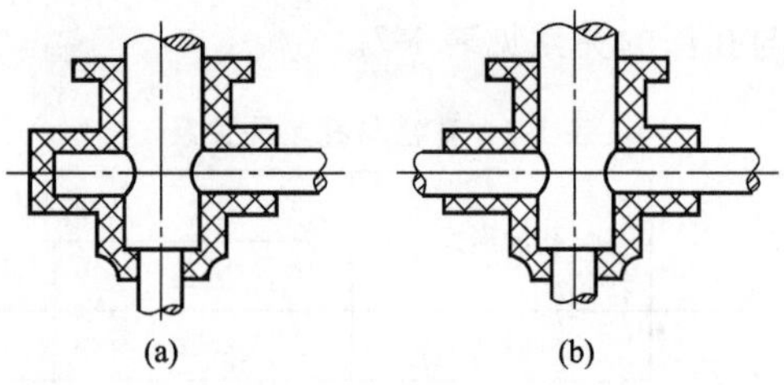

图 1-11　两相交孔的设计

⑧ 塑件上的花纹、文字及符号。塑件上的花纹（如凸、凹纹、皮革纹等）有的是使用上需要，有的则是为了装饰。设计的花纹应

易于成型和脱模，便于模具制造，为此纹向应与脱模方向一致。

图 1-12（a）、（b）所示制品脱模麻烦，模具结构复杂，图 1-12（c）所示结构在分型面处的飞边不易清除，而图 1-12（d）、（e）所示结构则脱模方便，模具结构简单，制造方便，而且分型面处的飞边为圆形，容易去除。

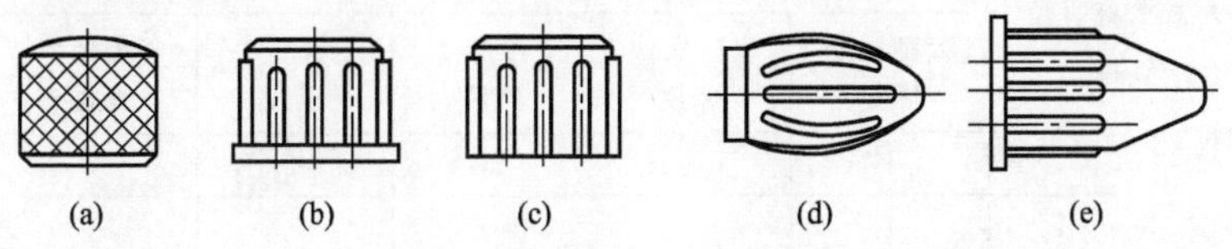

图 1-12　塑件上花纹的设计

塑件上的标记、符号和文字有三种不同的结构形式：第一种为凸字［图 1-13（a）］，这种形式制模方便，但使用过程凸字容易损坏。第二种为凹字［图 1-13（b）］，凹字可以填上各种颜色的油漆，字迹鲜艳，但这种形式如果用机械加工模具则较麻烦，现多用电铸、冷挤压、电火花加工等方法制造模具。第三种为凹坑凸字，在凸字的周围带有凹入的装饰框［图 1-13（c）］，制造这种结构形式的模具可以采用镶块中刻凹字，然后镶入模体中，这种结构形式的凸字在使用时不易损坏，模具制造也较方便。

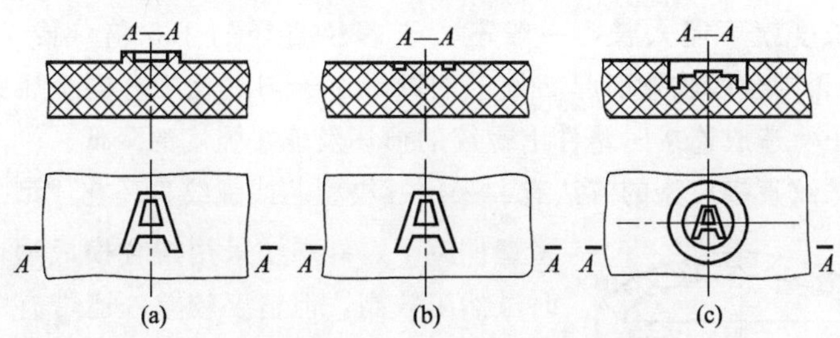

图 1-13　塑件上文字的结构形式

⑨ 螺纹设计。塑料制件上的螺纹可以直接模塑成型，也可以用后加工的办法机械加工成型，在经常装拆和受力较大的地方，则应该采用金属螺纹嵌件。塑件上的螺纹应选用螺牙尺寸较大者，螺

纹直径较小时不宜采用细牙螺纹，特别是用纤维或布基作填料的塑料成型螺纹，其螺牙尖端部分常常被强度不高的纯树脂所填充，如螺牙过细将会影响使用强度。螺纹的选用范围见表 1-8。

表 1-8 螺纹的选用范围

螺纹公称直径 d/mm	螺纹种类				
	公制标准螺纹	1 级细牙螺纹	2 级细牙螺纹	3 级细牙螺纹	4 级细牙螺纹
3 以下	+	—	—	—	—
3～6	+	—	—	—	—
6～10	+	+	—	—	—
10～18	+	+	+	—	—
18～30	+	+	+	+	—
30～50	+	+	+	+	+

注："+"表示可选用；"—"表示不选用。

塑料螺纹的精度不能要求太高，一般低于 3 级。塑料螺纹的机械强度比金属螺纹机械强度低 5～10 倍，成型过程中螺距易变化，因此一般塑件螺纹的螺距不小于 0.7mm，注射成型螺纹直径不小于 ϕ2mm，压缩成型螺纹直径不小于 ϕ3mm。

如果模具的螺纹螺距未加上收缩值，则塑料螺纹与金属螺纹的配合长度就不能太长，一般不大于螺纹直径的 1.5 倍（或 7～8 牙），否则会因收缩引起塑件上的螺距小于与之相旋合的金属螺纹的螺距，造成连接时塑件上螺纹的损坏及连接强度的降低。

螺纹直接成型的方法有：采用螺纹型芯或螺纹型环在成型之后将塑件旋下。外螺纹采用瓣合模成型，这时虽然工效高，但精度较差，还带有不易除尽的飞边；要求不高的螺纹（如瓶盖螺纹）用软塑料成型时，可强制脱模，这时螺牙断面最好设计得浅一些，且呈梯形断面，如图 1-14 所示。

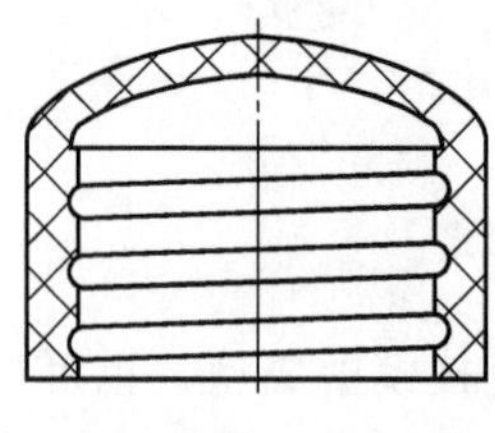

图 1-14 能强制脱模的螺纹

为了防止螺孔最外圈的螺纹崩裂或变

形，应使螺纹最外圈和最里圈留有台阶，如图 1-15、图 1-16 所示。

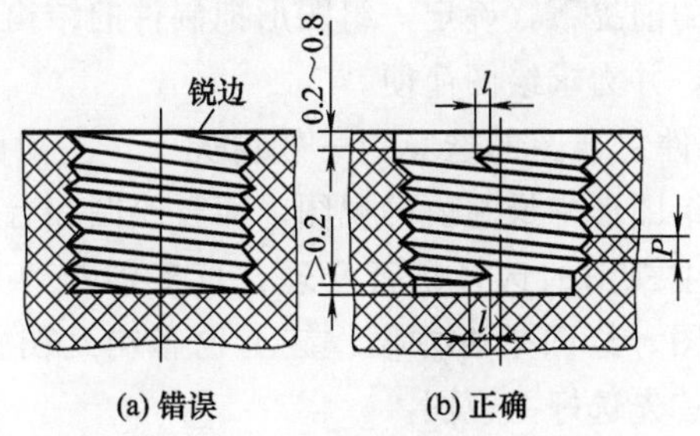

图 1-15　塑料制件内螺纹的正误形状

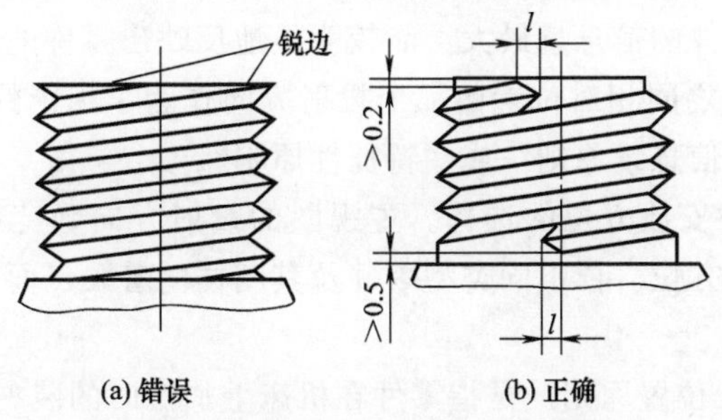

图 1-16　塑料制件外螺纹的正误形状

螺纹的始端和终端应逐渐开始和结束，要有一段过渡长度，一般约为 1mm，其值可按表 1-9 选取。

表 1-9　塑料制品上螺纹始末部分长度

螺纹公称直径 d/mm	螺距 P/mm		
	$P\leqslant0.5$	$0.5<P\leqslant1$	$P>1$
	始末部分长度尺寸 l/mm		
≤10	1	2	3
>10～20	2	2	4
>20～34	2	4	6
>34～52	3	6	8
>52	3	8	10

(3) 塑料制件的视图选择 塑料制件的视图选择，是在考虑便于绘图和看图的前提下，确定一组图形把制件的结构形状完整、清晰地表达出来，并力求绘图简便。

① 塑料制件主视图的选择。一般情况下，主视图是表达制件结构形状的一组图形中最主要的视图，而且绘图和看图也通常先从主视图开始，主视图的选择是否合理，直接影响到其他视图的选择、配置和看图、绘图是否方便，甚至也影响到图幅能否合理利用。因此，应首先选好主视图。

a. 投射方向的选择。通常将表示零件信息量最多的那个视图作为主视图。这就是说，首先主视投射方向应满足这一总原则：即应以反映零件的信息量最大，能较明显地反映出零件的主要形状特征和各部分之间相对位置的那个投射方向作为主视图的投射方向，简称为“大信息量原则”或“特征性原则”。

b. 零件安放方位的选择。主视图的投射方向确定后，应确定主视图安放方位。依不同类型零件及其图样的着眼点而定，一般有两种原则：

ⓐ 加工位置原则。是指零件在机床上加工时的装夹位置。

ⓑ 工作（安装）位置原则。是指零件安装在机器或部件中的安装位置或工作时的位置。

应当指出，主视图上述两方面的选择原则，对于有些零件来说是可以同时满足的，但对于某些零件来说就难以同时满足，因此，选择主视图时应首先选好其投射方向，再考虑零件的类型并兼顾其他视图的匹配、图幅的利用等具体因素来决定其安放方位。

② 其他视图的选择。主视图确定后，应根据制件结构形状的复杂程度，来决定是否需要和需要多少其他视图以弥补主视图表达的不足。

当需要其他视图（包括剖视图和断面图）时，应按下列原则选取：

a. 在明确表达制件结构的前提下，使视图（包括剖视图和断面图）的数量为最少。这与表达方法选用有关，所选各视图都应有明确的表达侧重和目的。零件的主体形状与局部形状，外部形状与内部形状，应相对集中与适当分散表达。零件的主体形状应采用基本视图表达，即优先选用基本视图；局部形状如不便在基本视图上兼顾表达时，可另选用其他视图（如向视图、局部视图、断面图等）。各视图表达方法匹配恰当，就可以在表达制件形状完整、清晰的前提下，使视图数量为最少。

b. 尽量避免使用虚线表达制件的轮廓及棱线。制件不可见的内部轮廓和外部被遮挡（在投射方向上）的轮廓，在视图中用虚线表示，为不用或少用虚线就必须恰当选用局部视图、向视图、剖视图或断面图。但适当少量虚线的使用，又可以减少视图数量。两者之间的矛盾应在对具体制件表达的分析中权衡、解决。

c. 避免不必要的细节重复。零件在同一投射方向上的内外结构形状，一般可在同一视图（剖视图）上兼顾表达，当不便在同一视图（剖视图）上表达（如内外结构形状投影发生层次重叠）时，也可另用视图表达。对细节表达重复的视图应舍去，力求表达简练，不出现多余视图。

(4) 尺寸、公差及表面粗糙度

① 塑料制件的尺寸。这里的尺寸是指制件的总体尺寸，而不是指壁厚、孔径等结构尺寸。主要满足使用要求及安装要求，同时要考虑模具的加工制造、设备的性能，还要考虑塑料的流动性，对于流动性较差的塑料而言，制件的尺寸不宜过大，以免熔体不能充满型腔或形成熔接痕。

② 公差。影响塑料制件尺寸精度的因素很多，首先是模具的制造精度和模具的磨损程度，其次是塑料收缩率的波动以及成型时工艺条件的变化，塑件成型后的时效变化和模具的结构形状等。因此，塑件的尺寸精度往往不高，应在保证使用要求的前提下尽可能选用低精度等级。表 1-10 为常用材料模塑塑件公差等级和选用，可作为选定塑料制件公差时的参考。

表 1-10 常用材料模塑塑件公差等级和选用（GB/T 14486—93）

材料代号	模塑材料		公差等级		
			标注公差尺寸		未注公差尺寸
			高精度	一般精度	
ABS	丙烯腈-丁二烯-苯乙烯共聚物		MT2	MT3	MT5
AS	丙烯腈-苯乙烯共聚物		MT2	MT3	MT5
CA	醋酸纤维素		MT3	MT4	MT6
EP	环氧树脂		MT2	MT3	MT5
PA	尼龙类塑料	无填料填充	MT3	MT4	MT6
		玻璃纤维填充	MT2	MT3	MT5
PBTP	聚对苯二甲酸丁二醇酯	无填料填充	MT3	MT4	MT6
		玻璃纤维填充	MT2	MT3	MT5
PC	聚碳酸酯		MT2	MT3	MT5
PDAP	聚邻苯二甲酸二丙烯酯		MT2	MT3	MT5
PE	聚乙烯		MT5	MT6	MT7
PESU	聚醚砜		MT2	MT3	MT5
PETP	聚对苯二甲酸乙二醇酯	无填料填充	MT3	MT4	MT6
		玻璃纤维填充	MT2	MT3	MT5
PF	酚醛塑料		MT2	MT3	MT5
			MT3	MT4	MT6
PMMA	聚甲基丙烯酸甲酯		MT2	MT3	MT5
POM	聚甲醛		MT3	MT4	MT6
			MT4	MT5	MT7
PP	聚丙烯		MT3	MT4	MT6
			MT2	MT3	MT5
			MT2	MT3	MT5
PPO	聚苯醚		MT2	MT3	MT5
PPS	聚苯硫醚		MT2	MT3	MT5
PS	聚苯乙烯		MT2	MT3	MT5

续表

<table>
<tr><th rowspan="3">材料代号</th><th rowspan="3" colspan="2">模塑材料</th><th colspan="3">公差等级</th></tr>
<tr><th colspan="2">标注公差尺寸</th><th rowspan="2">未注公差尺寸</th></tr>
<tr><th>高精度</th><th>一般精度</th></tr>
<tr><td>PSU</td><td colspan="2">聚砜</td><td>MT2</td><td>MT3</td><td>MT5</td></tr>
<tr><td>RPVC</td><td colspan="2">硬质聚氯乙烯(无强塑剂)</td><td>MT2</td><td>MT3</td><td>MT5</td></tr>
<tr><td>SPVC</td><td colspan="2">软质聚氯乙烯</td><td>MT5</td><td>MT6</td><td>MT7</td></tr>
<tr><td rowspan="2">VF/MF</td><td rowspan="2">氨基塑料和氨基酚醛塑料</td><td>无机填料填充</td><td>MT2</td><td>MT3</td><td>MT5</td></tr>
<tr><td>有机填料填充</td><td>MT3</td><td>MT4</td><td>MT6</td></tr>
</table>

塑料制件上无公差要求的自由尺寸，一般采用 8 级公差，对孔类尺寸可以采用基准孔，而轴类零件尺寸可以采用基准轴。中心距尺寸可以是正负公差，配合部分尺寸要求高于非配合部分尺寸。对塑料制件的精度要求，要具体分析，根据装配情况来确定尺寸公差。一般配合部分尺寸精度高于非配合部分尺寸精度，受塑料收缩率波动的影响，小尺寸易达到高精度。塑件的精度要求越高，模具的制造精度要求也越高，模具的制造难度及成本亦增高，同时塑件的废品率也会增加。因此，在塑件材料和工艺条件一定的情况下，应合理选用精度等级。

③ 表面粗糙度。塑料制件的外观要求越高，表面粗糙度应越低。塑件的表面粗糙度由模具的表面粗糙度来决定，故一般模具表面粗糙度比制件要低一级。模具表面要进行研磨抛光，透明制品要求模具型腔与型芯的表面粗糙度 $Ra\leqslant 0.2\mu m$，这在成型时从工艺上尽可能避免冷疤、云纹等疵点来保证。模具在使用过程中，由于型腔磨损而使表面粗糙度不断加大，所以应随时予以抛光复原。透明塑件要求型腔和型芯的表面粗糙度相同，而不透明塑件则根据使用情况决定其表面粗糙度。塑料制件的表面粗糙度可参照 GB/T 14234—93《塑料件表面粗糙度标准》选取，一般取 Ra 在 $1.6\sim0.2\mu m$ 之间。

第二节　注塑模具装配图分析

(1) 注塑模具装配图的作用与内容

① 模具装配图的作用。模具产品一般开发过程如图 1-17 所示。

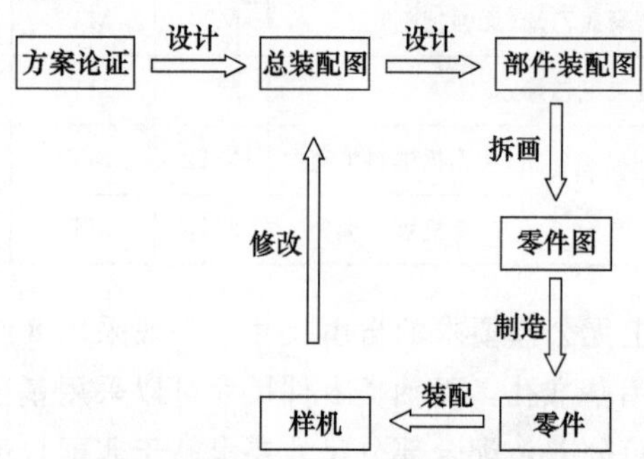

图 1-17　模具产品一般开发过程

从图 1-17、图 1-18 中可看出，模具装配图在注塑模具制造过程中的作用为：

a. 模具装配图是绘制模具零件图的依据；

b. 模具装配图是制定模具装配工艺以及模具安装、调试、检验的依据；

c. 模具装配图是了解模具的工作原理、结构性能，决定操作、保养、拆装、维修方法的依据；

d. 模具装配图是进行技术交流、引进技术时不可缺少的技术资料。

② 模具装配图的内容。完整的模具装配图应包含下列内容(图 1-19)：

a. 反映模具的工作原理和装配关系的一组图形；

b. 必要的尺寸标注；

c. 技术要求；

d. 标题栏、零件序号和明细栏。

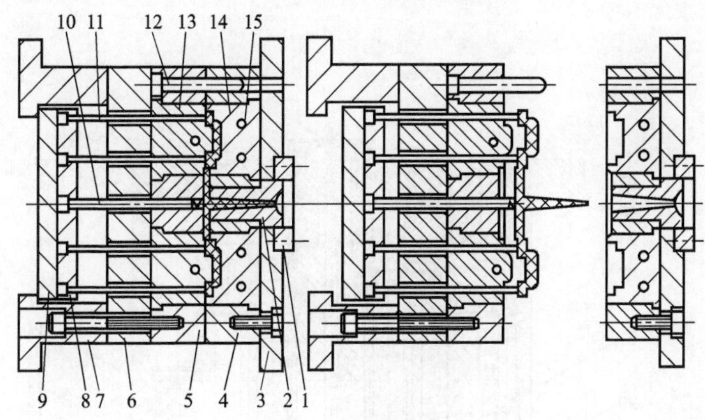

图 1-18　注塑模具装配图

1—定位圈；2—浇注套；3—定模座板；4—定模板；5—动模板；6—支承板；7—支架（模脚）；8—推杆固定板；9—推板；10—拉料杆；11—推杆；12—导柱；13—型芯；14—凹模；15—冷却水通道

(2) 模具装配图的表达方法　模具零件图表达的是单个模具零件，模具装配图表达的是由多个模具零件组成的模具。两者所表达的重点不同：模具零件图必须完整地反映模具零件的结构形状以及对各表面粗糙度、相对位置、形位公差、尺寸公差、热处理、表面处理等方面的要求；模具装配图表达的重点是模具的工作原理、模具装配关系、主要模具零件形状等。

① 模具装配图的规定画法

a. 相邻零件的接触表面和配合表面只画一条线；不接触表面和非配合表面画两条线，如图 1-20 所示。

b. 两个（或两个以上）零件邻接时，剖面线的倾斜方向应相反或间隔不同。但同一零件在各视图上的剖面线方向和间隔必须一致。

c. 标准件与实心件画法：纵向剖切，且剖切面过其轴线或对称面，按不剖处理，如图 1-21 所示。

② 特殊画法

a. 沿零件结合面的剖切画法。假想沿某些零件的结合面剖切，

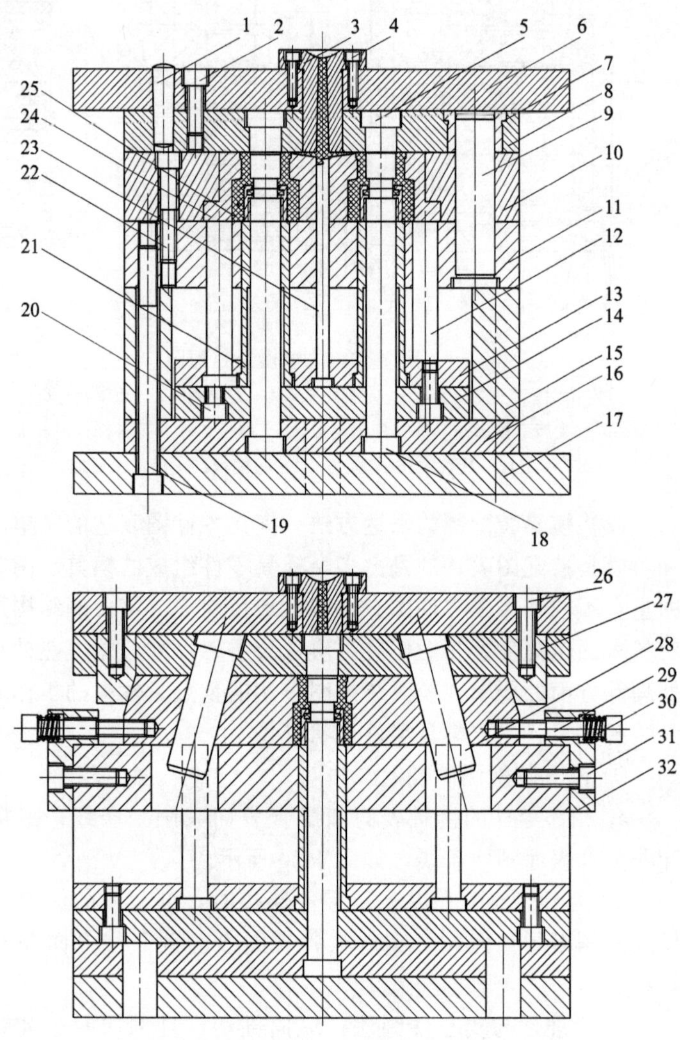
1
2
3
4
5
6
7
8
9
10
11
12
13
14
15
16
17
18
19
20
21
22
23
24
25
26
27
28
29
30
31
32

图 1-19　注塑

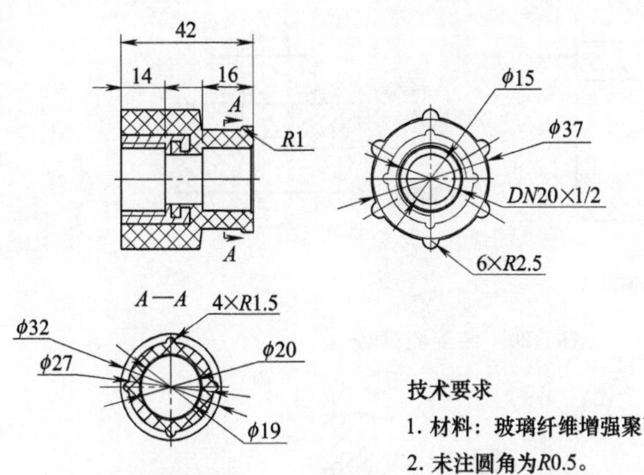

技术要求

1. 材料：玻璃纤维增强聚丙烯。

2. 未注圆角为R0.5。

序　号	名　　称	规　　格	材　料	数　量
32	挡　块	130×61×32	45钢	2
31	内六角螺栓	M10×30	Q235	4
30	弹　簧	规　格	50CrVA	2
29	内六角螺栓	M10×100	Q235	2
28	斜导柱	25h6×60	T10A	2
27	楔型块	130×42×25	42CrMo	2
26	内六角螺栓	M10×50	Q235	4
25	塑料制件	42×37	PPR	2
24	滑　块	150×125.3×42	42CrMo	2
23	拉料杆	8h6×135	T10A	1
22	内六角螺栓	M10×70	Q235	6
21	推　管	19H7×100	42CrMo	2
20	内六角螺栓	M10×35	Q235	6
19	内六角螺栓	M12×120	Q235	8
18	长型芯	19h6×160	42CrMo	2
17	动模座板	315×315×25	Q235	1
16	动模型芯固定板	315×250×20	45钢	1
15	支承板	315×80×30	45钢	2
14	推管垫板	315×186×16	45钢	1
13	推管固定板	315×186×20	45钢	1
12	复位杆	8h6×125	T10A	4
11	动模固定板	315×250×40	42CrMo	1
10	滑块压板	315×60×42	42CrMo	2
9	导　柱	25h6×100	T10A	4
8	定模型芯固定板	315×250×25	42CrMo	1
7	导　套	25H7×25	T10A	4
6	定模座板	315×315×25	Q235	1
5	短型芯	20h6×47	42CrMo	2
4	内六角螺栓	M6×30	Q235	4
3	浇口套	按标准选用	T10A	1
2	内六角螺栓	M10×40	Q235	4
1	圆锥销	10×45	35钢	2

装配剖视图			比例	数量	共　张
					第　张
制图					
审核					

模具装配图

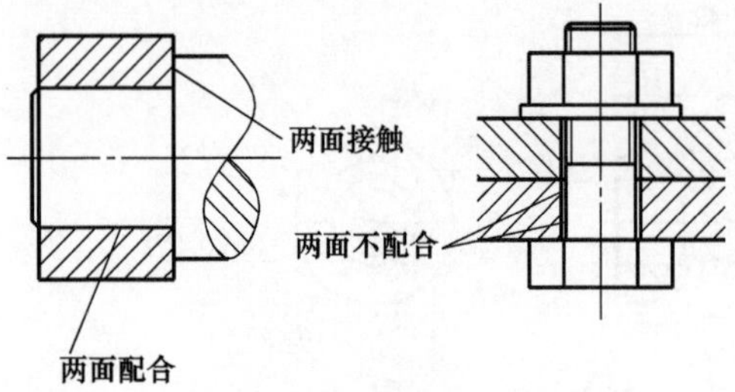

图 1-20 装配图画法（一）

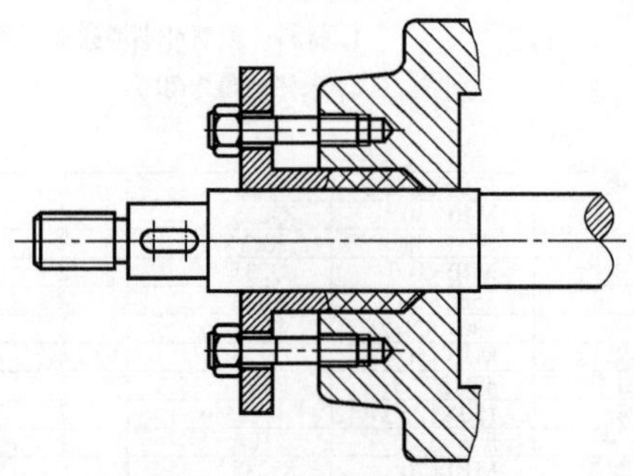

图 1-21 装配图画法（二）

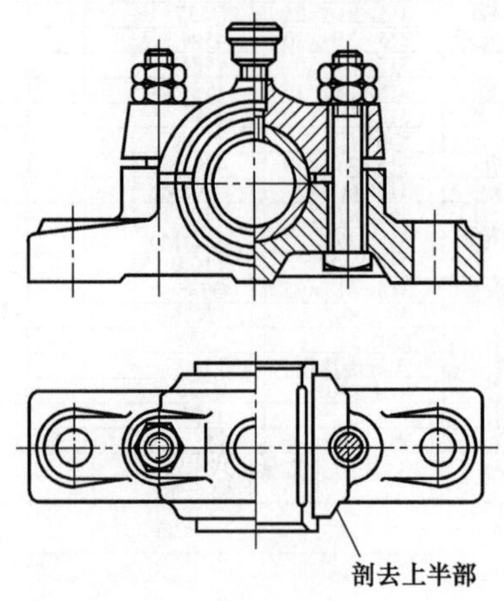

图 1-22 装配图画法（三）

绘出其图形，以表达装配体内部零件间的装配情况。如图 1-22 所示，沿轴承盖与轴承座的结合面剖开，拆去上面部分，以表达轴瓦与轴承座的装配情况。

b. 假想画法。与本装配体有关但不属于本装配体的相邻零部件以及运动机件的极限位置，可用双点画线表示，如图 1-23 所示。

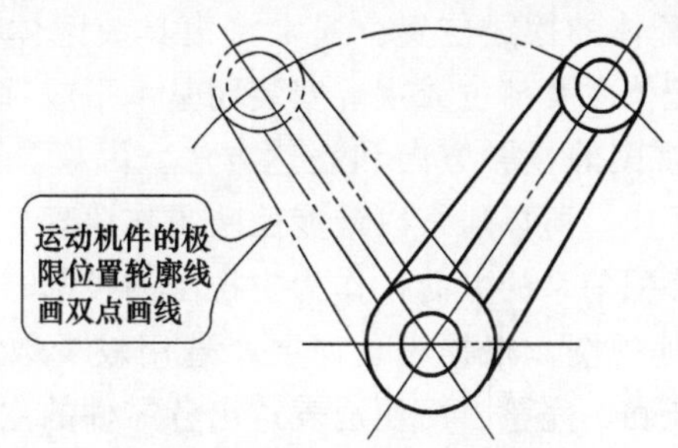

图 1-23　装配图画法（四）

③ 简化画法。零件的工艺结构，如倒角、圆角、退刀槽等可省略不画，如图 1-24 所示，其中图（b）为简化画法。

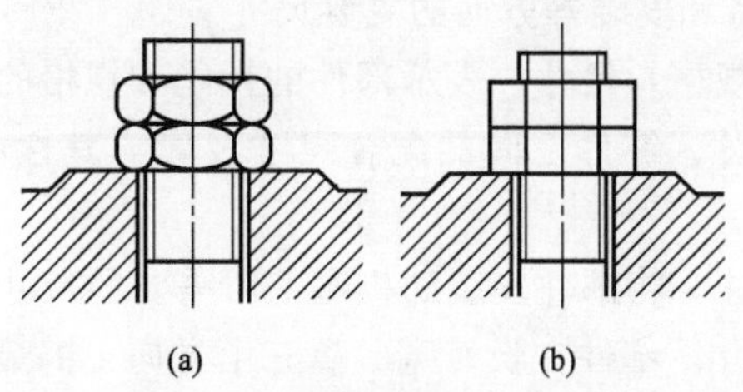

图 1-24　装配图画法（五）

④ 夸大画法。薄垫片的厚度、小间隙等可适当夸大画出。

(3) 注塑模具装配图的视图选择

① 视图选择的要求

a. 完全：部件的功用、工作原理、装配关系及安装关系等内容的表达要完全。

b. 正确：视图、剖视、规定画法及装配关系等的表示方法正确，符合标准规定。

c. 清楚：读图时清楚易懂。

② 视图选择的步骤和方法

a. 部件分析。了解掌握模具产品的工作原理，分析模具零件间的连接关系、配合关系及相对位置。

b. 选择主视图

ⓐ 决定装配体的摆放位置。通常将模具装配体按工作位置放置，使模具装配体主要部位或主要安装面呈水平或垂直位置。

ⓑ 确定主视图的投影方向和表达方法。因模具装配体由许多成型零件装配而成，所以通常以最能反映工作原理、模具结构特点和较多地反映装配关系的方向，作为主视图的投影方向。

ⓒ 选择其他视图。根据表达需要，选用较少数量的视图、剖视、断面等，准确、完整、简便地表达出各零件的主要形状及装配关系。

(4) 注塑模具装配图中的尺寸标注和技术要求

① 尺寸标注。模具装配图中，仅标注说明模具的性能、工作原理、装配关系和安装等方面的主要尺寸。

a. 性能（规格）尺寸。表示部件的性能和规格的尺寸。

b. 装配尺寸。零件之间的配合尺寸及影响其性能的重要相对位置尺寸。

c. 安装尺寸。将部件安装到机座上所需要的尺寸。

d. 外形尺寸。部件在长、宽、高三个方向上的最大尺寸。

② 装配图的技术要求。采用文字或符号在装配图中说明对模具的性能、装配、检验、使用、外观等方面的要求和条件。

a. 性能要求。规格、参数、性能指标。

b. 装配要求。装配方法、装配的精确度、密封性。

c. 检验要求。对有关参数、精确程度、密封性能的检验方法。

d. 使用条件。模具的使用环境描述（压力、温度等）。

e. 外观要求。模具的表面处理方法（喷漆、涂镀、防锈等）。

f. 其他要求。包装、运输、通用性等方面的要求（如搬运时倾斜角度要求）。

(5) 注塑模具装配图中的零、部件序号和明细栏 注塑模具装配图中标注零、部件序号和明细栏，目的是便于图纸管理、备料和组织生产。

① 装配图中的零、部件序号

a. 序号编排方法

ⓐ 均采用细实线引出，在指引线的横线上或圆圈内注写零件序号，序号字号比尺寸数字字号大1～2 号。

ⓑ 指引线附近写序号。

b. 编号原则

ⓐ 装配图中每种零部件都必须编号，相同零部件只编注一个序号，标注一次。

ⓑ 序号与明细栏相一致。

ⓒ 在同一装配图上，编注的序号形式一致。

c. 指引线

ⓐ 自零部件的可见轮廓内引出，末端画小圆点（图 1-25）。不便画圆点时，采用箭头方式指向该部分轮廓（图 1-26）。

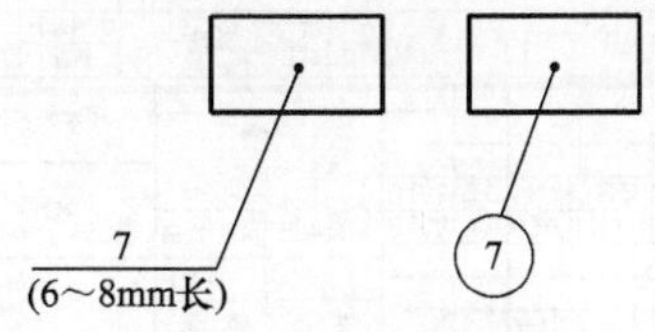

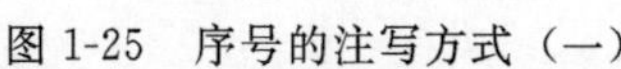

图 1-25 序号的注写方式（一）

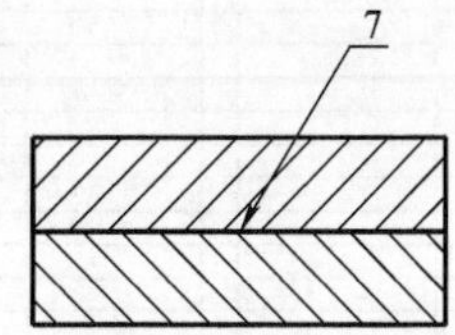

图 1-26 序号的注写方式（二）

ⓑ 指引线排列尽可能均匀，不得交叉，尽量不穿过其他零件轮廓，穿过时不得与该件剖面线平行。

ⓒ 最多折弯一次 ，尽可能不折。

ⓓ 装配关系清楚的零组件，可采用一条指引线（图 1-27）。

ⓔ 标准部件看成一整体。

d. 序号排列原则

ⓐ 基本原则：按顺时针或逆时针在图形外围整齐排列，不得跳号。

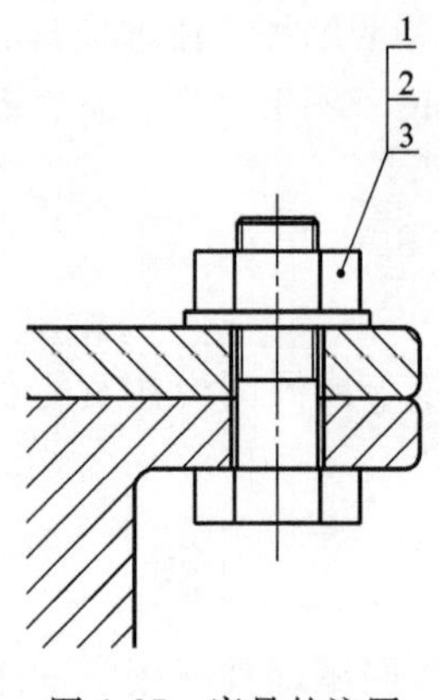

图 1-27　序号的注写方式（三）

ⓑ 辅助原则：无法按第一条基本原则排列时，可在某个图形周围的水平或竖直方向顺次整齐排列，不得跳号。

② 明细栏

a. 明细栏画在标题栏的正上方，上方空间不足时，可续接在标题栏左方。

b. 序号按自下而上的顺序填写。

c. “名称”栏除了填写零部件的名称外，对于标准件还应填写其规格，国家标准号写在“备注”栏中（图 1-28）。

(6) 注塑模具上常见的装配结构

① 接触面或配合面的结构。两个零件在同一个方向上，只能有一个接触面或配合面。单面接触既能保证接触良好，又能降低加工精度。如图 1-29（a）、（b）所示结构，

图 1-28　明细栏

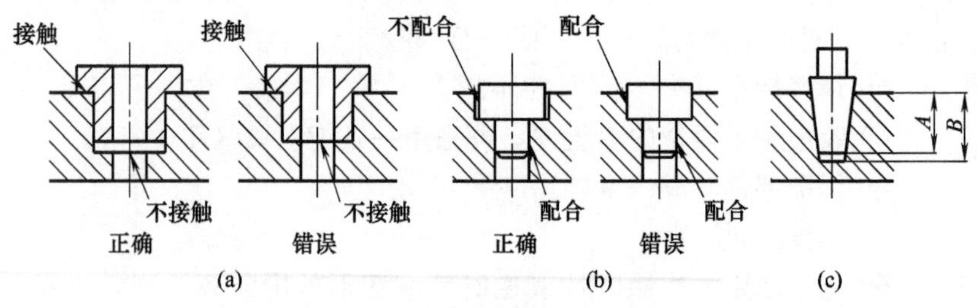

图 1-29　配合面、接触面的结构

应尽量减少接触面或配合面，图 1-29（c）所示锥面配合尺寸 A 应小于尺寸 B，这样处理，既方便了模具零件的加工，又确保了部件的装配精度。

② 轴肩结构。在台阶轴的轴肩与孔台阶平面配合处，轴或孔零件制造加工时，要在轴肩处加工出退刀槽，或在孔的端面加工出倒角，如图 1-30 所示，以确保装配精度。

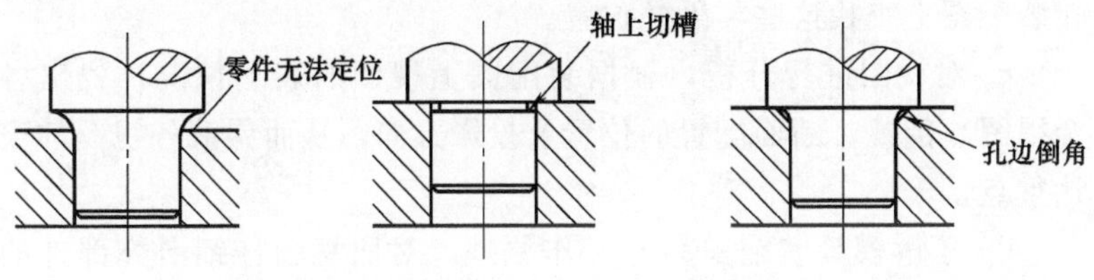

图 1-30　轴肩结构

③ 螺纹连接的合理结构。内外螺纹连接时，为保证结合面接触良好，应在适当位置加工出沉孔、大倒角、凸台等利于装配的结构，如图 1-31 所示。

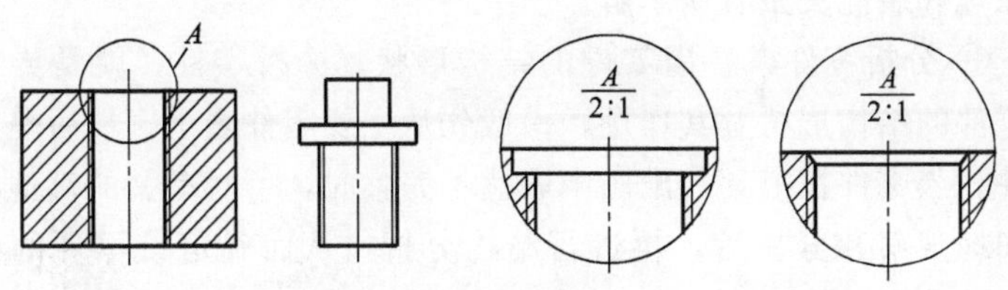

图 1-31　螺纹连接结构

(7) 看注塑模具装配图的方法与步骤　在注塑模具工业生产中，从注塑模具的设计到制造，或进行技术交流，或模具的使用及维修，都要用到模具装配图。因此，对从事注塑工程技术的工作人员来说，掌握看模具装配图的方法是很有必要的。

识读注塑模具装配图应达到如下目的：

① 读懂注塑模具的工作原理、读懂部件中各零件间的装配关系和连接方式，读懂图中各主要零件以及与之有关的零件的结构形状。

② 能按注塑模具装配图拆绘出除标准件外的各种模具零件，特别是主要零件的零件图。

识读注塑模具装配图的步骤如下。

① 概括了解

a. 通过查阅明细表及说明书了解部件的名称和用途。

b. 了解标准零件和非标准零件的名称和数量，对照零件序号，在装配图上查找这些零件的位置。

c. 对视图进行分析，根据装配图上视图的表达情况，找出各个视图、剖视、断面配置的位置及投影方向，从而弄清各视图的表达重点。

② 了解模具装配关系和工作原理。对照视图仔细研究部件的装配关系和工作原理，这是看装配图的一个重要环节。在概括了解的基础上，分析各条装配干线，弄清各零件间相互配合的要求以及零件间的定位、连接方式、密封等问题。再进一步弄清运动零件与非运动零件的相对运动关系。经过这样的观察分析，可对部件的工作原理和装配关系有所了解。

③ 分析零件，看懂零件的结构形状。分析零件，就是弄清每个零件的结构形状及其作用。一般先从主要零件着手，然后是其他零件。当零件在模具装配图中表达不完整时，可对有关的其他零件仔细地观察和分析后，再进行结构分析，从而确定该零件的内外形状。

在对模具装配关系和主要模具零件结构分析的基础上，还要对技术要求、全部尺寸进行研究，以进一步了解模具的设计意图和装配工艺性。

第二章　注塑模具材料及热处理

第一节　注塑模具材料的种类

在模具制造中，大量地使用金属材料。金属材料的种类较多，为了正确合理地使用和加工各种金属材料，应充分考虑并掌握金属材料的性能。金属材料的性能包括物理性能、化学性能、力学性能和工艺性能。

物理性能包括密度、熔点、导热性、热膨胀性和磁性。

化学性能包括耐蚀性、抗氧化性和化学稳定性。

力学性能包括强度、塑性、硬度、韧性、疲劳强度。

工艺性能包括铸造性、锻压性和可锻性、焊接性。

(1) 注塑模具材料的基本性能　在注塑模具材料性能中，其中三种性能是主要的，即钢的耐磨性、韧性、硬度（和红硬性）。这三种性能可以比较全面地反映模具材料的综合性能，可以在一定程度上决定其应用范围。当然对于一种模具的要求来说，可能其中的一种或两种是主要的，而其他的是次要的。

① 注塑模具材料的耐磨性。注塑模具工作时，表面往往要与工件产生多次强烈的摩擦，模具必须在此情况下仍能保持其尺寸精度和表面粗糙度，不致早期失效。这就要求模具材料能承受机械磨损，而且在承受高速摩擦时，模具被摩擦表面能够形成薄而致密的氧化膜，保持润滑作用，这样既能防止模具和注塑工件的表面之间产生黏附而导致工件表面擦伤，又能减少模具表面进一步氧化造成的损伤。为了改善模具材料的耐磨性，就要采取合理的生产工艺和热处理工艺，使模具材料既具有高硬度又使材料中的碳化物等硬化相的组成、形貌和分布合理，当然模具工作过程中的润滑情况和模

具材料的表面处理，也对改善模具的耐磨性有良好的影响。

② 注塑模具材料的韧性。模具材料的韧性是选择模具材料时必须考虑的因素，对于在高温下工作的注塑模具，还必须考虑其在工作温度下的高温韧性，防止因高温拉裂。模具材料的韧性往往和耐磨性、硬度是互相矛盾的，因此要根据注塑模具的具体工作情况，选择合理的模具材料，并采用合理的精炼、热加工和热处理、表面处理工艺方法，使模具材料得到耐磨性和韧性等综合性能的最佳配合，以适应注塑模具的需要。

③ 注塑模具材料的硬度。硬度是模具材料的主要技术性能指标，注塑模具在工作时必须具有高的硬度和强度，才能保持其原来的形状和尺寸，塑料模具钢的硬度一般为 40～50HRC。由于塑料模具在工作时，工作温度较高，所以要求注塑模具材料在其工作温度下仍保持一定的硬度，即红硬性。

(2) 注塑模具材料的工艺性能

① 可加工性。注塑模具材料的可加工性包括：冷加工性能，如切削、磨削、抛光、冷挤压；热加工性能，包括热塑性和热加工温度范围等。注塑模具钢属于过共析钢和莱氏体钢，冷加工和热加工性能一般都不太好，在生产过程中，必须严格控制热加工和冷加工的工艺参数，以避免产生缺陷和废品，另一方面还必须通过改善钢的纯净度，减少有害的杂质，改善钢的组织状态，并采取一些措施，以改善钢的工艺性能，降低模具的制造费用。

有些模具材料，如高钒高速钢、高钒高合金模具钢的磨削性很差，磨削比很低，不便于磨削加工。近年来改用粉末冶金生产，可以使钢中的碳化物细小、均匀，完全消除了普通工艺生产的高钒模具钢中的大颗粒碳化物，不但使这类钢的磨削性大为改善，而且改善了钢的塑性、韧性等，使之能在注塑模具制造中推广应用。

② 淬火温度和淬火变形。为了便于生产，希望注塑模具材料的淬火温度范围要宽一些，特别是有些注塑模具要求采用火焰加热局部淬火时，难以精确地测量和控制温度，就要求注塑模具钢能适

应较宽的淬火温度范围。模具在热处理时，要求其变形程度要小，特别是形状复杂的精密注塑模具，淬硬以后难以修整，这就对淬、回火的变形程度要求更为严格，应该选用微变形注塑模具钢制造。

③ 淬透性和淬硬性。淬硬性主要取决于钢的碳含量，淬透性主要取决于钢的化学成分、合金元素含量和淬火前的组织状态。对于注塑模具，硬度要求不太高时往往更多地考虑其淬透性，特别是对于一些大截面深型腔模具，为了使模具的心部也能获得良好的组织和均匀的硬度，就要求选用淬透性好的模具钢。另外对于形状复杂、要求精度高又容易产生热处理变形的模具，为了减少其热处理变形，往往尽可能采用冷却能力弱的淬火介质（如油冷、空冷、加压淬火或盐浴淬火），这就需要采用淬透性较好的模具材料，以得到满意的淬火硬度和淬硬层深度。

(3) 塑料模具材料 近年来，随着石化工业的迅速发展，塑料已经成为十分重要的工业材料，国内外广泛采用各种塑料制品取代金属、木材、皮革等传统材料制品。塑料制品大多是采用模压成型的，所以塑料制品成型用模具的需要量迅速增加，工业发达国家塑料成型用模具的产值近来已经超过冷作模具的产值，在模具制造业中居首位。

由于塑料的品种很多，对塑料制件的要求差别也很大，对制造塑料模具的材料也提出了各种不同的性能要求，所以不少工业发达国家已经形成了范围很广的塑料模具用材料系列。下面介绍几种常用的注塑模具材料。

① 预硬型塑料模具钢。这类钢在钢厂经过充分锻打后制成模块，预先热处理至要求的硬度（一般预硬至 30～35HRC）后，供使用单位制模。P20（即 3Cr2Mo）是国外使用最广泛的预硬型塑料模具钢，已列入我国合金工具钢标准，20 世纪 80 年代以来已在我国一些工厂广泛采用。718 是瑞典生产的改型 P20 钢，较 P20 有更高的淬透性，调质后可使大截面尺寸模具保持硬度均匀一致，亦在我国得到较广泛使用。

② 易切削预硬钢。为了改善预硬型塑料模具钢的切削性能，可加入易切削元素。美国、日本、德国都发展了易切削预硬钢。国外易切削预硬钢主要是S系，也有S-Se系、Ca系。但Se价格较高。S系易切削预硬钢的各向异性较大，在截面增大时，硫化物的偏析比较严重。

我国也研制了一些含硫易切削预硬钢，如8Cr2MnWMoVS（8Cr2S）和S-Ca复合易切削预硬钢5CrNiMnMoVSCa（5NiSCa）。5NiSCa钢采用了S-Ca复合易切削系和喷射冶金技术，改善了硫化物的形态、分布和钢的各向异性，在大截面尺寸模具中硫化物的分布仍比较均匀。5NiSCa钢有高的淬透性和镜面抛光性，模具硬度为35～45HRC时，可顺利进行各种加工。

③ 非调质塑料模具钢。这种钢不经调质处理，锻、轧后可达到预硬硬度，有利于节约能源、降低成本、缩短生产周期。我国开发的这类钢有：中碳锰硼系空冷贝氏体钢，可用于制作塑料模和橡胶模；非调质塑料模具钢2Mn2CrVTiSCaRE（FT），钢中加入S、Ca、RE作为易切削元素，比S-Ca复合系易切削钢有更好的切削性能；低碳MnMoVB系非调质贝氏体型大截面塑料模具钢（B30），钢中加入S、Ca作为易切削元素，工业试生产表明400mm厚板坯热轧后空冷，硬度沿截面分布较均匀。

④ 时效硬化钢。这些钢经调质后进行机械加工，再经时效，通过析出金属间化合物提高硬度，热处理后变形很小。时效硬化钢适于制作高精度塑料模具、透明塑料用模具等。

这类钢有25CrNi3MoAl、10Ni3Mn2AlCu（PMS）和06Ni6CrMoVTiAl等钢。这些钢经调质后，硬度为20～30HRC，可进行机械加工，再经时效，硬度可达38～42HRC。

⑤ 耐蚀塑料模具钢。塑料制品在以化学性腐蚀塑料为原料时，模具需具有耐蚀性能，一般采用耐蚀钢制造模具，此时还要求有较好的耐磨性。常用的钢种有4Cr13（420）、9Cr18、17-4PH。PCR（0Cr16Ni4Cu3Nb）是我国开发的一种耐蚀塑料模具钢，有较好的综合力学性能。

随着模具业的发展，我国近年在引进国外注塑模具用钢的同时，自行研制和开发出一些新的注塑模具专用钢。例如，KKm耐磨铜合金是专门用于制作注塑模具的铜合金材料，其力学性能与铍青铜相似，耐磨性能优于铍青铜，是替代铍青铜的理想模具材料。

KKm材料已用于制作高质量的注塑模，用KKm材料制作的模具已出口到瑞士、德国和美国等。其主要特点：

a. 高硬度、高耐磨性。KKm材料具有硬度高（35～45HRC）、耐磨性能好的优点，其耐磨性能超过普通模具钢的水平。

b. 不拉伤加工零件表面。与钢模相比，KKm材料制作的模具的最大优点是不拉伤制件表面，显著提高制件的表面质量。

c. 经济实用。与铍青铜相比，不含有毒元素，价格低廉（价格是铍青铜的1/3），模具使用寿命长，经济实用。

d. 简化加工工艺。模具加工工艺简便，表面能加工成镜面，加工后不需进行热处理。

第二节　注塑模具材料的选择原则

由于注塑模具结构和形状比较复杂，制造成本较高，因此为了保证模具有较长的使用寿命，应该合理地选用模具材料的种类。在制作精密注塑模具时要选用力学性能高、热蠕变小的优质合金工具钢，制作模具型腔、流道要选择经过严格热处理的硬度高、耐磨性好、耐蚀性强、抗热变形的材料，同时还要考虑机械加工、电加工的难易程度和经济性。为防止发生时效变化而改变模具的尺寸精度，还必须在模具设计时规定降低模具材料热处理的残留奥氏体组织的回火处理或低温处理。

(1) 注塑模具材料的选用原则

① 机械加工性能良好。要选用易于切削，且在加工后能得到高精度零件的钢种。因此，以中碳钢和中碳合金钢最常用，这对大型模具尤其重要。对需电火花加工的零件，还要求该钢种的烧伤硬

化层较薄。

② 抛光性能优良。注塑模具成型零件工作表面，多需要抛光到镜面，需要钢材硬度 35～40HRC 为宜，过硬表面会使抛光困难。钢材的显微组织应均匀致密，较少杂质，无针点。

③ 耐磨性和抗疲劳性能好。注塑模具型腔不仅受高压塑料熔体冲刷，而且还受冷热交变的温度应力作用。一般的高碳合金钢可经热处理获得高硬度，但韧性差，易形成表面裂纹，不宜采用。所选

表 2-1　注塑模具用钢及适应的工作条件

<table>
<tr><th>钢的类型</th><th>牌　号</th><th>适应的模具</th></tr>
<tr><td rowspan="2">渗碳钢</td><td>12CrNi2、12CrNi3A、20Cr、20CrMnMo、20Cr2Ni4A</td><td>生产批量大,承受较大动载荷,受磨损较重的模具</td></tr>
<tr><td>10、20</td><td rowspan="2">生产批量较小,精度要求不高,尺寸不大的模具</td></tr>
<tr><td rowspan="2">调质钢</td><td>45、55</td></tr>
<tr><td>3Cr2Mo、40CrNiMoA、40CrNi2Mo、40CrMnMo、45CrNiMoVA、5CrNiMo、5CrMnMo、40Cr、4Cr5MoVSi、4Cr5MoV1Si、35SiMn2MoVA</td><td>大型、复杂、生产批量较大的塑料注塑模或挤压成型模</td></tr>
<tr><td>高碳工具钢</td><td>Cr12、Cr12MoV、CrWMn、9Mn2V、9CrWMn、Cr6WV、Cr4W2MoV、GCr15、SiMnMo</td><td>热固性塑料模具,生产批量较大,精度要求高及要求高强度、高耐磨的塑料注塑模</td></tr>
<tr><td>耐蚀钢</td><td>4Cr13、9Cr18、9Cr18MoV、Cr14Mo、Cr14MoV</td><td rowspan="2">要求耐蚀及表面要求较高的模具</td></tr>
<tr><td>沉淀硬化不锈钢</td><td>17-7PH、PH15-7Mo、PH14-8Mo、AM-350、AM-355</td></tr>
<tr><td>马氏体时效钢</td><td>Ni18Co8Mo5TiAl、Ni20Ti2AlNb、Ni25Ti2AlNb、Cr5Ni12Mo3TiAl</td><td>复杂、精密、耐磨、耐蚀、超镜面的模具</td></tr>
</table>

表 2-3　根据塑料品种选用模具钢

用途		塑料及制品		模具要求	适用牌号
一般热塑性、热固性塑料	一般	ABS	电视机壳、音响设备	高强度、耐磨性	55、40Cr、P20、SM1、SM2、8Cr2S
		聚丙烯	电扇扇叶、容器		
	表面有花纹	ABS	汽车仪表盘、化妆品容器	高强度、耐磨性、光刻性	PMS、20、CrNi3MoAl
	透明件	有机玻璃、AS	唱机罩、仪表罩、汽车灯罩	高强度、耐磨性、抛光性	5NiSCa、SM2、PMS、P20
热塑性		POM、PC	工程塑料制件、电动工具外壳、汽车仪表盘	高耐磨性	65Nb、8Cr2S、PMS、SM2
热固性		酚醛环氧	齿轮等		65Nb、8Cr2S、PMS、SM2
阻燃形物件		ABS 加阻燃剂	电视机壳、收录机壳、显像管罩	耐蚀	PCR
聚氯乙烯		PVC	电话机、阀门管件、门手把	强度及耐蚀性	38CrMoAl、PCR
光学透镜		有机玻璃、聚苯乙烯	照相机镜头、放大镜	抛光性及防锈性	PMS、8Cr2S、PCR

表 2-4 塑料模具辅助零件材料选用

模具零件种类	主要性能要求	选用牌号	热处理	使用硬度
导向柱、导向套	表面耐磨、芯部有较好韧性	20、20Cr、20CrMnTi	渗碳、淬火、回火	54～58HRC
		T8A、T10A	淬火、回火	54～58HRC
型芯、型腔件	较高强度，有好的耐磨性和一定的耐蚀性，淬火后变形小	9Mn2V、CrWMn、9SiCr	淬火后低、中温回火	56HRC 以上
		3Cr2W8V、35CrMo	淬火、高温回火、氮化	42～44HRC 1000～1100HV
		T7A、T8A、T10A	淬火加低温回火	55HRC 以上
		45、40Cr、40VB	调质	240～320HBS
		球墨铸铁	正火	55HRC 以上
主流道衬套	表面耐磨，有时还要求好的耐蚀性和好的热硬性	20	渗碳淬火	55HRC 以上
		T8A、T10A	淬火、回火	55HRC 以上
		9Mn2V、CrVMn、9SiCr、Cr12	淬火加中温回火	55HRC 以上
		3Cr2W8V、35CrMo	淬火加高温回火并氮化	42～44HRC
顶杆、拉料杆、复位杆	有一定强度和耐磨性	T7A、T8A	淬火、回火	52～55 HRC
		45	端部淬火 杆部调质	端部:40 HRC 以上 杆部:225HBS 以上
各种横板、顶出板、固定板、支架等	较好的综合力学性能	45、40MB、40MnVB	调质处理	225～240HBS
		Q235、Q255、Q275		
		球墨铸铁	正火	205HBS 以上
		HT200	退火	

钢种应使注塑模具能减少抛光修模的次数，能长期保持型腔的尺寸精度，达到批量生产的使用寿命期限。

④ 具有耐蚀性能。对有些塑料品种，如聚氯乙烯和阻燃型塑料，必须考虑选用有耐蚀性能的钢种。

⑤ 耐摩擦、焊接性能好。具有焊接性，焊接后硬度不发生变化，且不开裂变形等。

⑥ 热处理性能好。具有良好的淬透性和很少的变形，易于进行渗氮等表面处理。

⑦ 性价比合理。市场容易买到，供货期短。

⑧ 动、定模材料选择钢材，要综合考虑以下因素：

a. 外观要求高的塑件选用镜面钢材料。

b. 形状复杂、体积较大的，选用易切削钢。

c. 加工批量大（注塑件）、尺寸精度高的选用优质模具钢。

d. 客户指定用钢。

(2) 注塑模具用钢选择方法

① 根据工作条件选用，见表 2-1。

② 根据塑料品种选用，见表 2-2。

③ 注塑模具辅助零件的材料选用见表 2-3。

第三节　注塑模具材料的热处理

(1) 注塑模具的制造工艺路线

① 低碳钢及低碳合金钢模具。例如，20，20Cr，20CrMnTi 等钢的工艺路线为：下料→锻造模坯→退火→机械粗加工→冷挤压成型→再结晶退火→机械精加工→渗碳→淬火、回火→研磨抛光→装配。

② 高合金渗碳钢模具。例如，12CrNi3A，12CrNi4A 钢的工艺路线为：下料→锻造模坯→正火并高温回火→机械粗加工→高温回火→精加工→渗碳→淬火、回火→研磨抛光→装配。

③ 调质钢模具。例如，45，40Cr 等钢的工艺路线为：下料→锻造模坯→退火→机械粗加工→调质→机械精加工→修整、抛光→装配。

④ 碳素工具钢及合金工具钢模具。例如，T7A～T10A，CrWMn，9SiCr 等钢的工艺路线为：下料→锻成模坯→球化退火→机械粗加工→去应力退火→机械半精加工→机械精加工→淬火、回火→研磨抛光→装配。

⑤ 预硬钢模具。例如，5NiSiCa，3Cr2Mo（P20）等钢，对于直接使用棒料加工的，因供货状态已进行了预硬化处理，可直接加工成型后抛光、装配。对于要改锻成坯料后再加工成型的，其工艺路线为：下料→改锻→球化退火→刨或铣六面→预硬处理(34～42HRC)→机械粗加工→去应力退火→机械精加工→抛光→装配。

(2) 注塑模具基本技术要求

① 适当的工作硬度和充分的韧度。有时为了提高模具的韧度，可以适当降低硬度。

② 热处理变形要小。应采用非常缓慢的加热速度，采用分级淬火、等温淬火等减小模具变形的热处理工艺。塑料模允许淬火变形量见表 2-4。

表 2-4 塑料模允许淬火变形量参考值

模具尺寸/mm	允许淬火变形量/mm		
	碳素工具钢	低合金工具钢	渗碳钢
260～400	+0.20 −0.30	+0.15 −0.20	+0.15 −0.08
110～260	+0.15 −0.20	+0.10 −0.15	+0.10 −0.05
≤110	±0.10	±0.06	±0.04

③ 模具加热过程中，应特别注意保护型腔表面，防止氧化、脱碳等缺陷的发生。

④ 热处理以后，材料组织均匀以保证抛光性能，在工作条件下有足够的抗疲劳能力。

(3) 注塑模具零件的热处理

① 注塑模具零件常用热处理工序。注塑模具零件常用热处理方法（表 2-5）有正火、退火、调质、淬火、回火、渗碳及氮化等。

② 注塑模具热处理常用设备及热处理炉的选用

a. 模具热处理常用设备见表 2-6。

表 2-5 模具零件常用热处理方法

热处理名称		定义	目的	应用
正火		把钢加热到临界温度以上，保温后空冷的操作	消除应力、细化晶粒、改善组织、调整硬度，便于切削加工	作为预先热处理，或用来消除网状渗碳体，为球化退火做组织准备
退火	完全退火	把钢加热到临界温度以上，保温后缓慢冷却的操作	消除应力、降低硬度、改善切削性能	用于模具锻件，铸钢件或冷压件的热处理
	球化退火	把钢加热到 A_{c_1} 以上稍高的温度保温后再冷至稍低于 A_{r1} 的温度等温，然后空冷的操作	消除片状渗碳体，使其变成球状渗碳体，改善切削性能	用于碳素工具钢及合金工具钢模具
调质		淬火后高温回火的操作	既有较高的强度，又有较高的韧性	作为模具零件淬火及氮化前的中间热处理
淬火		将钢加热到临界温度以上，保温后快速冷，获得马氏体、贝氏体的操作	提高零件的硬度及耐磨性	用于模具零件的最终热处理
低温回火		将淬火零件加热至 150～250℃，保温后冷却的操作	消除淬火应力，调整硬度	模具淬火后都必须回火
渗碳		将钢件放在含碳的介质中，加热至奥氏体化温度，将碳渗入钢件表面的操作	提高零件表面的含碳量，使表面获得很高的硬度和耐磨性，而心部具有良好的韧性	在模具制造中用于导柱、导套的处理

续表

热处理名称	定　义	目　的	应　用
氮化	将钢件放在含氮的气氛中，加热至500～600℃，使氮渗入钢件表面的操作	提高零件的耐磨性和耐蚀性	用于工作负荷不大，但耐磨性要求高及要求耐蚀的模具

表 2-6 模具热处理常用设备

炉子种类	性能特点	应　用
箱式电阻炉	炉子结构简单，体积小，操作方便，适用于加热温度低于1350℃的各种零件。但由于炉膛内一般没有搅拌风扇，故温度均匀性稍差	用于退火、正火、回火及固体渗碳等
外热式盐浴炉	加热速度快，炉温均匀，零件不易氧化与脱碳，适用于快速加热，操作方便，不使用昂贵的变压器，由于装有金属坩埚，热惰性大，使用温度不能太高	适用于淬火加热及各种液体化学热处理，如碱浴、油浴或铝浴，还可用于等温及分级淬火
内热式盐浴炉	热效率高，没有热惰性，加热速度快，加热均匀，操作方便，氧化、脱碳倾向小，炉温可升至1300℃，但须带变压器，开炉时要用辅助电极，炉底有未熔盐死角，缩小了炉膛有效容积	适用于淬火加热及各种液体化学热处理，特别适用于高温淬火加热
井式回火炉	装炉量多，生产效率高，装出料方便，炉内装有风扇，可使气流循环，炉温均匀	用于淬火后的回火

b. 热处理炉的选用原则。模具毛坯的正火、退火或粗加工后的调质处理，可选用箱式电阻炉；成品淬火则最好选用盐浴炉，以保证零件不氧化、脱碳。大型模具如没有可控气氛炉，也可用箱式电阻炉加热，但必须采取保护措施，以免影响型腔表面质量。

易变形的杆件热处理，选用井式回火炉加热比用箱式电阻炉要合理。

高合金模具钢热处理，由于淬火加热温度高，应选用内热式盐浴炉。

③ 几种常用注塑模具用钢的热处理

a. 渗碳钢注塑模具的热处理

ⓐ 对于有高硬度、高耐磨性和高韧性要求的注塑模具，要选用渗碳钢来制造，并把渗碳、淬火和低温回火作为最终热处理。

ⓑ 对渗碳层的要求，一般渗碳层的厚度为0.8～1.5mm。渗碳层的含碳量以0.7%～1.0%为佳。若采用碳氮共渗，则耐磨性、耐蚀性、抗氧化就更好。

ⓒ 渗碳温度一般为900～920℃，复杂型腔的小型模具可取840～860℃中温碳氮共渗。渗碳保温时间为5～10h。渗碳工艺以采用分级渗碳工艺为宜，这样在渗碳层内可建立均匀合理的碳含量分布，便于直接淬火。

ⓓ 渗碳后的淬火工艺按钢种不同，可分别采用：重新加热淬火；分级渗碳后直接淬火（如合金渗碳钢）；中温碳氮共渗后直接淬火（如用工业纯铁或低碳钢冷挤压成型的小型精密模具）；渗碳后空冷淬火（如高合金渗碳钢制造的大、中型模具）。

b. 淬硬钢注塑模具的热处理

ⓐ 形状比较复杂的模具，在粗加工以后即进行热处理，然后进行精加工，才能保证热处理时变形最小。对于精密模具，变形应小于0.05%。

ⓑ 模具型腔表面要求十分严格，因此在淬火加热过程中要确保型腔表面不氧化、不脱碳、不侵蚀、不过热等。应在保护气氛炉中或在严格脱氧后的盐浴炉中加热，若采用普通箱式电阻炉加热，应在模具型腔表面上涂保护剂，同时要控制加热速度，冷却时应选择比较缓和的冷却介质，控制冷却速度，以避免在淬火过程中产生变形、开裂而报废。一般以热浴淬火为佳，也可采用预冷淬火的方式。

ⓒ 淬火后应及时回火，回火温度要高于模具的工作温度，回火时间应充分，长短视模具材料和断面尺寸而定，但至少要在40～60min以上。

c. 预硬钢注塑模具的热处理［如 5NiSiCa，3Cr2Mo（P20）等钢］

ⓐ 预硬钢是以预硬态供货的，一般不需热处理，但有时需进行改锻，改锻后的模坯必须进行热处理。

ⓑ 预硬钢的预先热处理通常采用球化退火，目的是消除锻造应力，获得均匀的球状珠光体组织，降低硬度，提高塑性，改善模坯的切削加工性能或冷挤压成型性能。

ⓒ 预硬钢的预硬处理工艺简单，多数采用调质处理，调质后获得回火索氏体组织。高温回火的温度范围很宽，能够满足模具的各种工作硬度要求。由于这类钢淬透性良好，淬火时可采用油冷、空冷或硝盐分级淬火。

表 2-7 为部分预硬钢的预硬处理工艺，供参考。

表 2-7　预硬钢的预硬处理工艺

钢号	加热温度/℃	冷却方式	回火温度/℃	预硬硬度　HRC
3Cr2Mo	830～840	油冷或 160～180℃硝盐分级	580～650	28～36
5NiSCa	880～930	油冷	550～680	30～45
8Cr2MnWMoVS	860～900	油冷或空冷	550～620	42～48
P4410	830～860	油冷或硝盐分级	550～650	35～41

（4）注塑模具的表面处理　为了提高塑料模具表面耐磨性和耐蚀性，常对其进行适当的表面处理。常用的表面处理有镀铬和渗氮两种。适于塑料模具的表面处理方法还有：氮碳共渗、化学镀镍、离子镀氮化钛、碳化钛或碳氮化钛，PVD、CVD 法沉积硬质膜或超硬膜等。

① 镀铬。注塑模具镀铬是一种应用最多的表面处理方法，镀铬层在大气中具有强烈的钝化能力，能长久保持金属光泽，在多种酸性介质中均不发生化学反应。镀层硬度达 1000HV，因而具有优良的耐磨性。镀铬层还具有较高的耐热性，在空气中加热到 500℃时其外观和硬度仍无明显变化。

② 渗氮。渗氮具有处理温度低（一般为550～570℃）、模具变形甚微和渗层硬度高（可达1000～1200HV）等优点，因而也非常适合注塑模具的表面处理。含有铬、钼、铝、钒和钛等合金元素的钢种比碳钢有更好的渗氮性能，用作塑料模具时进行渗氮处理可大大提高耐磨性。

(5) 注塑模具热处理常见缺陷分析　模具钢热处理中，淬火是常见工序。然而，因种种原因，有时难免会产生淬火裂纹，导致零件报废。分析裂纹产生原因，进而采取相应预防措施，具有显著的技术经济效益。常见淬火裂纹有以下几种类型。

① 纵向裂纹。裂纹呈轴向，形状细而长。当模具完全淬透即无心淬火时，心部转变为比体积最大的淬火马氏体，产生切向拉应力，模具钢的含碳量愈高，产生的切向拉应力愈大，当拉应力大于该钢强度极限时导致纵向裂纹形成。

预防措施：严格原材料入库检查，对有害杂质含量超标钢材不投产；改进热处理工艺，采用真空加热、保护气氛加热和充分脱氧盐浴炉加热及分级淬火、等温淬火；变无心淬火为有心淬火即不完全淬透，获得强韧性高的下贝氏体组织等，可大幅度降低拉应力。

② 横向裂纹。裂纹特征是垂直于轴向。未淬透模具，在淬硬区与未淬硬区过渡部分存在大的拉应力峰值，大型模具快速冷却时易形成大的拉应力峰值，因形成的轴向应力大于切向应力，导致产生横向裂纹。

预防措施：模板应合理锻造，原材料长度与直径之比即锻造比最好选在2～3之间，锻造采用双十字形变向锻造，可大幅度提高模板横向力学性能，减少和消除应力源；选择理想的冷却速度和冷却介质。

③ 弧状裂纹。常发生在模具棱角、缺口、孔穴、凹模接线飞边等形状突变处。这是因为，淬火时这些地方产生的应力比平滑表面平均应力大得多。

预防措施：改进设计，尽量使形状对称，减少形状突变，增加工艺孔与加强筋，或采用组合装配；圆角代替直角及尖角锐边，贯穿孔代替盲孔，提高加工精度和表面光洁度，减少应力集中源，对于无法避免直角、尖角锐边、盲孔等处一般硬度要求不高，可用石棉绳、耐火泥等进行包扎或填塞，使之缓慢冷却淬火，避免应力集中，防止淬火时弧状裂纹形成；淬火钢应及时回火，消除部分淬火应力，防止淬火应力扩展；合理回火，提高模具抗断裂韧性值，得到稳定组织性能，以提高钢件疲劳抗力和综合力学性能。

④ 剥离裂纹。模具服役时在应力作用下，淬火硬化层一块块从钢基体中剥离。因模具表层组织和心部组织比体积不同，淬火时表层形成轴向、切向淬火应力，径向产生拉应力，并向内部突变，在应力急剧变化范围较窄处产生剥离裂纹，常发生于经表层化学热处理模具冷却过程中。

预防措施：应使模具钢化学渗层浓度与硬度由表至内平缓降低，增强渗层与基体结合力，渗后进行扩散处理能使化学渗层与基体过渡均匀；模具钢化学处理之前进行扩散退火、球化退火、调质处理，充分细化原始组织，防止和避免剥离裂纹产生，确保产品质量。

⑤ 网状裂纹。裂纹深度较浅，一般深约 0.01～1.5mm，呈辐射状，也称龟裂。原因主要有：原材料有较深脱碳层，冷切削加工未去除，或成品模具在氧化气氛炉中加热造成氧化脱碳；模具脱碳表层金属组织与钢基体马氏体含碳量不同，比体积不同，钢脱碳表层淬火时产生大的拉应力，因此，表层金属往往沿晶界被拉裂成网状。

预防措施：严格原材料化学成分、金相组织和探伤检查，不合格原材料和粗晶粒钢不宜作模具材料；选用细晶粒钢、真空电炉钢，投产前复查原材料脱碳层深度，冷切削加工余量必须大于脱碳层深度；模具产品最终处理选用真空电炉、保护气氛炉和经充分脱氧盐浴炉加热等措施，以有效防止和避免网状裂纹形成。

⑥ 磨削裂纹。常发生在模具成品淬火、回火后的磨削冷加工过程中，多数形成的微细裂纹与磨削方向垂直，深约 0.05～1.0mm。

预防措施：对原材料进行改锻，使碳化物细化至 2～3 级；制定先进的热处理工艺，控制最终淬火残余奥氏体（残留奥氏体）含量不超标；淬火后及时进行回火，消除淬火应力；适当降低磨削速度、磨削量、磨削冷却速度，能有效防止和避免磨削裂纹形成。

⑦ 线切割裂纹。该裂纹出现在经过淬火、回火的模板线切割加工过程中，此过程改变了金属表层、中间层和心部应力场分布状态，淬火残余内应力失去平衡变形，某一区域出现大的拉应力，此拉应力大于该模具材料强度极限时导致炸裂，裂纹是弧尾状刚劲变质层裂纹。实验表明，线切割过程是局部高温放电和迅速冷却过程，使金属表层形成树枝状铸态组织凝固层，产生 600～900MPa 拉应力和厚约 0.03mm 的高应力二次淬火白亮层。

预防措施：严格原材料入库前检查，确保原材料组织成分合格，对不合格原材料必须进行改锻，击碎碳化物，使化学成分、金相组织等达到技术条件后方可投产；采用分级淬火、等温淬火和淬火后及时回火，多次回火，以充分消除内应力，为线切割创造条件。

⑧ 疲劳断裂。注塑模具使用时在交变应力反复作用下形成的显微疲劳裂纹缓慢扩展，导致突然疲劳断裂。

预防措施：严格选材，确保材质，控制 Pb、As、Sn 等低熔点杂质与 S、P 等非金属杂质含量不超标；提高模具型面加工精度和表面光洁度；改善化学渗层和硬化层组织性能。

⑨ 应力腐蚀裂纹。该裂纹常发生在使用过程中。金属模具因化学反应或电化学反应过程，引起从表至内组织结构损坏腐蚀作用而产生开裂。

预防措施：模具钢淬火后应及时回火，充分回火，多次回火，以消除淬火应力；注塑模具使用前进行低温预热，能防止和避免应力腐蚀裂纹发生，还可大幅度提高模具使用寿命，有显著技术经济效益。

第三章　注塑模具结构

第一节　注塑模具的结构组成

注塑模具是由注射机的螺杆或活塞，使料筒内塑化熔融的塑料，经喷嘴、浇注系统，注入型腔，固化成型所用的模具。注塑模具的结构形式很多，但每副注塑模具都是由动模和定模两大部分组成，动模安装在注射机的移动模板上，定模安装在注射机的固定模板上。根据模具中各零部件所起的作用，一般注塑模具又可细分为以下几个基本组成部分（图 3-1）。

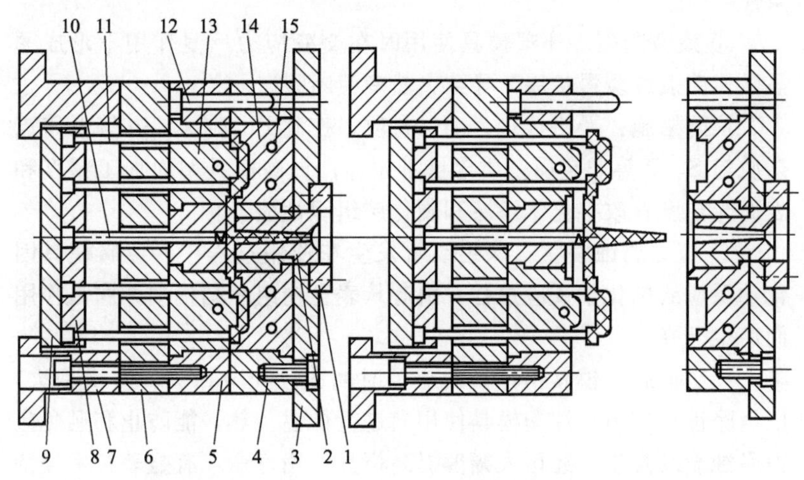

图 3-1　单分型面注塑模具

1—定位圈；2—浇口套；3—定模座板；4—定模板；5—动模板；6—支承板；7—支架；8—推杆固定板；9—推板；10—拉料杆；11—推杆；12—导柱；13—型芯；14—凹模；15—冷却水道

① 型腔。指合模时，用来填充塑料、成型塑件的空间（即模具型腔），有时也指凹模中成型塑件的内腔（即凹模型腔）。

它通常由凸模或型芯（成型塑件的内形）、凹模（成型塑件的外形）以及螺纹型芯、螺纹型环、镶件等组成，如图 3-1 中的件 13、14。

② 浇注系统。由注射机喷嘴或压注模加料腔到型腔之间的进料通道。

它是将熔融塑料由注射机喷嘴引向型腔的通道。通常，浇注系统由主流道、分流道、浇口和冷料穴 4 个部分组成，起输送管道的作用。

③ 导向机构。它通常由导柱和导套（或导向孔）组成，如图 3-1 中的件 12 及件 4 上的导向孔。此外，对多腔或较大型注塑模，其推出机构也设置有导向零件，以避免推板运动时发生偏移，造成推杆的弯曲和折断或顶坏塑件。

④ 推出机构。在开模过程中将塑件及浇注系统凝料推出或拉出的装置。图 3-1 中推出机构由件 11、8、9 和件 10 组成。

⑤ 分型抽芯机构。当塑件上有侧孔或侧凹时，开模推出塑件以前，必须先进行侧向分型，将侧型芯从塑件中抽出，方能顺利脱模，这个动作过程是由分型抽芯机构实现的。图 3-1 中的分型抽芯机构是由件 1、2、3 及件 5 上的导滑部分等组成。

⑥ 冷却和加热装置。为满足注塑成型工艺对模具温度的要求，模具上需设有冷却或加热装置。冷却时，一般在模具型腔或型芯周围开设冷却通道（图 3-1 中的冷却水通道）；而加热时，则在模具内部或周围安装加热元件。

⑦ 排气系统。在注射过程中为将型腔内的空气以及塑料在受热和冷凝过程中产生的气体排出去而开设的气流通道。排气系统通常是在分型面处开设排气槽，有的也可利用活动零件的配合间隙排气。

⑧ 支承与紧固零件。主要起装配、定位和连接的作用。包括定模座板、型芯或动模固定板、垫块、支承板、定位环、销钉和螺

钉等。如图 3-1 中件 3～7 等。

不是所有注塑模具都具备上述各个部分，根据塑件的形状不同，模具的结构组成各异。

第二节 注塑模具的类型

注塑模具的类型很多，按所用注射机的种类，分为卧式或立式注射机用注塑模和直角式注射机用注塑模；按其在注射机上的安装方式，可分为移动式注塑模和固定式注塑模；按模具的型腔数目，可分为单型腔注塑模和多型腔注塑模；按模具的分型面的特征，可分为水平分型面注塑模和带有垂直分型的注塑模。

通常习惯是按注塑模的总体结构上某一特征进行分类如下：

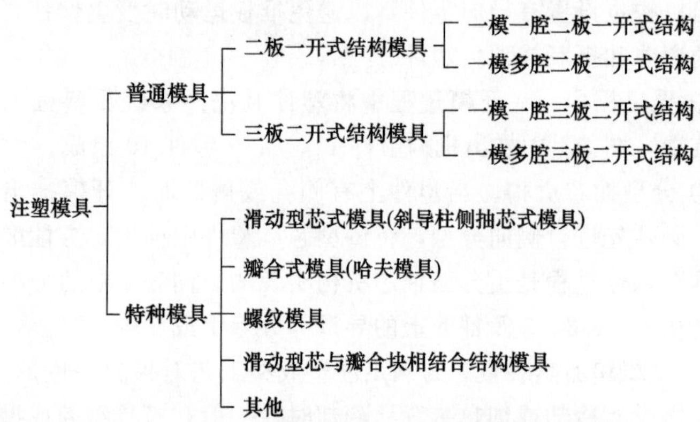

按上述方法分类的注塑模具典型结构如下：

① 单分型面注塑模。单分型面注塑模也叫二板式注塑模，它是注塑模中最简单又最常用的一类。据统计，二板式注塑模约占全部注塑模具的 70%。图 3-1 所示即为典型的单分型面注塑模，型腔的一部分在动模上，另一部分在定模上。主流道设在定模一侧，分流道设在分型面上，开模后塑件连同流道内的凝料一起留在动模一侧，并从同一分型面取出。动模上设有推出机构，用以推出塑件和流道内的凝料。

② 双分型面注塑模。双分型面注塑模又称三板式注塑模。与单分型面注塑模相比，在动模和定模之间增加了一个可定距移动的流道板（又称中间板），塑件和浇注系统凝料从两个不同分型面取出。如图 3-2 所示，开模时，由于弹簧 2 的作用，流道板 13 与定模座板 14 首先沿 $A—A$ 面作定距分型，以便取出这两块板之间的浇注系统凝料。继续开模时，模具沿 $B—B$ 面分型，由推出机构将塑件推出。

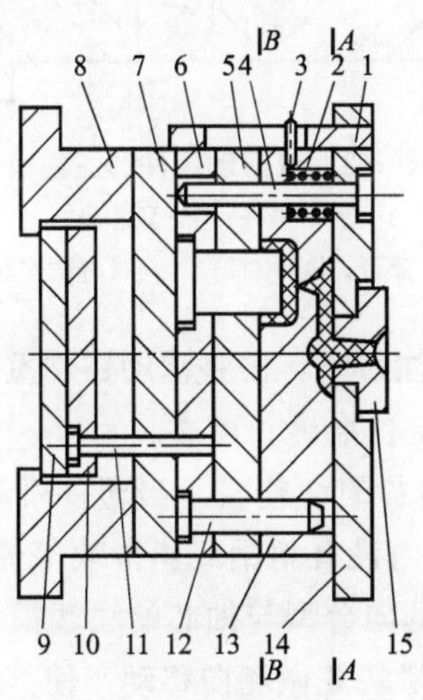

图 3-2　双分型面注塑模

1—定距拉板；2—弹簧；3—限位钉；4,12—导柱；5—推件板；6—型芯固定板；7—支承板；8—支架；9—推板；10—推杆固定板；11—推杆；13—流道板；14—定模座板；15—浇口套

这种模具结构较复杂，重量大，成本高，主要用于采用点浇口的单型腔或多型腔注塑模。

③ 带活动镶件的注塑模。由于塑件的特殊要求，需在模具上设置活动的型芯、螺纹型芯或哈夫块等。如图 3-3 所示模具，成型的塑件内侧带有凸台，为便于取出塑件，模具上设置了活动镶件 3，开模后，塑件与流道凝料同时留在活动镶件上，脱模时推出机构将活动镶件随同塑件一起推出模外，然后用手工或其他装置使塑

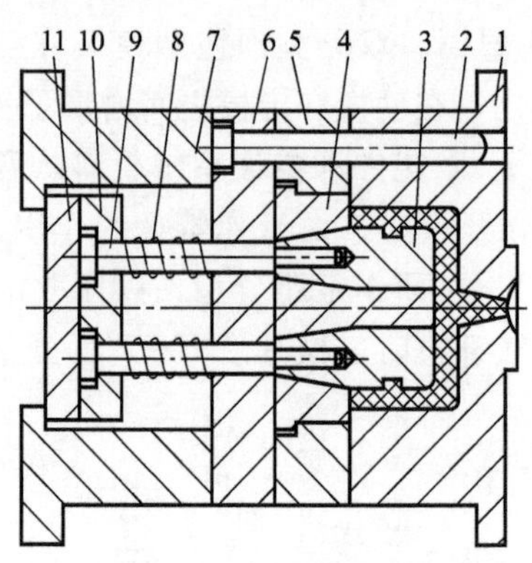

图 3-3 带活动镶件的注塑模

1—定模板；2—导柱；3—活动镶件；4—型芯座；5—动模板；6—支承板；7—支架；8—弹簧；9—推杆；10—推杆固定板；11—推板

件与镶件分离。再次注射时，需将活动镶件重新装入动模，型芯座4上锥孔保证了镶件定位准确、可靠。

④ 侧向分型与抽芯的注塑模。当塑件带有侧孔或侧凹时，在机动分型抽芯的模具内设有斜销或斜滑块等侧向分型与抽芯机构。图 3-4 所示为一斜销侧向分型与抽芯的注塑模。开模时，斜销 2 依靠开模力带动侧型芯滑块 3 做侧向移动，使其与塑件先分离，然后再由推出机构将塑件从型芯 4 上推出模外。

⑤ 自动卸螺纹的注塑模。对带有内螺纹或外螺纹的塑件，当要求自动卸螺纹时，可在模具中设置能转动的螺纹型芯或型环，利用注射机的往复运动或旋转运动，或设置专门的驱动和传动机构，带动螺纹型芯或型环转动，使塑件脱出。图 3-5 所示为角式注射机上用的自动卸螺纹的注塑模，螺纹型芯 1 由注射机开合模丝杠带动旋转使其与塑件脱离。

⑥ 定模设置推出机构的注塑模。由于推出机构一般宜设在动模上，故注塑模开模后，塑件应留在动模一侧。但有时由于塑件的特殊要求或形状的限制，开模后塑件将留在定模一侧（或有可能留在定模上），这时在定模上应设置推出机构。如图 3-6 所示，由于

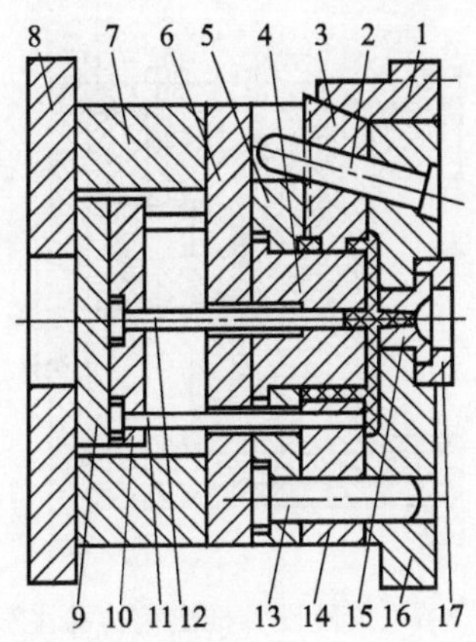

图 3-4　侧向分型与抽芯的注塑模

1—楔紧块；2—斜销；3—侧型芯滑块；4—型芯；5—固定板；6—支承板；7—垫块；8—动模座板；9—推板；10—推杆固定板；11—推杆；12—拉料杆；13—导柱；14—动模板；15—浇口套；16—定模座板；17—定位圈

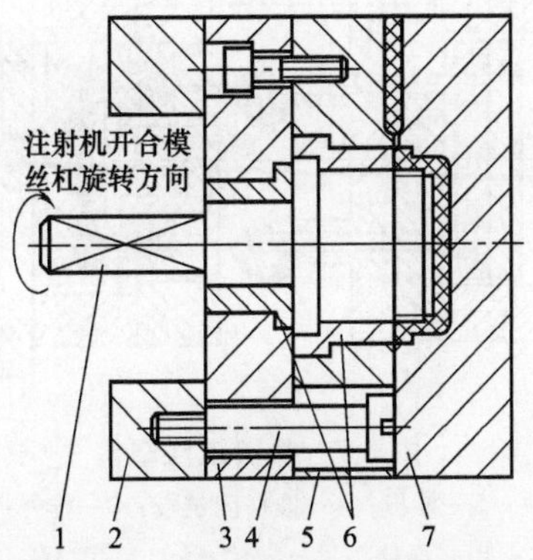

图 3-5　自动卸螺纹的注塑模

1—螺纹型芯；2—支架；3—支承板；4—定距螺钉；5—动模板；6—衬套；7—定模板

塑件的特殊形状，开模后塑件留在定模一侧。为此定模上设有推件板 7，开模时由设在动模上的拉板 8 带动，将塑件从型芯 11 上强制脱下。

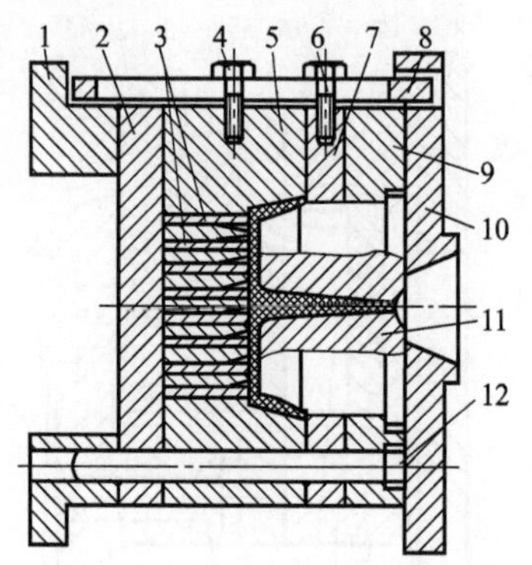

图 3-6 定模设置推出机构的注塑模

1—支架；2—支承板；3—成型镶件；4,6—螺钉；5—动模板；7—推件板；8—拉板；9—定模板；10—定模座板；11—型芯；12—导柱

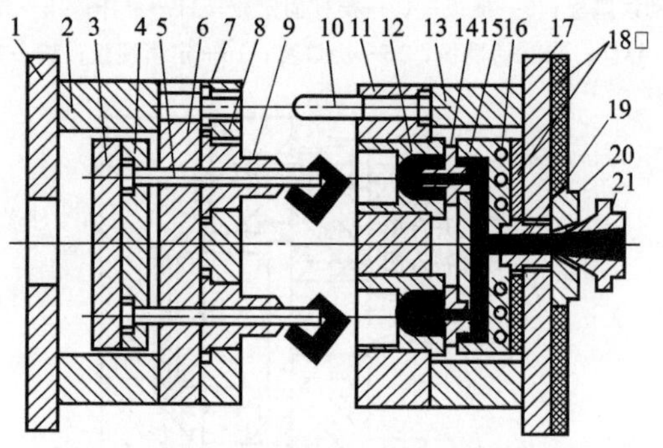

图 3-7 热流道注塑模

1—动模座板；2—垫块；3—推板；4—推杆固定板；5—推杆；6—支承板；7—导套；8—动模板；9—型芯；10—导柱；11—定模板；12—凹模；13—垫块；14—喷嘴；15—热流道板；16—加热器孔；17—定模座板；18—绝热层；19—浇口套；20—定位圈；21—二级喷嘴

⑦ 无流道注塑模。无流道注塑模（又称无流道凝料注塑模）是一种成型后只需取出塑件而无流道凝料的注塑模。在成型过程中，模具浇注系统中的塑料始终保持熔融状态，如图 3-7 所示。塑料从二级喷嘴 21 进入模具后，在流道中加热保温，使其仍保持熔

融状态，每一次注射完毕，只在型腔内的塑料冷凝成型，取出塑件后又可继续注射，大大节省塑料用量，提高了生产效率，有利于实现自动化生产，保证塑件质量。但这类注塑模具结构复杂，造价高，模温控制要求严格，因此仅适用于大批量生产。

第三节　注塑模具典型结构的组成与组合

塑件的形状、尺寸大小、精度要求、生产批量、生产条件等不同，模具的结构组成和各部件的组合有所差异，表 3-1 列出了注塑模具典型结构组成常见的分类；图 3-8 列出了模板结构与成型零件结构、浇注系统的一般组合；图 3-9 列出了模板结构与推出机构的一般组合；图 3-10 列出了模板结构与侧向分型机构的一般组合。

表 3-1　注塑模具典型结构组成常见的分类

模板结构	成型零件结构（整体、镶拼）	流道、浇口	推出机构	侧向分型
二板式 三板式 无流道	整体{单型腔、局部镶拼} 多型腔 镶拼{单型腔、多型腔}	直接浇口 侧浇口 二次流道{侧浇口、直接浇口} 绝热流道{针状浇口、直接浇口}	推杆 推管 推件板 气压推出	滑动型芯{位于定模、位于分型面} 瓣合模 倾斜杆 活动镶件 旋转脱模 强制脱模

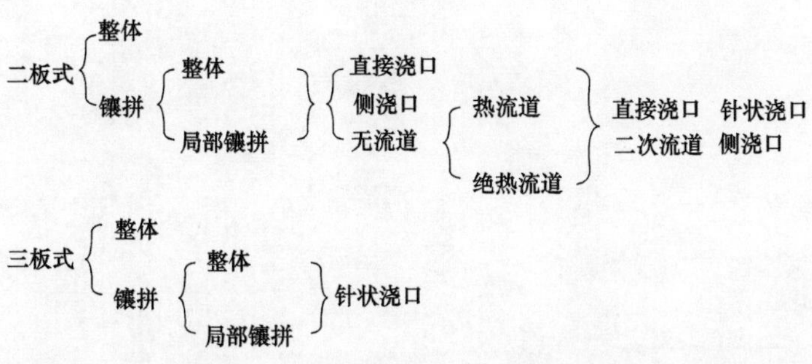

图 3-8　模板结构与成型零件结构、浇注系统的一般组合

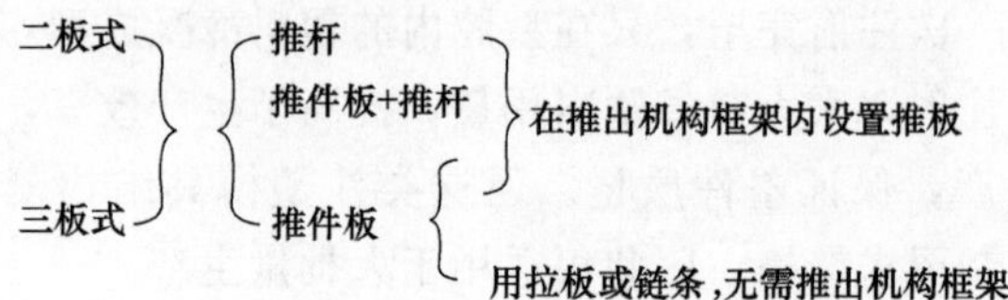

图 3-9 模板结构与推出机构的一般组合

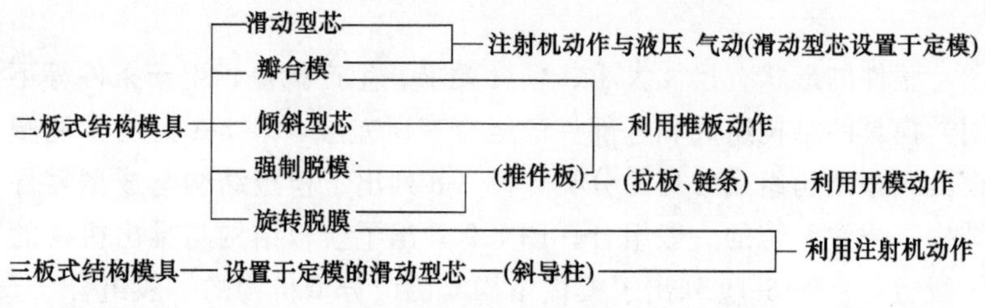

图 3-10 模板结构与侧向分型机构的一般组合

第四章　注塑模具加工方法

第一节　注塑模具的制造过程

注塑制件的形状不同、精度不同、生产数量不同，对模具的设计结构、模具的加工要求、模具的材料选用等就不同，模具的加工工艺也就自然不同，虽有诸多不同，但一般都按下列过程制造模具：熟悉制件要求→模具结构设计→模具材料准备→编排加工工艺→选择加工机床→加工→模具零件热处理→模具零件检验→零部件装配→模具总装配→试模→修整→模具终检入库。

(1) 熟悉制件要求　通过对制件使用性能的了解，掌握制件的使用和注射成型等精度要求。

(2) 模具结构设计　根据注塑制件形状和使用性能、生产批量等优选和完成模具设计结构。

① 根据注塑制件形状合理确定分型面；

② 根据制件和分型面确定型芯和型腔结构；

③ 以脱模方法确定脱模结构；

④ 以型腔数和注射机类型确定主、分流道形式；

⑤ 根据模具零件在模具中的制件成型功能和模具零件在制件成型生产过程中磨损情况和影响，确定模具材料；

⑥ 根据模具制件成型功能确定其他相关结构以及模具外形尺寸；

⑦ 根据模具设计结构绘制模具零件图，计算、确定模具零件尺寸。

(3) 模具材料准备　根据模具结构和模具零件图所规定的材料，按尺寸要求加放装夹加工余量准备材料。

(4) 编排加工工艺 根据各模具零件加工精度与要求，确定加工方法各工序精度要求，编排合理的加工工艺。

(5) 选择加工设备 根据各模具零件形状和加工精度要求，选择相应的加工机床，保证各模具零件形状和精度达到要求。

(6) 模具零件加工过程 按照模具零件加工工序要求，确定合理的进给量和转速等加工参数，及时检验测量，保证模具零件形状和精度要求。

(7) 模具零件热处理 模具工作零件使用产生的磨损会影响制件精度，因此要根据模具工作零件和相关零件的功能要求，确定相应的热处理方案，以提高模具零件的硬度，提高模具零件的使用寿命，保证注射制件精度要求。

(8) 模具零件检验 检验模具零件的形状、表面粗糙度、尺寸精度、硬度等是否达到设计要求，为保证制件精度奠定基础。

(9) 零部件装配 在模具零件检验达到要求的基础上，进行机构功能部件装配，通过修配调整达到各部件功能装配要求，为保证模具总装配精度打下基础。

(10) 模具总装配 待模具零部件装配达到要求后，进行模具总装配，并根据总装配实际检测的精度，进行相应调整，保证总装配质量达到最佳状态，从而保证注射成型的制件达到要求。

(11) 试模 模具装配结束后，为了解模具结构功能的合理性，生产的注塑制件是否达到要求，这就必须通过模具的试生产来了解模具工作情况，为确定模具精度和制件质量提供依据，为模具的调试修整提供相关参数。

(12) 修正 根据实际试模过程掌握的数据、试生产的制件精度、所检测的实际误差，找出影响的因素，进行相应的修整调试，确保模具总装配精度，保证制件精度达到要求。

(13) 模具终检入库 模具修整→再试模→再检验合格后，入库待生产。

第二节　注塑模具的普通切削加工

(1) 刨削加工

① 牛头刨床型号。常见牛头刨床有机械传动和液压传动两种，如 BS6065 型为机械式牛头刨床，最大加工长度 650mm；BYS60100 型为液压牛头刨床，最大加工长度 1000mm，如图 4-1 所示。

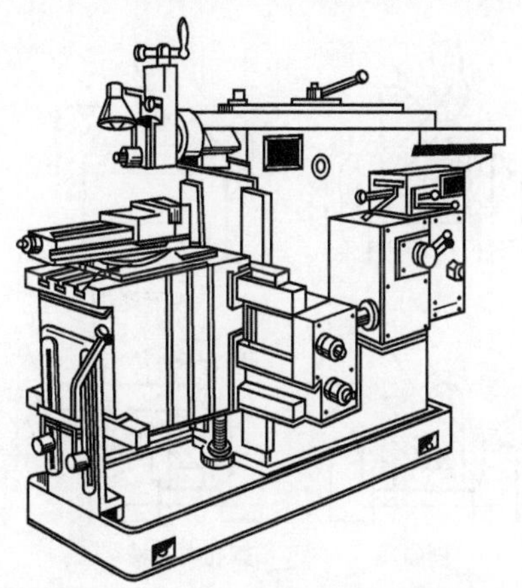

图 4-1　BYS60100 型液压牛头刨床

② 刨削的加工范围。模具的加工制造中，刨床常用来加工中大型模具零件坯料的外形平面和垂直度要求的侧面，如刨削加工台阶面、直角沟槽、斜面和曲面、燕尾槽和 T 形槽，也可用来刨削齿条和复合机床导轨表面。图 4-2 所示为刨削加工基本内容。

③ 模板的刨削加工方法

a. 模具板料外形刨加工

ⓐ 选择待加工模板大面之一，用平口钳装夹后刨平面，注意留平行面加工余量，作为基准 1。

ⓑ 加工与基准 1 相邻的面，作为基准 2，要求基准 2 与基准 1 垂直，一般可在装夹过程中用直角尺校准得到。

ⓒ 加工与基准 1、基准 2 相邻的面，作为基准 3，要求基准 3 与基准 1、基准 2 相互均垂直。

ⓓ 加工基准 1 相对面，要求与基准 1 平行，装夹时垫铁要平行，基准 1 表面与垫铁表面应平行接触良好（图 4-3），加工过程中及时检查，保证尺寸要求。

模板的基准面宽而长，且加工面又比较狭窄时，可用角铁装夹

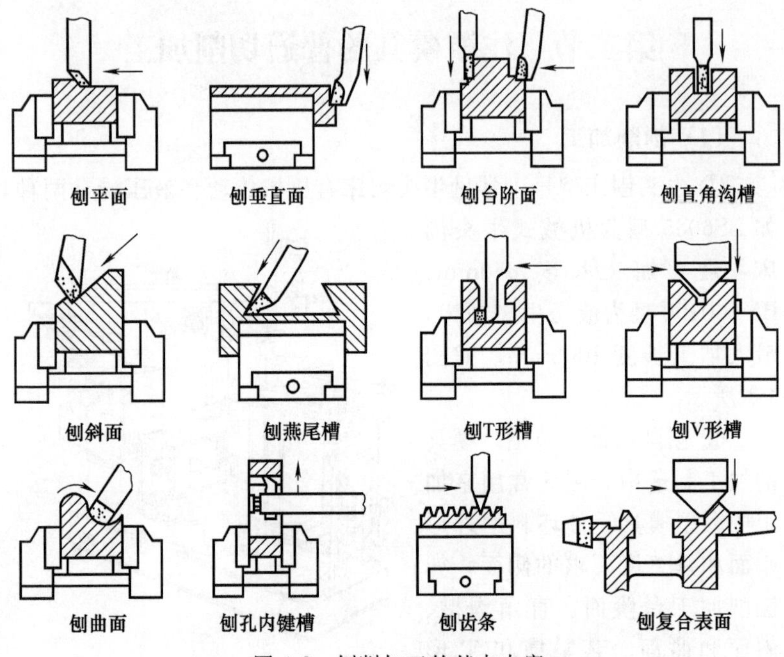

图 4-2 刨削加工的基本内容

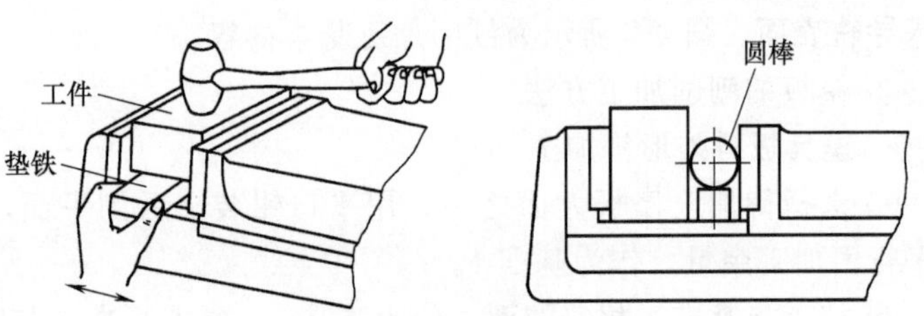

图 4-3 模板的装夹

工件，装夹时让基面与角铁的一面贴合，角铁的另一面直接固定在刨床工作台面上，如图 4-4 所示，进行刨削加工，可获得精度较高的垂直平面。

ⓔ 加工基准 2 相对边，达到平行精度和尺寸要求。

ⓕ 加工基准 3 相对边，达到平行精度和尺寸要求。

ⓖ 检测，待后续精加工。

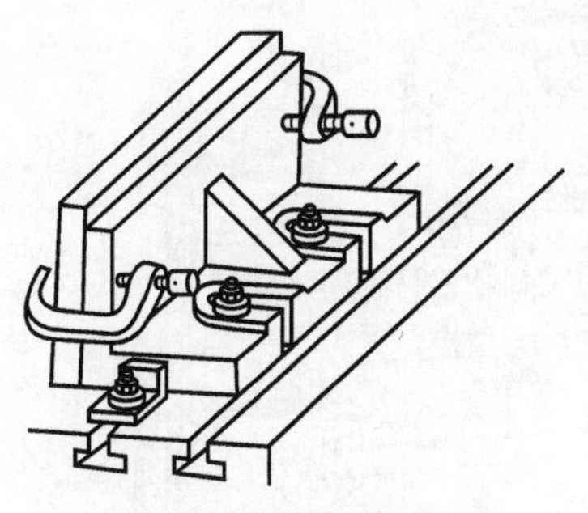

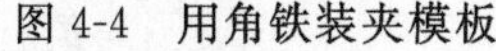

图 4-4　用角铁装夹模板

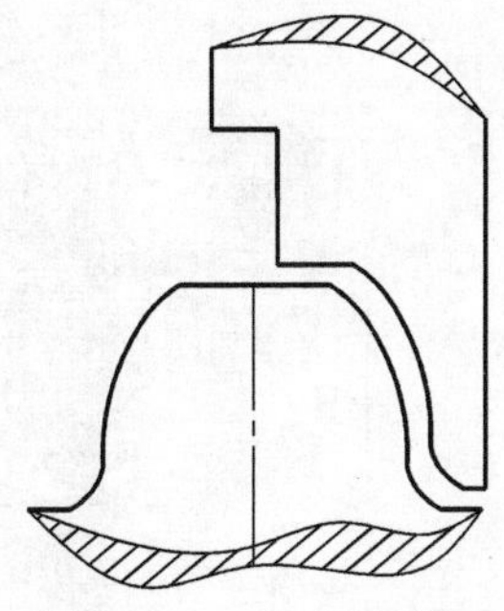

图 4-5　成型面加工

b. 模板成型面的刨削加工

ⓐ 按模板成型面加工要求，选择基准，以基准划出成型面加工线。

ⓑ 选择好相应的加工刀具，加工时以成型面加工线决定切削的进给量与方向，注意进给量的大小。精加工时须选用或修磨相应曲线的成型刀具，同样可以降低加工面表面粗糙度值，提高成型面加工精度，如图 4-5 所示。

ⓒ 检测，待后续精加工。

(2) 注塑模具零件的车削加工

① 常用车床型号。模具加工中常见普通车床有 C6132A 型（最大加工直径 320mm，最大加工长度 1000mm）和 CA6140 型（最大直径加工 400mm，最大加工长度 750mm）等，如图 4-6 所示。

② 普通车床的加工范围。普通车削加工在模具零件制造中的加工内容有：平面加工、内孔外圆加工、内外沟槽加工、轴向内外圆弧加工、内外螺纹加工等。

③ 模具零件的车加工方法

a. 模具板料平面的车加工。采用四爪卡盘装夹（图 4-7），用直角尺校正或用靠山靠平，即可较方便地加工小型模具板料的平面，能获得较好的平面度和垂直度。

b. 回转体类模具零件的加工

ⓐ 选择合适的车刀，可较方便地在普通车床上加工模具零件

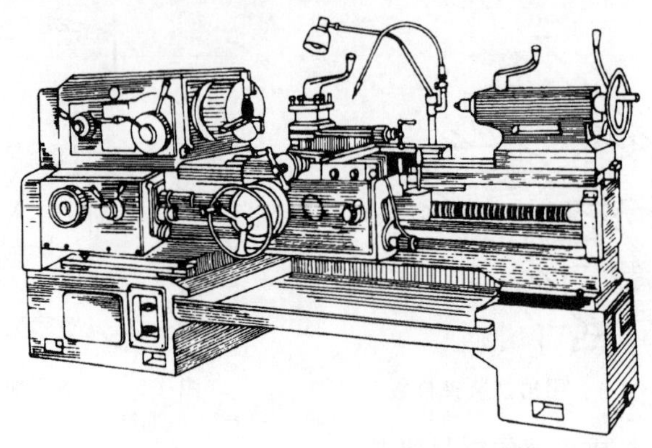

图 4-6 CA6140 型普通车床

的内孔、外圆、内外沟槽、内外锥度，加工精度较高。如刃磨成型车刀，可车削成型面，从而提高加工效率，如图 4-8 所示。

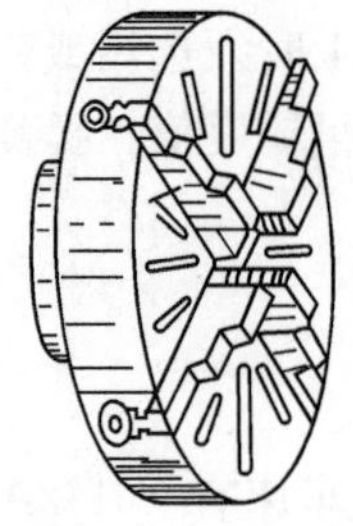

图 4-7 四爪卡盘

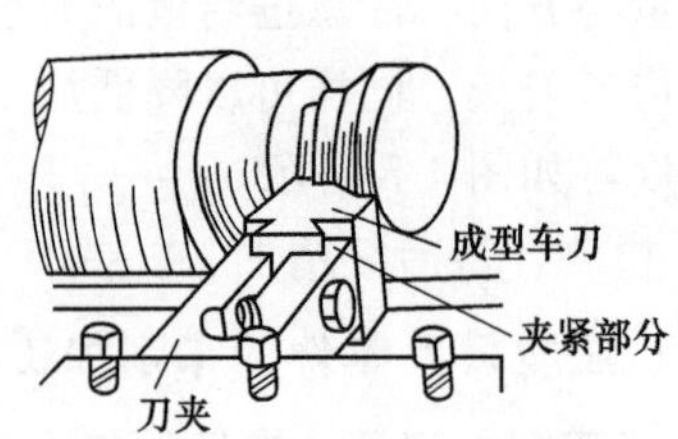

图 4-8 用成型车刀车削成型面

ⓑ 如操作者技术水平较高，可在车床上双手控制加工具有复杂曲面的模具零件。如图 4-9 所示，车床中滑板加上仿形靠模装置，可高效加工曲面，有仿形装置的车床很适宜批量加工模具零件或机械配件，具有独特的优越性。

ⓒ 根据螺纹牙型角和形状，刃磨好相应的螺纹车刀，调整好相应的进给比，可进行内外螺纹的车削加工，并采用相应的环规或三针法进行测量，可保证内外螺纹精度要求。作为模具零件型芯或型腔，为了脱模顺利，应尽可能降低内、外螺纹的表面粗糙度值，其方法是选用合理的切削液，通过实践比较，采用浓度较高的乳化液为切削液，螺纹表面光滑，表面粗糙度值小，效果很好。

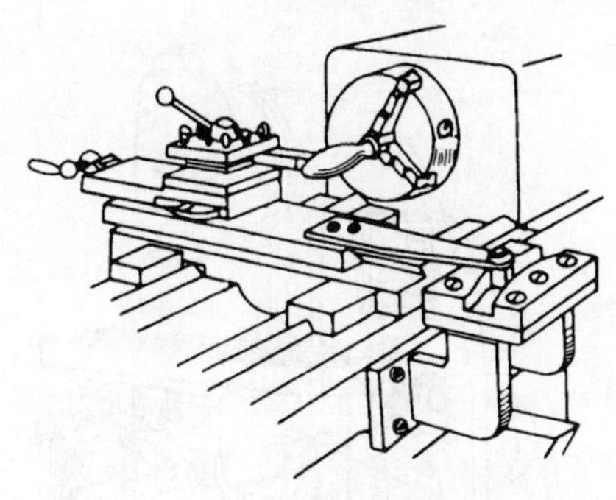

图 4-9　用靠模车制曲面

ⓓ 对普通车床进行一些小的技术性改造，如根据加工件的形状和加工要求，制作相应的专用的夹具、辅具和刀具，可扩大普通车床的加工范围，可在普通车床上进行铣削、镗削、磨削、研磨等，达到“一机多用”的目的。

(3) 注塑模具零件的铣削加工　普通铣床种类较多，并各有特点，按照结构和用途的不同可分为：卧式升降台铣床、立式升降台铣床、龙门铣床、仿形铣床、工具铣床等。其中，卧式升降台铣床和立式升降台铣床的通用性最强，在模具制造中应用也最广泛。这两类铣床的主要区别在于主轴轴心线相对于工作台呈水平或垂直位置，主轴轴心线垂直于工作台的为立式铣床，主轴轴心线与工作台平行的为卧式铣床。

① 常用普通铣床型号。图 4-10 所示为 X5030 型立式铣床，工作台宽 300mm，长 1100mm。

图 4-11 所示为 X6135 型卧式万能铣床，工作台宽 350mm，长 1600mm。

② 普通铣床的加工范围

a. 立式铣床。立式铣床的加工范围很广，铣削刀具的种类也很多，选择不同的铣削刀具，能完成不同的铣削功能。一般加工范围有：加工模具板料的各个平面、滑块的台阶面和斜面；加工模具零件的成型面；加工模具的导滑槽（如直沟槽、燕尾槽、T 形槽等）；也可以利用手动进给加工模具的型芯和型腔的曲面组合体。

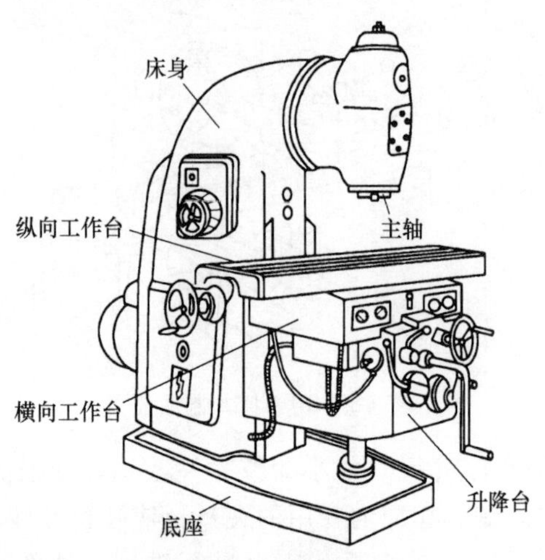

图 4-10 X5030 型立式铣床

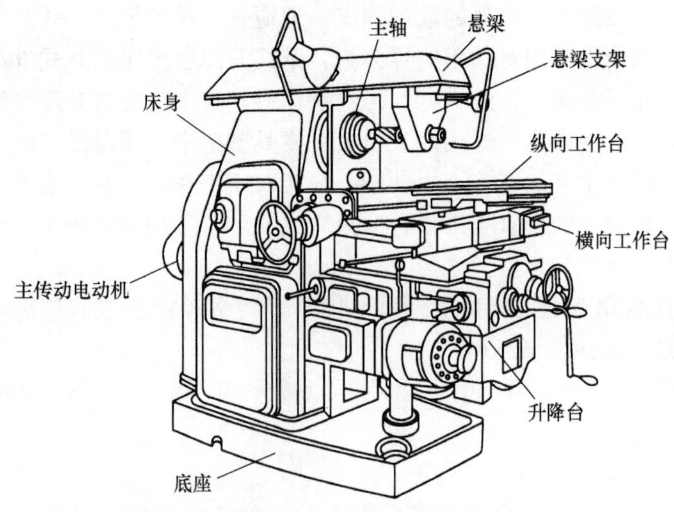

图 4-11 X6135 型卧式铣床

b. 卧式铣床。卧式铣床的加工范围同样很广，选择不同的铣削刀具，能完成不同的铣削功能。一般加工范围有：加工模具零件的宽、窄直槽，用锯片铣刀切断模具零件，用成型刀可加工模具零件的成型面和斜面，用斜齿铣刀可加工模具滑块的台阶面和模具板料的平面，加工时刀具和模具零件刚性好，加工效率高。

③ 模具零件的铣削加工方法

a. 铣削平面。根据模具零件平面的大小和加工余量，可选择不同的刀具进行加工。

ⓐ 模具板料面积较大时，可选用图 4-13（a）所示盘形铣刀进行机动切削加工，由于切削刃具采用的是硬质合金刀片，切削效率高，表面粗糙度值较小，若刀具刃口磨损，更换方便可靠。

ⓑ 模具板料面积较小时，如滑块的台阶面等，可选用图 4-13（b）所示多刃立铣刀进行手动或机动切削加工，由于铣刀是由高速钢制作而成，红硬性不及硬质合金，切削加工时必须加注冷却润滑液，以提高加工表面质量，延长刀具使用寿命。

ⓒ 斜面加工时，可转动铣床立铣头从而带动铣刀刀具中心线转动相应角度来铣削倾斜平面，这种方法铣削时，工作台必须沿 Y 方向进给，如图 4-12 所示，且因受工作台 Y 向行程的限制，铣削斜面的尺寸不能过长。若斜面尺寸过长，可利用万能铣头、工作台做纵向进给进行铣削。

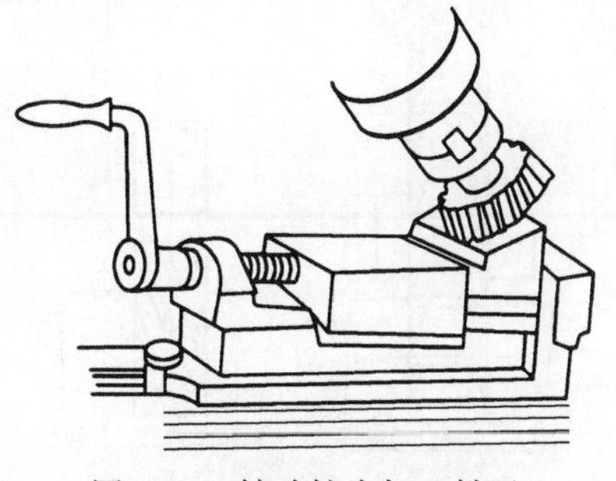

图 4-12　转动铣头加工斜面

b. 铣槽。在侧向分型抽芯的注塑模具中，滑块导滑装置均设计成 T 形槽或燕尾槽导滑，制造时应根据导滑槽不同的要求选择合适刀具进行铣削加工。

ⓐ T 形槽加工。选用图 4-13（b）、（d）所示直铣刀和 T 形槽铣刀，按图 4-14 所示加工。加工前首先按模具零件 T 形槽位置要求划线，按加工界限冲眼；用直铣刀由浅入深加工直槽，待直槽加工达到深度要求后，再用 T 形槽铣刀进行加工，达到图纸精度要求。铣 T 形槽时，由于排屑、散热都比较困难，加之 T 形槽铣刀

的颈部较小，容易折断，故加工时不宜选用过大的铣削用量，可能情况下要考虑选用不同直径的 T 形槽铣刀，进行分层粗、精切削加工，减小切削抗力对刀具的影响，提高 T 形槽的加工精度。

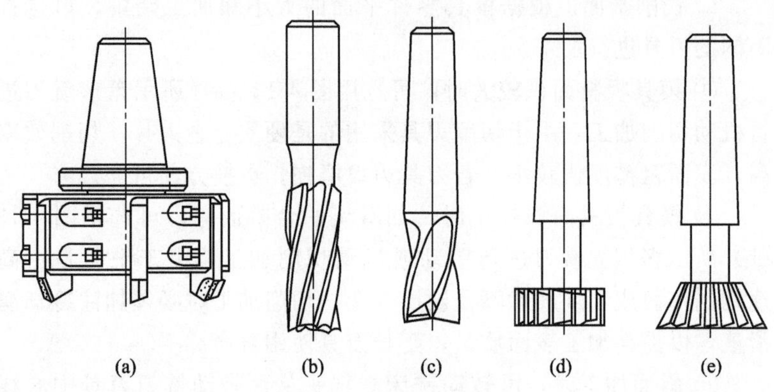

图 4-13 常用铣刀形状

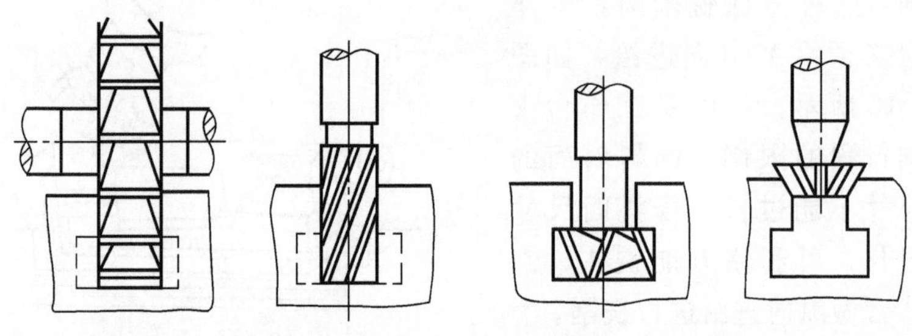
图 4-14 铣 T 形槽

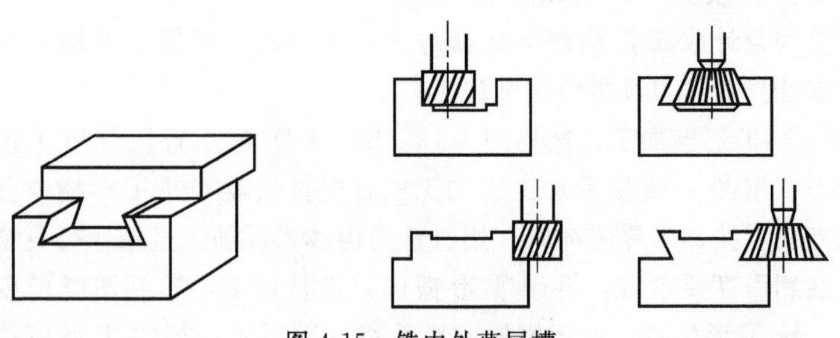
图 4-15 铣内外燕尾槽

ⓑ 燕尾槽加工。燕尾槽的铣削与T形槽铣削基本相同，内燕尾槽加工时，先用图 4-13（b）所示立铣刀或端铣刀铣出内燕尾尺寸段直槽，再用燕尾槽铣刀铣出燕尾槽，如图 4-15 所示。外燕尾体加工时，可用图 4-13（b）所示立铣刀或端铣刀铣削加工外燕尾尺寸段的台阶面，再用燕尾铣刀铣削加工外燕尾，用圆柱棒和量具组合测量，保证内、外燕尾槽尺寸精度。

ⓒ 键槽加工。注塑模具传动机构中，为了传递转矩，配合件常采用键与键槽来达到目的。键槽加工时，可选用图 4-13（c）所示键槽铣刀来加工，一般要求铣刀直径尺寸与键槽尺寸相一致，以提高键槽精度和加工效率。

c. 型芯、型腔过渡圆弧的铣加工。模具零件型芯、型腔的形状是按制件形状成型需要而决定的，因此型芯、型腔的加工方法也是按其形状加工的需要而决定的。型芯、型腔的内角常用圆弧过渡，铣加工时首先按图样要求准确划线，在加工界限冲眼，如图 4-16 所示，再根据圆弧大小选择立铣刀直径进行手动进给加工。刀具直径小，切削速度要高，进给速度要慢，防止铣削刀具折断，并且要加充足的切削液冷却，要分粗、精加工，保证模具型芯、型腔的加工精度。

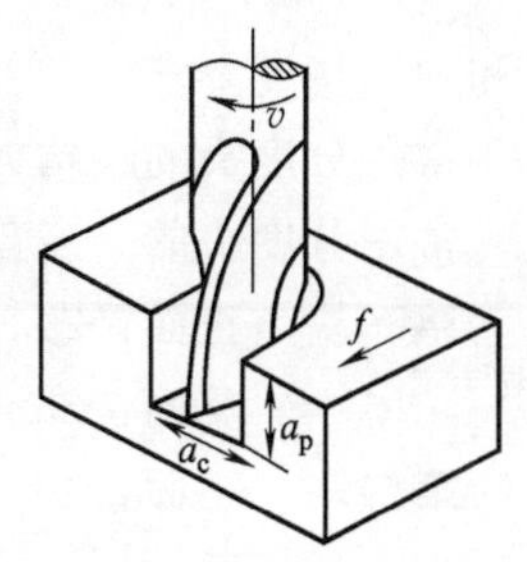

图 4-16 铣圆弧

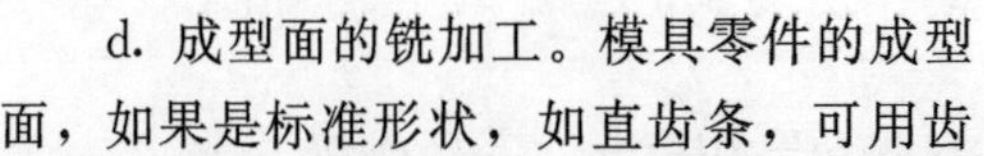

d. 成型面的铣加工。模具零件的成型面，如果是标准形状，如直齿条，可用齿轮铣刀在卧式铣床上进行切削加工，加工时加切削液冷却，可得到形状一致、精度较高的模具零件。如果是非标准形状体，也可定制刀具进行加工，可达到同样的精度，如图 4-17 所示。

e. 等分体的铣加工。模具零件加工表面具有等分要求时，如多角等分体、圆周等分孔等，在按要求选择刀具的同时，可采用万能分度头装夹模具坯料，根据等分要求正确计算，求出分度头手柄转动圈数和手柄孔位，一个工位加工结束加工下一个工位前，转动求得的圈数和手柄孔位再进行加工，按此类推，达到相应的等分要

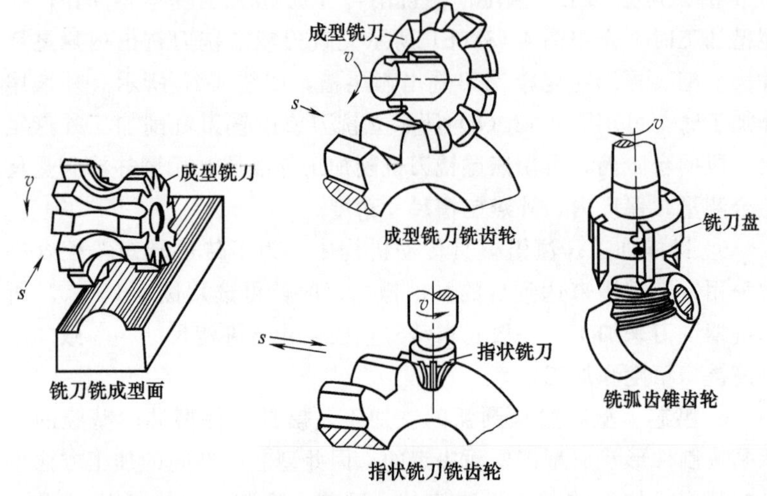

图 4-17 铣成型面

求和加工精度要求。

常用分度头的结构如图 4-18 所示。

常用分度头的分度盘有两块，正反面等分孔数如下。

第一块 正面：24、25、28、30、34、37；

反面：38、39、41、42、43。

第二块 正面：46、47、49、51、53、54；

反面：58、59、62、66。

分度方法如下。

由万能分度头的传动系统传动比可知，手柄转动 40 圈分度头主轴转 1 圈，工件等分数 Z 与分度手柄转数 n 之间的关系为 $n=40/Z$，配合以上分度孔盘，通过简单计算，可以求出分度盘手柄转过的圈数。

例如，铣一槽数 $Z=23$ 的工件，求每铣一条槽后分度手柄应转过的转数。

解：根据公式 $n=40/Z$ 可得

$$n=\frac{40}{23}=1\frac{17}{23}=1\frac{34}{46}$$

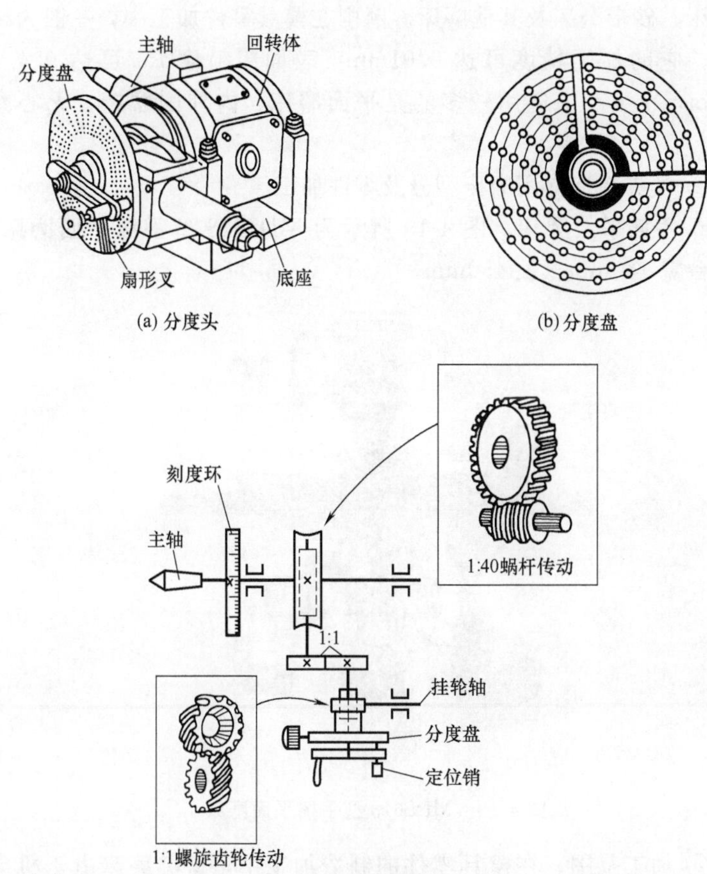

(a) 分度头　(b) 分度盘

(c) 分度头的等分原理

图 4-18　分度头结构

选用分度盘上孔数为 46 的孔盘，每铣一条槽后分度手柄应先转 1 转，再转过 34 个孔距即可。

(4) 注塑模具零件的磨削加工　磨削是在磨床上用砂轮或其他磨具以较高的线速度，对工件表面进行微量精密切削加工的方法，它是机械零件精密加工的主要方法之一。

① 常见磨床的种类。磨床的种类很多，有平面磨床、外圆磨床、内圆磨床、无心磨床、导轨磨床、工具磨床、专业化磨床、精

密磨床、砂带磨床及其他磨床。磨削在模具零件加工中，一般为精加工，它的加工精度可达 0.01mm，表面粗糙度 Ra 可达 0.4～1.6μm，在生产中应用较多的是平面磨床、内外圆磨床、无心磨床等。

② 模具制造常用磨床型号及零件加工

a. 手摇平面磨床。图 4-19 所示为 MDS618 型手摇平面磨床，工作台宽 150mm、长 450mm。

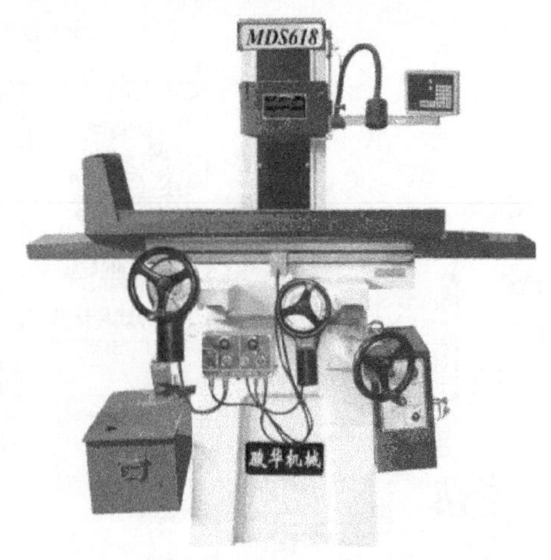

图 4-19 MDS618 型手摇平面磨床

ⓐ 加工范围。在模具零件的制造加工中，这类磨床由于机床工作台尺寸较小，手动操作灵活，数显切削进刀，加工的模具零件精度高，常用于各种平面、斜面、沟槽的磨削精加工。

ⓑ 加工方法。

• 将被加工的模具零件进行测量，确定磨削用量，将基准与磨床工作台表面擦干净，使之贴合，打开电磁吸盘开关，吸牢被加工件。如果零件比较小，可用平口钳装夹，调整好位置，吸牢于工作台上。

• 根据被加工件的磨削要求，相应选择磨削砂轮的粒度和形状，调整好磨削位置。

• 试切削：由于磨削加工是精加工，磨削用量极小，所以试切削十分重要，要仔细观察试切削火花，防止超量切削造成事故。

• 切削加工要严格控制磨削用量，粗、精加工分次切削完成。加工过程中，需及时检测模具零件尺寸，根据实际检测结果指导加工，保证模具零件精度符合图纸要求。

b. 普通平面磨床。图 4-20 所示为 M7140 型平面磨床，工作台宽 400mm、长 1000mm。

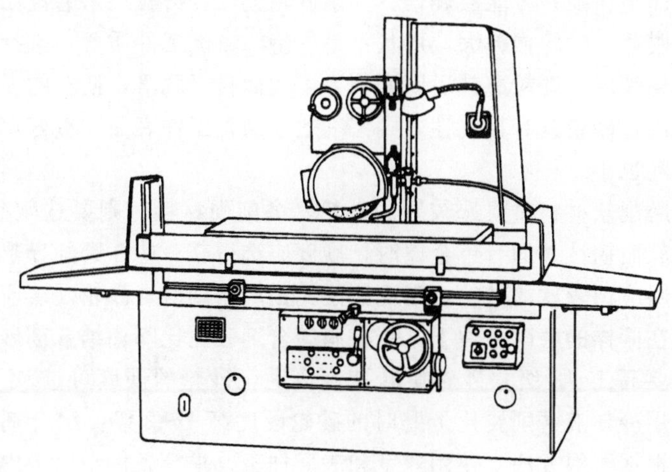

图 4-20　M7140 型平面磨床

ⓐ 平面磨床的加工范围。平面磨床与手摇磨床加工原理和功能一样，手摇磨床的砂轮较小，可根据模具零件的平面、斜面、曲面等加工要求进行选择，加工精度高。平面磨床主要用于加工较大型的模具零件的平面和槽，可自动走刀，加工效率高，尺寸精度稍低于手摇磨床，非平面的零件表面加工比较困难。

ⓑ 加工方法。一般的平面加工方法与手摇磨床相近，利用磨床磁性工作台吸住零件进行加工。如果是斜面磨削加工，可采用如下手动进刀方法完成加工。

• 检测被磨削坯料，调整好正弦规或万能精密虎钳角度，将被磨削坯料装夹牢固。

•将虎钳钳口置于与工作台运动平行方向，并且使正弦规的角度倾斜于起磨方向，以保证磨削过程平稳。

•磨削过程中，吃刀量要小，分粗、精加工，并注意及时检测角度，保证磨削精度达到图纸要求。

ⓒ 砂轮的选择。砂轮的硬度是指砂轮在外力作用下磨粒脱落的难易程度。砂轮的硬度对磨削生产率和磨削表面质量都有很大的影响。如果砂轮太硬，磨粒磨钝后仍不能脱落，磨削效率很低，工作表面很粗糙并可能被烧伤。如果砂轮太软，磨粒还未磨钝已从砂轮上脱落，砂轮损耗大，形状不易保持，影响工件质量。选择合适的砂轮硬度，磨粒磨钝后因磨削力增大而自行脱落，使新的锋利磨粒露出，砂轮具有自锐性，则磨削效率高，工件表面质量好，砂轮的损耗也小。

磨削软材料时要选较硬的砂轮，磨削硬材料时则要选软砂轮；磨削软而韧性大的有色金属时，硬度应选得软一些；磨削导热性差的材料应选较软的砂轮；端面磨削比圆周磨削时，砂轮硬度应选软些；在同样的磨削条件下，用树脂结合剂砂轮比陶瓷结合剂砂轮的硬度要高 1～2 级；砂轮旋转速度高时，砂轮的硬度可选软 1～2 级；用冷却液磨削要比干磨时的砂轮硬度高 1～2 级。结合剂的选择应根据磨削方法、使用速度和表面加工要求等条件予以考虑。

砂轮的粒度是指砂轮中磨粒尺寸的大小，磨料粒度选择的原则是：粗磨时，应选用磨粒较粗大的砂轮，以提高生产效率；精磨时，应选用磨粒较细小的砂轮，以获得较小的表面粗糙度。常用磨削用砂轮粒度的选择见表 4-1。

表 4-1 常用磨削用砂轮粒度的选择

类别	粒度号	颗粒尺寸/μm	应用范围
磨粒	12～36	(2000～1600)～(500～400)	荒磨、打毛刺
	46～80	(400～315)～(200～160)	粗磨、半精磨、精磨
	100～280	(160～125)～(50～40)	半精磨、精磨、珩磨
微粉	W40～W28	(40～28)～(28～20)	珩磨、研磨
	W20～W14	(20～14)～(14～10)	研磨、超精磨削
	W10～W5	(10～7)～(5～3.5)	研磨、超精加工、镜面磨削

ⓓ 磨削温度。磨削由于切削速度很高，切削厚度很小，切削刃很钝，所以切除单位体积切削层所消耗的功率大约为车削、铣削等切削加工方法的 10～20 倍，磨削所消耗的能量大部分转变为热能，使磨削区形成高温区域。通常磨削温度是指磨削过程中磨削区域的平均温度，约在 400～1000℃之间。磨削温度影响磨粒的磨损、磨屑与磨粒的黏附，会造成工件表面的加工硬化、烧伤和裂纹，使工件热膨胀、翘曲，形成内应力。为此，磨削时需采用大量的切削液进行冷却，并冲走磨屑和碎落的磨粒，保证零件的磨削加工精度。

c. 内外圆磨床。图 4-21 所示为 M1432B 型万能外圆磨床，最大磨削直径为 320mm。

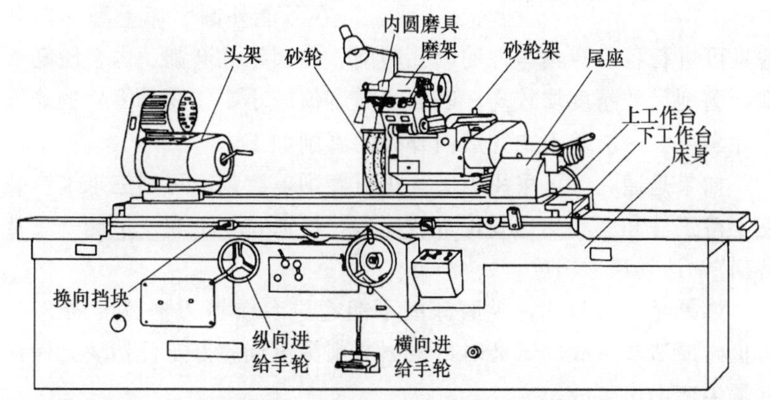

图 4-21　M1432B 型万能外圆磨床

ⓐ 加工范围。在注塑模具制造中，万能外圆磨床常用来磨削模具零件的外圆和内孔、内外圆锥面，能保证一轴多肩的同轴度要求，磨削后的轴类零件圆柱度较好，表面粗糙度值较小。一般适宜较大型轴类模具零件（如大型芯）的精加工，能减小注塑制件脱模阻力，保证注射制件精度符合要求。

ⓑ 外圆加工方法

- 模具轴类型芯粗加工前，首先两轴端要加工中心孔；
- 以两中心孔定位，粗、半精加工轴类型芯外圆表面；

• 热处理，使轴类型芯达到相应硬度要求；

• 粗、精研磨轴两端中心孔；

• 以两中心孔定位上外圆磨床，粗、精磨轴类型芯外圆，达到相应的尺寸精度和表面粗糙度要求。磨削时要注意冷却润滑，减小热变形。

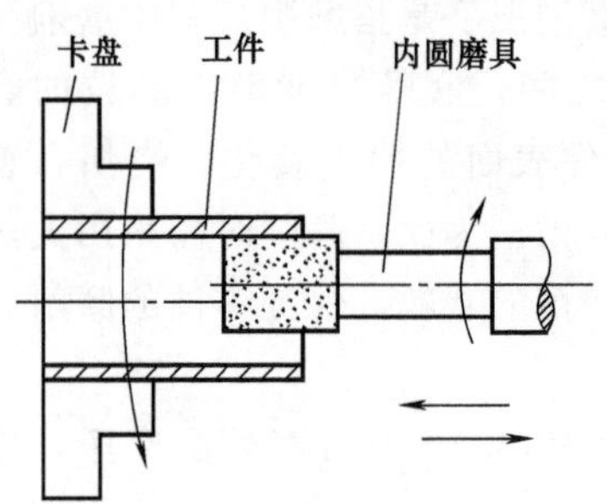

图 4-22 内圆磨削原理

ⓒ 内孔加工方法。在万能外圆磨床上磨削模具零件的内孔须将磨床的内圆磨具放下，选择合适砂轮进行加工。图 4-22 为内圆磨削原理图。

在万能外圆磨床上利用内圆磨具可进行各种模具零件的内孔磨削、内圆锥孔磨削、内台阶孔磨削，磨削尺寸精度均较高，表面粗糙度值较小。如模具零件的非标准导套可在一次装夹中完成内外圆的磨削加工。

如果是通孔，可采用纵磨法进行磨削，磨削时可用三爪卡盘装夹，待工件和磨具均达到正常转速后，可通过“试磨→试测→正常磨削”，达到尺寸精度。

如果是内台阶孔，纵磨深度不能超过台阶退刀槽宽度的 2/3，防止碰撞造成事故，试磨时可根据磨削深度调整好定位挡块，保证批量生产不出事故。

d. 无心外圆磨床。图 4-23（a）所示为 M1083A 型无心磨床外形，最大磨削直径 190mm，最大磨削长度 250mm，图 4-23（b）为无心磨床磨削原理简图。

ⓐ 加工范围。无心外圆磨削的特点是：加工时，工件可不必用顶尖或卡盘定心装夹，由托板和导轮支承，工件被磨削外圆表面即定位基准面。

无心外圆磨床有两种磨削方法：贯穿磨削法和切入磨削法。

• 贯穿磨削法。磨削时将工件从机床前面放到导板上，推入磨削区。由于导轮在垂直平面内倾斜，导轮与工件接触处的线速度

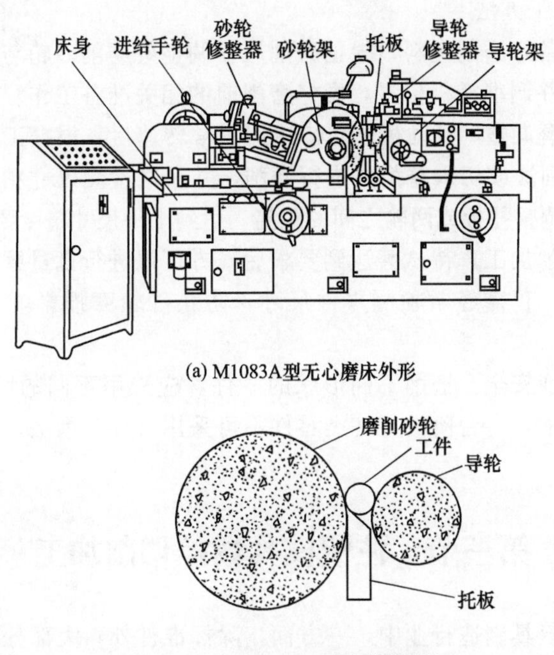

(a) M1083A型无心磨床外形

(b) 无心磨床磨削原理

图 4-23　无心磨床

$v_{导}$ 可分解为水平和垂直两个方向的分速度 $v_{导水平}$ 和 $v_{导垂直}$，前者使工件做纵向进给，后者控制工件的圆周进给运动。所以工件被推入磨削区后，既做旋转运动，同时又轴向向前移动，穿过磨削区，从机床另一端出去就磨削完毕。磨削时，工件一个接一个地通过磨削区，加工便连续进行。为了保证导轮和工件间为直线接触，导轮的形状应修整成回转双曲面形。这种磨削方法适用于不带台阶的圆柱形工件，如直导套和定位销磨削。

• 切入磨削法。磨削时先将工件放在托板和导轮上，然后由工件（连同导轮）或砂轮做横向进给。此时导轮的中心线仅倾斜一个很微小的角度（约 30′），以便使导轮对工件产生一微小的轴向推力，将工件靠向挡块，保证工件有可靠的轴向定位。这种方法适用于磨削不能纵向通过的阶梯轴类零件，如导柱磨削。

ⓑ 加工方法

• 准备好磨削坯料，根据磨削尺寸调整好磨削砂轮与导轮之间的间隙，并调准托板位置，做好磨削前的相关准备工作。

• 试磨调整。开动机床，待达到正常转速后，根据工件形状采用贯穿磨削法或切入磨削法进行磨削，并及时检测尺寸精度，根据检测结果调整托板或两轮之间的距离，达到工件尺寸精度要求为止。

• 磨削加工。待试磨达到要求后，方可以进行批量磨削，但磨削过程中，仍需经常检测零件尺寸，防止砂轮磨损影响工件尺寸精度。

• 磨削安全。磨削不同形状的零件，应采用不同的磨削方法，磨削过程中，有台阶的导柱类零件不可采用贯穿磨削法，以免造成恶性事故。

第三节　注塑模具数控切削加工

目前模具制造行业中，一方面，除标准件外，大部分注塑模具零件属单件、小批量的生产，而且所占的比例越来越大；另一方面，注塑制件产品的精度和质量也在不断提高，要求注塑模具零件的加工精度必须不断提高。随着行业竞争越来越激烈，制件产品更新换代也越来越快，要求注塑模具制造的周期越来越短，注塑模具零件的生产率也必须提高。普通机床难以满足快速加工精密注塑模具零件的需要，数控切削加工在模具制造行业中的应用越来越普遍。

模具制造行业中常用的数控切削机床有：数控车床、数显铣床、数控铣床、数控加工中心等。

(1) 数控车床加工

① 数控车床型号。图 4-24 所示为 CK6140 型数控车床，加工回转直径为 400mm。

② 数控车床的加工范围。数控车床是一种高性能、通用性强的机床，它能完成普通车床的所有加工功能，各项精度特别是圆弧

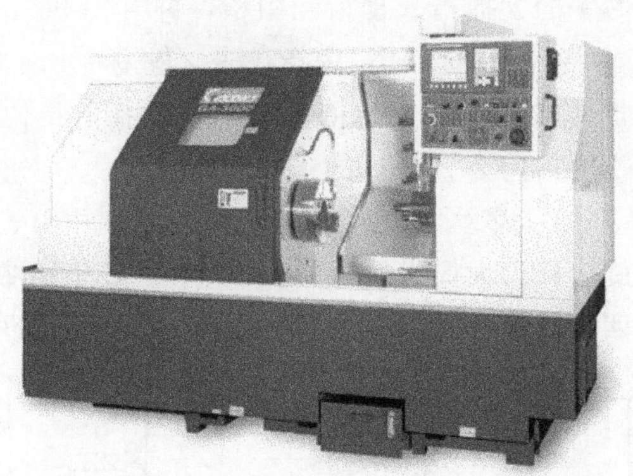

图 4-24　CK6140 型数控车床

曲面精度很高。主要用于轴类、盘类零件的半精加工和精加工，可以加工内外圆柱表面、内外圆锥面、内外螺纹、钻孔、镗孔、铰孔以及各种曲线回转体，如图 4-25 所示。数控车床主轴为分挡无级变速，中低速主轴力矩大，适用于回转体类模具零件各种批量的加工，以及仪器仪表、轻工、机械、电子医疗器械及航空航天等行业的各种回转体零件的大批量高效率加工。

③ 数控车床的编程。数控车削是数控加工中最常用的加工方法之一，其加工工艺与普通车床的加工工艺有相似之处，但由于数控车床具有直线、圆弧插补功能，许多数控系统还具有非圆曲线的编程功能等，工艺范围较普通车床宽得多，因此数控车床加工零件往往比普通车床加工零件的工艺规程要复杂。数控车削加工前要编写数控加工程序，数控程序内容实际包括工件加工的工艺过程、刀具选用、切削用量和走刀路线等，所以必须掌握相关数控加工工艺，否则就无法合理地编制零件的车加工程序。

a. 坐标系确定

ⓐ 机床坐标系。数控编程前，首先应按右手笛卡儿直角坐标系规则，确定数控车床坐标系，以便按机床坐标系进行编程与加工，达到模具零件精度要求。机床坐标系的确定方法如图 4-26 所示。

• 伸出右手的大拇指、食指和中指，并互为 90°，则大拇指代表 X 坐标，食指代表 Y 坐标，中指代表 Z 坐标；

• 大拇指的指向为 X 坐标的正方向，食指的指向为 Y 坐标的正方向，中指的指向为 Z 坐标的正方向；

• 围绕 X、Y、Z 坐标旋转的旋转坐标分别用 A、B、C 表示，根据右手螺旋定则，大拇指的指向为 X、Y、Z 坐标中任意轴的正向，则其余四指的旋转方向即为旋转坐标 A、B、C 的正向。

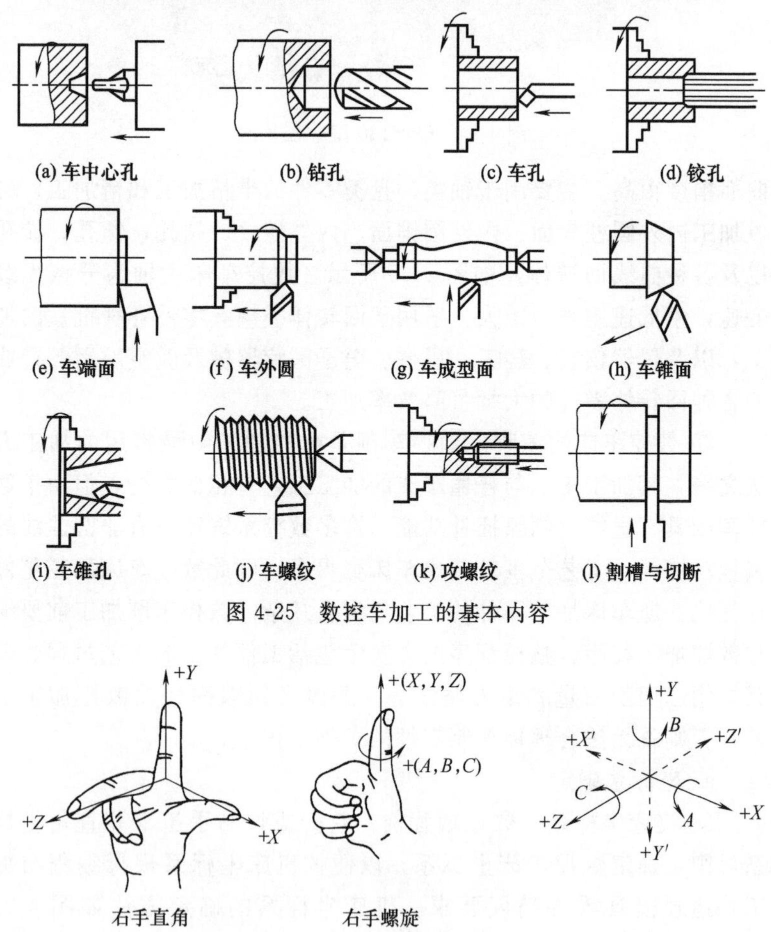

图 4-25 数控车加工的基本内容

图 4-26 数控机床标准坐标系

卧式数控车床的坐标系如图 4-27 所示，该图比较直观，中指如工件轴心线，为 Z 轴，拇指为 X 轴，所指方向均为正方向。

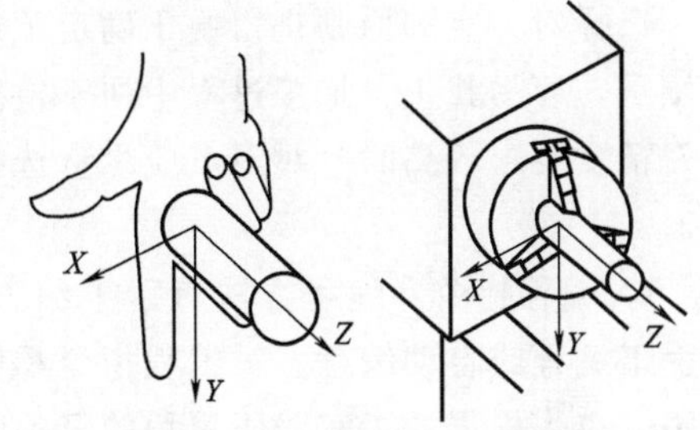

图 4-27　数控卧式车床坐标系

ⓑ 编程坐标系。编程坐标系是编程人员根据零件图样及加工工艺等建立的坐标系，又叫工件坐标系。

确定编程坐标系的要求与机床坐标系的坐标轴方向一致。

编程坐标系是编程时计算轮廓曲线上各基点或节点坐标值的依据。编程原点应尽量选择在零件的设计基准或工艺基准上。数控车床工件选在轴线的右端面；数控铣床（加工中心）选在工件上表面正中。

ⓒ 数控车床工件坐标系和机床坐标系的关系。数控车床编程时，尺寸都按工件坐标系中的尺寸确定，不必考虑工件在机床上的安装位置和安装精度，但在加工时需要确定机床坐标系、工件坐标系、刀具起点三者的位置。工件装夹在机床上后，可通过对刀确定工件在机床上的位置。

对刀，就是确定工件坐标系与机床坐标系的相互位置关系。在加工时，工件随夹具在机床上安装后，测量工件原点与机床原点之间的距离，这个距离称为工件原点偏置，在用绝对坐标编程时，该偏置值可以预存到数控装置中，加工时工件原点偏置值可以自动加到机床坐标系上，使数控系统可按机床坐标系确定加工时的坐标值。

对刀过程一般从各坐标方向分别进行，可理解为通过找正刀具与一个在工件坐标系中有确定位置的点（即对刀点）来实现。对刀点可以设在工件、夹具或机床上，但必须与工件的定位基准（相当于工件坐标系）有已知的准确关系，这样才能确定工件坐标系与机床坐标系的关系。

选择对刀点的原则是：便于确定工件坐标系与机床坐标系的相互位置，容易找正，加工过程中便于检查，引起的加工误差小。当对刀精度要求较高时，对刀点应尽量选在零件的设计基准或工艺基准上。

b. 编程指令。编程方法有手工编程和自动编程两种，但不管是手工编程或自动编程，对编程指令都应熟悉，即使是自动编程的程序，也需根据加工实践所累积的经验和加工工艺的需要，进行适当修调，因此掌握相关的编程指令十分重要。

• 手工编程。对于一些形状复杂的零件或空间曲面零件，编程工作量十分巨大，计算繁琐，花费时间长，而且非常容易出错。不过，根据目前生产实际情况，手工编程在相当长的时间内还是一种行之有效的编程方法。

• 自动编程。自动编程既可以减轻劳动强度，缩短编程时间，又可减少差错，使编程工作简便。自动编程是指编程人员只需根据零件图样的要求，按照某个自动编程系统的规定，编写一个零件源程序，输入编程计算机，再由计算机自动进行程序编制，并打印程序清单和制备控制介质。

ⓐ 常用的数控系统。数控系统的种类繁多，它们使用的指令代码和格式也不尽相同。当针对某一台数控机床编制加工程序时，应该严格按该机床编程手册中的规定进行程序编制。

常用的数控系统如下。

FANUC 系统：常见的是 FANUC 0 和 FANUC 0i 型。

SINUMERIK 数控系统：常用的有 SINUMERIK802S/C、SINUMERIK810 和 SINUMERIK840D 型。

华中数控系统："世纪星"系列，世纪星 HNC-21/22T，车削系统；世纪星 HNC-21/22M，铣削系统。

广州数控系统：GSK980TD 车床数控系统；GSK990MA 铣床数控系统。

ⓑ 常用的编程 G 功能指令

• 直线插补指令 G01（模态）。格式：

G01 X__ Z__ F__;

说明："X"、"Z" 坐标值为直线终点坐标值，可为绝对坐标值或相对坐标值由 G90/G91 决定。"F" 为走刀速度指令，改变 "F" 值可以改变直线插补速度。

注意：程序中首次出现的插补指令（G01、G02、G03）一定要有 "F" 指令，否则出错，后续程序中如速度相同可省略，如速度改变不可省略。

例如，分别用绝对和增量方式对图 4-28 所示零件编程。

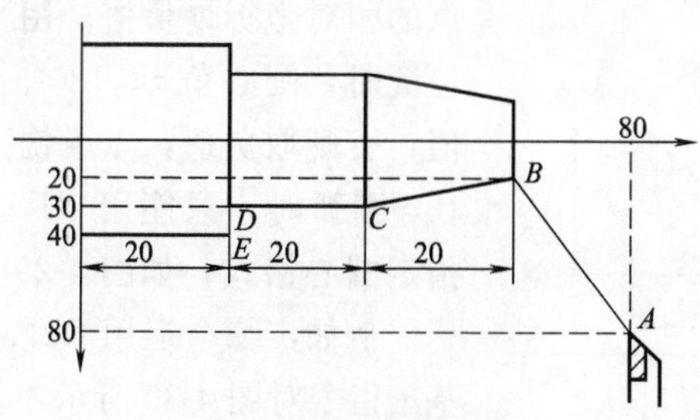

图 4-28 数控车零件图

绝对方式：

N1 M03 S640; 主轴正转
N2 G90; 选绝对
N3 G00 X40 Z60; 快进 $A \to B$
N4 G01 X60 Z40 F0.2; 工进 $B \to C$
N5 G01 X60 Z20; $C \to D$
N6 G01 X80 Z20; $D \to E$
N7 M02; 程序结束

增量方式：

N1 M03 S640; 主轴正转
N2 G91; 选增量
N3 G00 X-120 Z-20; 快进 $A \to B$
N4 G01 X20 Z-20 F0.2; 工进 $B \to C$
N5 G01 X0 Z-20; $C \to D$

N6 G01 X20 Z0；　　　　　　　$D \rightarrow E$

N7 M02；　　　　　　　　　程序结束

• 圆弧插补指令 G02　G03（模态）。G02/G03 的编程格式：

用“I”、“J”、“K”指定圆心位置时

(G02/G03) X＿ Y＿ Z＿ I＿ J＿ K＿ F＿；

用圆弧半径“R”指定圆心位置时

(G02/G03) X＿ Y＿ Z＿ R＿ F＿；

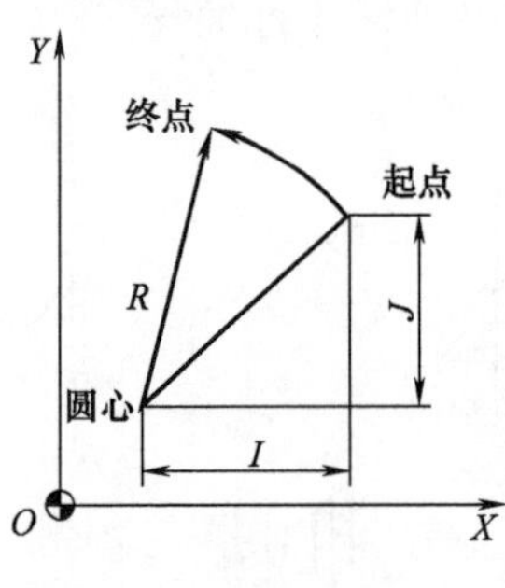

图 4-29　G02/G03 编程

“I”、“J”、“K”为圆心相对圆弧起点的相对坐标增量值；用半径指定圆心位置时，圆心角 $\alpha \leqslant 180°$ 时，“R”取正值，否则取负值，车或铣削圆心角大于 180°圆弧时，只能用“I”、“J”、“K”指定圆心格式，如图 4-29 所示。

例如，综合运用 G01、G02、G03 等基本指令对图 4-30 所示零件编写数控车程序（路径 $G \rightarrow F \rightarrow E \rightarrow D \rightarrow C \rightarrow B \rightarrow A$）。

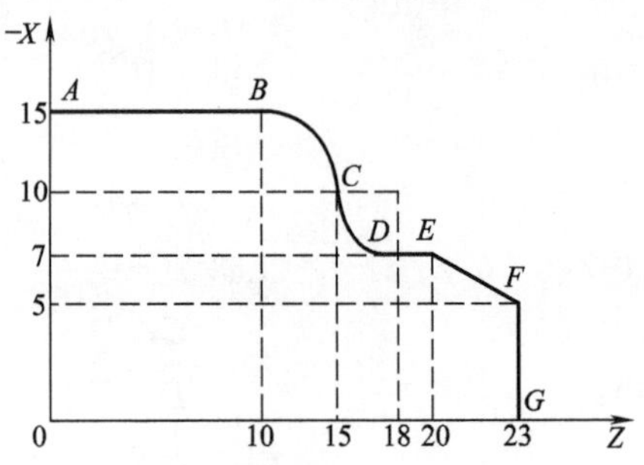

图 4-30　数控车零件图

绝对方式

N1 M03 S300；

N2 G90 G54 G00 Z23 X0；　　　　快速定位到 G 点

N3 G01 Z23 X10 F0.2；　　　　　$G \rightarrow F$

N4 G01 X14 Z20；　　　　　　　$F \rightarrow E$

N5 G01 Z18　　　　　　　　$E \rightarrow D$

N5 G02 X20 Z15 I6 K0；　　$D \rightarrow C$

N6 G03 X30 Z10 I0 K-5；　$C \rightarrow B$

N7 G01 X30 Z0；　　　　　$B \rightarrow A$

N8 M02；

• 其他常用编程指令 G28、G54～G59、G41、G42、G40。G28 自动返回参考点：指令格式为

G91 G28 X__ Z__

G54～G59 定义工件坐标系：毛坯材料通常把坐标原点设在工件上表面中心处，用 G54～G59 定义工件坐标系，通常按约定用 G54，G54 为零点偏置法，与刀具的起始位置无关。

可设定的零点偏置 G54～G59 有：G54，第一可设定零点偏置；G55，第二可设定零点偏置；G56，第三可设定零点偏置；G57，第四可设定零点偏置；G58，第五可设定零点偏置；G59，第六可设定零点偏置。

G41、G42、G40 刀具半径补偿：刀具总有一定的刀具半径或刀尖部分有一定的圆弧半径，加工轮廓时，刀尖轨迹与轮廓之间相差一个刀具半径值（且当刀具磨损而换新刀时，刀具半径值会改变）。对有刀具半径补偿功能的机床编程时，可按零件轮廓编程。

刀具半径补偿分为刀具半径左补偿和刀具半径右补偿。

刀具左补偿：假设工件不动，沿刀具运动方向看，刀具在零件左侧。反之则为刀具右补偿。

用 G41 表示刀具左补偿；用 G42 表示刀具右补偿；

用 G40 表示取消刀具半径补偿。

刀具半径补偿包括刀具半径补偿的引入、加入刀具半径补偿对零件的加工、刀具半径补偿取消的三个过程。刀具半径补偿的建立与取消，在线性轨迹段（用 G00 或 G01 指令）完成，从它的起点开始，刀具中心渐渐往预定的方向偏移，到达该线段的终点时，刀具中心相对于终点产生一个刀具半径大小的法向偏移。

ⓒ 准备功能指令表。表 4-2 列出了 FANUC 0i 数控系统准备功能 G 指令功能及格式。

表 4-2　FANUC 0i 数控系统准备功能 G 指令功能及格式

代码	组别	功　能	程序格式及说明
G00	01	快速点定位	G00　X＿Y＿
G01		直线插补	G01　X＿Y＿F＿
G02		顺时针圆弧插补	G02　X＿Y＿R＿F＿
G03		逆时针圆弧插补	G03　X＿Y＿I＿J＿F＿
G04	00	暂停	G04　X1.5；或 G04 P1500；
G05.1		预读处理控制	G05.1 Q1；(接通)　G05.1 Q0；(取消)
G07.1		圆柱插补	G07.1 IP1；(有效)　G07.1 IP0；(取消)
G08		预读处理控制	G08 P1；(接通)　G08 P0；(取消)
G09		准备停止	G09 IP＿；
G10		可编程数据输入	G10 L50；(参考输入方式)
G11		可编程数据输入取消	G11；
G15	17	极坐标取消	G15；
G16		极坐标指令	G16；
G17	02	选择 *XY* 平面	G17；
G18		选择 *ZX* 平面	G18；
G19		选择 *YZ* 平面	G19；
G20	06	英寸输入	G20；
G21		毫米输入	G21；
G22	04	存储行程序检测接通	G22；
G23		存储行程序检测断开	G23；
G27	00	返回参考点检测	G27 IP＿；(IP 为指定的参考点)
G28		返回参考点	G28 IP＿；(IP 为经过的中间点)
G29	00	从参考点返回	G29 IP＿；(IP 为返回目标点)
G30		返回第 2、3、4 参考点	G30 P3 IP＿；或 G30 P4 IP＿；
G31		跳转功能	G31 IP＿；

续表

代码	组别	功　　能	程序格式及说明
G33	01	螺纹切削	G33 IP __ F __ ;(F 为导程)
G37	00	自动刀具长度测量	G37 IP __ ;
G39		拐角偏置圆弧插补	G39；或 G39 I __ J __ ;
G40	07	刀具半径补偿取消	G40；
G41		刀具半径左补偿	G41 G01 IP __ D __ ;
G42		刀具半径右补偿	G42 G01 IP __ D __ ;
G40.1	18	法线方向控制取消	G40.1；
G41.1		左侧法线方向控制	G41.1；
G42.1		右侧法线方向控制	G42.1
G43	08	正向刀具长度补偿	G43 G01 Z __ H __ ;
G44		负向刀具长度补偿	G44 G01 Z __ H __ ;
G45	00	刀具位置偏置加	G45 IP __ D __ ;
G46		刀具位置偏置减	G46 IP __ D __ ;
G47		刀具位置偏置加 1 倍	G47 IP __ D __ ;
G48		刀具位置偏置为原来 1/2	G48 IP __ D __ ;
G49	08	刀具长度补偿取消	G49；
G50	11	比例缩放取消	G50；
G51		比例缩放有效	G51 IP __ P __ ；或 G51 IP __ I __ J __ K __ ;
G50.1	22	可编程镜像取消	G50.1 IP __ ;
G51.1		可编程镜像有效	G51.1 IP __ ;
G52	14	局部坐标系设定	G52 IP __ ;　(IP 以绝对值指定)
G53		选择机床坐标系	G53 IP __ ;
G54		选择工件坐标系 1	G54；
G54.1		选择附加工件坐标系	G54.1 Pn；(n 取 1～48)
G55		选择工件坐标系 2	G55；
G56		选择工件坐标系 3	G56；
G57		选择工件坐标系 4	G57；

续表

代码	组别	功　能	程序格式及说明
G58	14	选择工件坐标系 5	G58；
G59		选择工件坐标系 6	G59；
G60	00/00	单方向定位方式	G60 IP__；
G61	15	准备停止方式	G61；
G62		自动拐角倍率	G62；
G63		攻螺纹方式	G63；
G64		切削方式	G64；
G65	00	宏程序非模态调用	G65 P__L__；（自变量指定）
G66	12	宏程序模态调用	G66 P__L__；（自变量指定）
G67		宏程序模态调用	G67；
G68	16	坐标系旋转	G68 IP__R__；
G69		坐标系旋转取消	G69；
G73	09	深孔钻循环	G73 X__Y__Z__R__Q__F__；
G74		攻左旋螺纹循环	G74 X__Y__Z__R__P__F__；
G76		精镗孔循环	G76 X__Y__Z__R__Q__P__F__；
G80		固定循环取消	G80；
G81		钻孔、锪镗孔循环	G81 X__Y__Z__R__；
G82		钻孔循环	G82 X__Y__Z__R__P__；
G83		深孔循环	G83 X__Y__Z__R__Q__F__；
G84		攻右旋螺纹循环	G84 X__Y__Z__R__P__F__；
G85		镗孔循环	G85 X__Y__Z__R__F__；
G86		镗孔循环	G86 X__Y__Z__R__P__F__；
G87		反镗孔循环	G87 X__Y__Z__R__Q__F__；
G88		镗孔循环	G88 X__Y__Z__R__P__F__；
G89		镗孔循环	G89 X__Y__Z__R__P__F__；
G90	03	绝对值编程	G90 G01 X__Y__Z__F__；
G91		增量值编程	G91 G01 X__Y__Z__F__；

续表

代码	组别	功　能	程序格式及说明
G92	00	设定工件坐标系	G92 IP __ ；
G92.1		工件坐标系预置	G92.1 X0 Y0 Z0；
G94	05	每分钟进给	mm/min
G95		每转进给	mm/r
G96	13	恒线速度	G96 S200（200m/min）
G97		每分钟转数	G97 S800（800r/min）
G98	10	固定循环返回初始点	G98 G81 X __ Y __ Z __ R __ F __ ；
G99		固定循环返回“R”点	G99 G81 X __ Y __ Z __ R __ F __ ；

ⓓ 常用 M 辅助功能指令

• 关于停止的辅助功能指令（M00、M01、M02、M30）

M00：程序停止。在程序执行过程中，系统读取到 M00 指令时，无条件停止程序执行，待重启动后继续执行。

M01：选择停止。在程序执行过程中，系统读取到 M01 指令时，有条件停止程序执行，待重启动后继续执行。

M02：程序结束。程序执行完毕，光标定于程序结尾处。

M30：程序结束。程序执行完毕，光标返回至程序开始处。

• 主轴旋转 M 代码（M03、M04、M05）

M03：主轴正转；

M04：主轴反转；

M05：主轴停止旋转。

• 冷却控制 M 代码（M07、M08、M09）

M07：冷却气雾开；

M08：冷却液开；

M09：关闭冷却液、气。

• 子程序功能 M 代码（M98、M99）

M98：子程序调用 M 代码，指令格式

M98 P __ L __；

在这条指令中，子程序程序号由“P”定义，并且执行“L”次。如“L”省略，执行次数为1次，子程序最多可重复4次。

M99：子程序结束。

常用M功能指令见表4-3。

表4-3 M功能指令

代码	含义	功能
M00	程序停止	当执行有M00的程序段后，主轴旋转、进给、冷却液送进都将停止。此时可执行某一手动操作，如工件调头、手动变速等。如果再重新按下控制面板上的循环启动按钮，继续执行下一程序段
M01	选择停止	与M00的功能基本相似，只有在按下“选择停止”后，M01才有效，否则机床继续执行后面的程序段；按“启动”键，继续执行后面的程序
M02	程序结束	当全部程序结束时使用该指令，它使主轴、进给、冷却液送进停止，并使机床复位
M03	主轴正转	用于主轴顺时针方向转动
M04	主轴反转	用于主轴逆时针方向转动
M05	主轴停转	用于主轴停止转动
M06	换刀	用于加工中心的自动换刀动作
M08	冷却液开	用于切削液开
M09	冷却液关	用于切削液关
M30	程序结束	M30和M02功能基本相同，只是M30指令还兼有控制返回到零件程序头的作用。使用M30的程序结束后若要重新执行该程序只需再次按操作面板上的循环启动键。
M98	子程序调用	用于调用子程序
M99	子程序返回	用于子程序结束及返回

④ 数控车削加工。实例：图4-31为一需进行车削外圆、车圆锥、切槽、车螺纹、车圆球、切断等工序的轴类零件，按零件加工要求和数控系统进行程序编制输入，并做好程序检查工作。

a. 程序编制输入（FANUC数控系统）

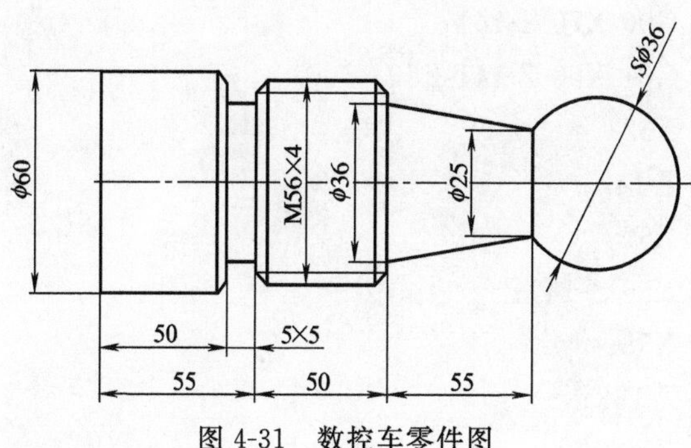

图 4-31　数控车零件图

```
%010
N10 G54 G90 G94;
N20 M03 S500 T1;
N30 G00 X100 Z100;
N40 G00 X0 Z2;
N50 G01 X0 Z0 F100;
N60 G01 X60 Z0;
N70 G01 X60 Z-190 F150;
N80 G01 X80 Z-190;
N90 G00 X80 Z2;
N100 G01 X56 Z2;
N110 G01 X56 Z -141;
N120 G01 X65 Z-141;
N130 G00 X65 Z2;
N140 G00 X46 Z2;
N150 G01 X46 Z-86;
N160 G00 X46 Z2;
N170 G01 X36 Z-86;
N180 G00 X60 Z-86;
N190 G00 X100 Z100;
N200 T2;
```

```
N210 G00 X70 Z-141;
N220 G01 X50 Z-141 F50;
N221 X62;
N222 Z-142;
N223 X60;
N224 X56 Z-141;
N225 X58;
N226 Z-138;
N227 X56;
N228 X52 Z-141;
N230 G00 X70 Z-141;
N240 G00 X100 Z100;
N250 T3;
N260 G00 X58 Z2;
N261 G92 X55.5 Z-138 F4;          螺纹加工
N262 X55.5;
N263 X55;
N264 X54.5;
N265 X54;
N266 X53.5;
N267 X53.1;
N268 X52.8;
N269 X52.4;
N270 X52;
N271 X51.6;
N272 X51.3;
N273 X51;
N274 X50.9;
N275 X50.8;
N280 G00 X70;
```

```
N290 G00 X100 Z100;
N300 T4;
N310 G00 X0 Z2;                    球、圆锥加工
N320 G01 X0 Z0 F100;
N330 G03 X12.5 Z-31 I0 k-18 F60;
N340 G01 X36 Z-86;
N350 X56;
N360 G00 X60 Z-86;
N370 G00 X100 Z100;
N380 M05;
N390 M02;
```

b. 工件装夹。数控车床常用的装夹方法有以下几种。

ⓐ 三爪自定心卡盘装。三爪自定心卡盘是数控车床最常用的卡具，它的特点是可以自定心，夹持工件时一般不需要找正，装夹速度较快，但夹紧力较小，定心精度不高。适用于装夹有加工余量的中小型轴类工件、正三边形或正六边形工件，不适合同轴度要求高的工件的二次装夹。本例工件应用三爪卡盘装夹。

三爪卡盘常见的有机械式和液压式两种，液压卡盘装夹迅速、方便，但夹持范围小，尺寸变化大时需要重新调整卡爪位置。全功能数控车床为适应批量生产经常采用液压卡盘。

ⓑ 软爪装夹。由于三爪自定心卡盘定心精度不高，当加工同轴度要求高的工件二次装夹时，常常使用软爪，软爪是一种具有切削性能的卡爪，软爪是在使用前配合被加工工件专门制造的。

ⓒ 四爪单动卡盘装夹。用四爪单动卡盘装夹时，夹紧力较大，装夹精度较高，不受卡爪磨损的影响，但夹持工件时需要找正。四爪单动卡盘装夹适于装夹偏心距较小、形状不规则或大型的工件等。

c. 刀具准备。准备90°外圆车刀，粗精车削外圆；准备切槽车刀，加工工艺退刀槽；准备60°三角螺纹车刀，加工外螺纹；准备圆球、圆锥组合尖角车刀，分别加工圆球、圆锥体。按加工工艺顺

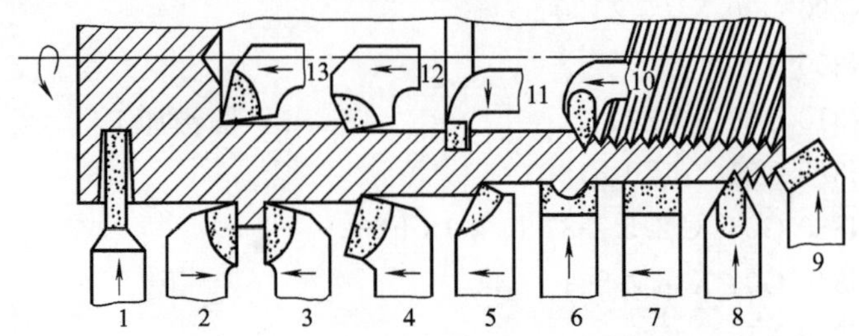

图 4-32 常用车刀示意图

1—切断刀；2—右偏刀；3—左偏刀；4—弯头车刀；5—直头车刀；6—成型车刀；7—宽刃精车刀；8—外螺纹车刀；9—端面车刀；10—内螺纹车刀；11—内槽车刀；12—通孔车刀；13—盲孔车刀

序进行装刀：T1（外圆车刀)→T2（切槽车刀)→T3（三角螺纹车刀)→T4（圆球、圆锥组合尖角车刀)。

数控车削常用的刀具选择如图 4-32 所示。

d. 对刀方法

ⓐ 试切对刀法，设置刀偏值步骤如下。

• 用外圆车刀试车外圆，沿 $+Z$ 轴退出并保持 X 坐标不变。

• 测量外圆直径。

• 按“OFSET SET”（偏移设置）键进入“形状”补偿参数设定界面，将光标移到与刀位号相对应的位置后，输入测量外圆直径，按“测量”键，系统自动按公式计算出 X 方向刀具偏移量。

注意：也可在对应位置处直接输入经计算或从显示屏得到的数值，按“输入”键设置。

• 用外圆车刀试车工件端面，沿 $+X$ 轴退出并保持 Z 坐标不变。用相同的方法将 Z 位置设为零。

• 对第二、第三、第四把时，方法与第一把刀基本相同，只不过是碰刀不进行切削，如果有少量切削，设置刀偏值时应合并计算，以提高对刀质量，保证模具零件加工精度。

ⓑ 对刀仪对刀。对刀仪最适宜多把刀具有对刀要求的场合，用对刀仪对刀，刀具必须是标准刀具，按规范要求装夹，对刀时只

需将对刀仪对准标准刀具即可，不需各把刀逐个进行计算，对刀精度高，因此常用于模具零件加工场合。

e. 加工方法

ⓐ 程序校验。编好的程序在正式加工之前，需要经过检测。一般采用空走刀检测，在不装夹工件的情况下启动数控机床，进行空运行，观察运动轨迹是否正确。也可采用空运转图形检测，在具有 CRT 屏幕图形显示功能的数控机床上，进行工件图形的模拟加工，检查工件图形的正确性。

ⓑ 自动加工。检查确认各项切削前的准备工作均达到要求时，可按数控车床自动加工键进行加工。但在自动加工过程中，要注意观察特别是首个零件的加工，看自动加工是否正常，发现问题及时采取措施解决，为了能观察与及时采取措施，自动加工时可手动调节进给比。

工件加工结束，要检查工件精度，发现尺寸问题要及时修调刀具补偿和工艺参数，保证模具零件加工达到精度要求。工艺参数主要有转速、切削用量、进给量等。

f. 加工注意点

ⓐ 选择切削用量的一般原则

• 粗车切削用量选择。粗车时一般以提高生产效率为主，兼顾经济性和加工成本。提高切削速度、加大进给量和背吃刀量都能提高生产效率。由于切削速度对刀具使用寿命影响最大，背吃刀量对刀具使用寿命影响最小，所以考虑粗车切削用量时，首先尽可能选择大的背吃刀量，其次选择大的进给速度，最后在保证刀具使用寿命和机床功率允许的条件下选择一个合理的切削速度。

• 精车、半精车切削用量选择。精车和半精车的切削用量选择要保证加工质量，兼顾生产效率和刀具使用寿命。精车和半精车的背吃刀量是根据零件加工精度和表面粗糙度要求以及精车后留下的加工余量决定的。精车和半精车的背吃刀量较小，产生的切削力也较小，所以在保证表面粗糙度的情况下，适当加大进给量和提高转速。

ⓑ 主轴转速的确定

• 光车时主轴转速。光车时，主轴转速应根据零件上被加工部位的直径，并按零件和刀具的材料及加工性质等条件所允许的切削速度来确定。一般为 200～2000r/min。

• 车螺纹时主轴转速。车削螺纹时，车床的主轴转速将受到螺纹的螺距（或导程）大小、驱动电动机的升降频特性及螺纹插补运算速度等多种因素影响，故对于不同的数控系统，推荐有不同的主轴转速选择范围，一般为 50～200r/min。

(2) 数显铣床加工

数显铣床与普通铣床的切削功能基本相同，不同之处在于普通铣床 X、Y 轴的进给移动量是看手柄刻线来判断的，操作控制精度较差；而数显铣床的 X、Y 轴进给移动量可由数显屏得知，其数显精度可达 0.001mm，从而提高了模具零件的加工精度。图 4-33 为立式数显铣床外形。

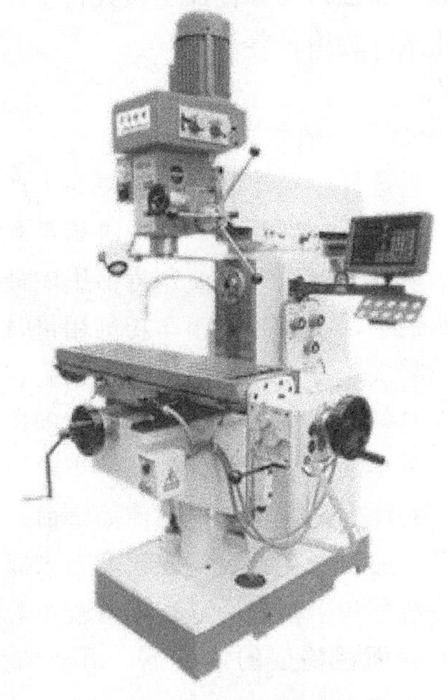

图 4-33 立式数显铣床外形

注塑模具零件在数显铣床上的装夹方法与普通铣削加工方法相近，为了保证模具零件的加工精度，发挥数显铣削加工的优越性，零件加工前，要仔细分析零件图加工要求，计算图样未标的各加工工步的尺寸，为零件加工控制精度提供数显控制依据。

① 装夹工件，找正加工基准，记住基准显示数据。

② 摇动 X 或 Y 轴向手轮，按计算的数值定位进行加工。如果是注塑模具零件孔加工，待第一孔加工结束后，再摇动手轮到第二孔位，仍以数显值定位，加工第二孔，依此类推，达到各孔位加工要求；如果加工的是模具零件型芯或型腔，摇动手轮进行加工。摇动手轮时要记住各节点的数显值，严格按计算的加工值进行加工，保证型芯或型腔的精度要求。加工时也可结合精确测量值来指导数显值的确定，这样可防止由于计算误差对加工精度的影响。

③ 铣削方式。铣刀与工件接触部分的旋转方向与工件进给方向相同时称为顺铣。顺铣时，每个刀齿的切削厚度都是由小到大逐渐变化的，如图 4-34 所示。当刀齿刚与工件接触时，切削厚度为零，只有当刀齿在前一刀齿留下的切削表面上滑过一段距离，切削厚度达到一定数值后，刀齿才真正开始切削。顺铣时从表面切入，铣刀受冲击负荷较大，发热量少，表面质量好，适宜精加工时采用。

铣刀与工件接触部分的旋转方向与工件进给方向相反时称为逆铣。如图 4-34 所示，逆铣使得切削厚度由大到小逐渐变化，刀齿在切削表面上的滑动距离也很小。逆铣时从内部切入，铣刀受冲击负荷较少，发热量大，表面质量不好，宜粗加工时采用。

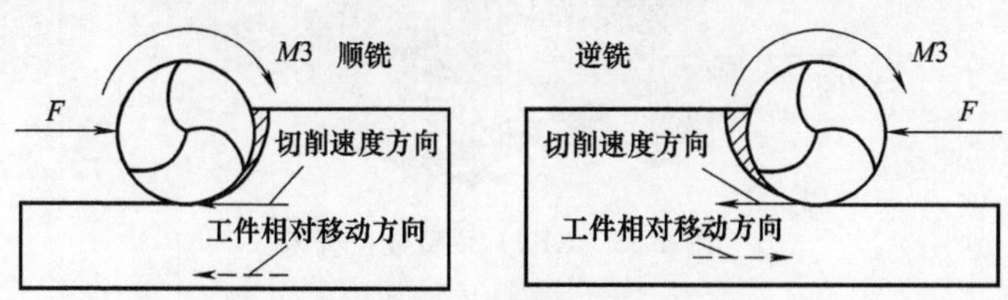

图 4-34　顺铣与逆铣

逆铣与顺铣对工件精度的影响：在铣削加工中，采用顺铣还是逆铣方式是影响加工表面粗糙度的重要因素之一。铣削方式的选择应视零件图样的加工要求，工件材料的性质、特点以及机床、刀具等条件综合考虑。通常，由于数控机床传动采用滚珠丝杠结构，其进给传动间隙很小，顺铣的工艺性优于逆铣。在铣削加工零件轮廓时应尽量采用顺铣加工方式；同时，为了降低表面粗糙度值，提高刀具耐用度，对于铝镁合金、钛合金和耐热合金等材料，尽量采用顺铣加工；但如果零件毛坯为黑色金属锻件或铸件，表皮硬而且余量一般较大，这时采用逆铣较为合理。

(3) 数控铣床加工

① 数控铣床。数控铣床切削加工除了换刀需手动外，基本达到了自动加工，加工精度和加工效率均高于数显铣削加工，降低了操作者的劳动强度，保证了注塑模具零件的加工精度。图 4-35 为 XK714B 型数控铣床，加工尺寸范围：630mm×400mm×500mm。

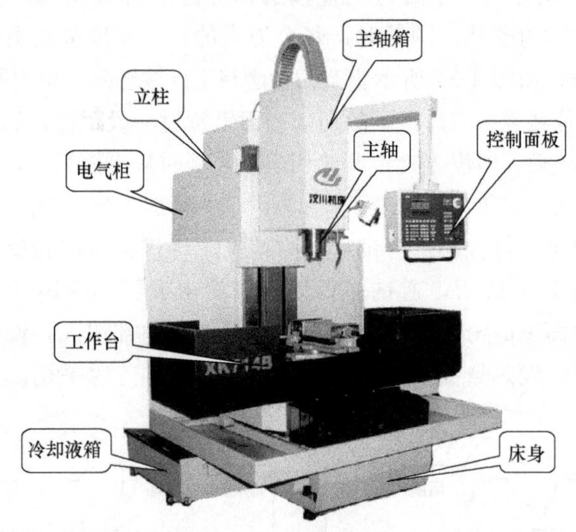

图 4-35 XK714B 型数控铣床

② 数控铣床坐标系。数控铣床的坐标系判断规则与数控车床相同，仍按右手笛卡儿直角规则确定铣床坐标系，如图 4-36 所示。

③ 铣削编程加工。铣削编程方法和格式与车削加工基本相似，

也是根据各机床所采用的数控系统而定的，不同的数控系统有不同的规定，车削加工的机床坐标系，根据车削加工的特点，由 X、Z 轴组成。而数控铣床坐标系则由 X、Y、Z 三轴组成，因此编程时要根据机床坐标系规则和数控系统对模具零件进行相应编程，达到铣削加工的要求。

④ 编程加工实例。根据图 4-37所示型芯零件的加工要求和所选刀具，进行编程加工。

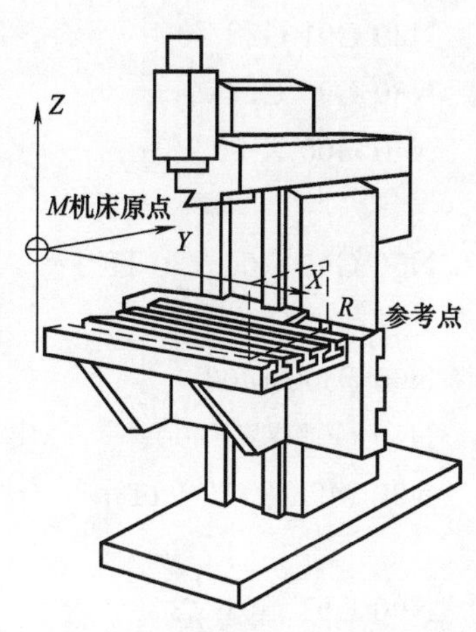

图 4-36　数控铣床坐标系

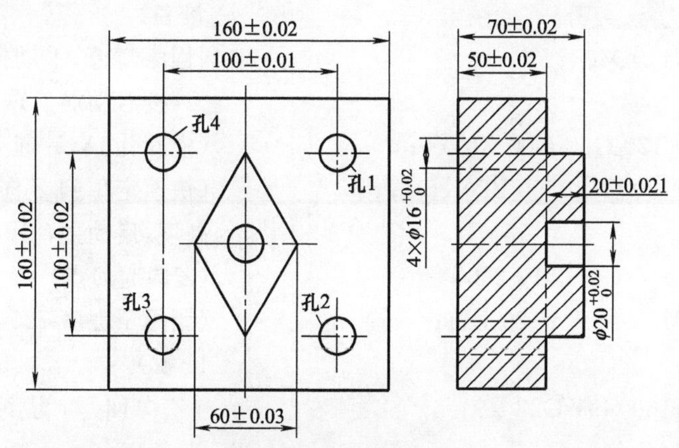

图 4-37　型芯零件图

a. 刀具选择与编号

• T1——直径 50mm 的立铣刀，加工菱形体；

• T2——直径 15mm 的立铣刀，加工内孔。

b. 编程，程序如下。

O010　　　　　　　　　　　　（主程序名）

N10 G90 G94 G40 G49 G17 G21；　　（程序初始化）

N20 G91 G28 Z0；	（Z 向回零，安装 1# 刀）
N30 G90 G54；	（设定工件坐标系）
N40 G00 X-80 Y0；	（快速定位 G17 平面起刀点）
N50 G43 G00 Z20 H01；	（快速定位到 Z 向安全高度，启动主轴）
N60 S500 M03；	（主轴正转 800r/min）
N70 G01 Z2 F200；	（Z 向起刀点）
N90 M98 P110 L11 ；	（调用子程序 110，循环 11 次）
N90 G91 G01 Z2	（Z 向退刀）
N100 G28 Z0；	（Z 向回零，为换刀做准备）
N110 M00；	（程序暂停，手动换 2# 刀，按启动加工）
N 120 G90 G00 X0 Y0；	（中间孔，X、Y 起刀点）
N130 G43 G00 Z20 H01；	（快速定位到 Z 向安全高度，启动主轴）
N140 G01 Z2 F200；	（Z 向起刀点）
N150 M98 P120 L11；	（调用子程序 120，循环 11 次）
N160 G91 G28 Z0；	（Z 向回零，为换刀做准备）
N170 G90 G00 X50 Y50；	（孔 1X、Y 起刀点）
N180 Z1；	（Z 向起刀点）
N190 M98 P130 L26；	（调用子程序 130，循环 26 次）
N200 G00 Z1；	（返回 Z 向安全平面）
N210 X50 Y-50	（孔 2X、Y 起刀点）
N220 M98 P130 L26；	（调用子程序 130，循环

```
                                      26次）
N230 G90 G00 Z1；                     （返回Z向安全平面）
N240 X-50 Y-50；                      （孔3X、Y起刀点）
N250 M98 P130 L26；                   （调用子程序130，循环
                                      26次）
N260 G90 G00 Z1；                     （返回Z向安全平面）
N270 X-50 Y50；                       （孔4X、Y起刀点）
N280 M98 P130 L26；                   （调用子程序130，循环
                                      26次）
N290 G90 G28 Z0；                     （Z向回零）
N300 M05；                            （主轴停转）
N310 M30；                            （程序结束）
```

子程序O110如下。

```
O110                                  （子程序名）
N350 G91 G01 Z-2 F50；                （增量，下刀2mm/次）
N360 G90 G41 X-60 Y-30 D01 F100；     （绝对，左1#刀补）
N370 G03 X-30 Y0 R30；                （圆弧进刀）
N380 G01 X0 Y52；                     （铣菱形第一面）
N390 X30 Y0；                         （铣菱形第二面）
N400 X0 Y-52；                        （铣菱形第三面）
N400 X-30 Y0；                        （铣菱形第四面）
N405 G03 X-60 Y30 R30；               （圆弧退刀）
N410 G40 G01 X-80 Y0；                （取消刀补）
N420 Z20；                            （Z向返回安全面）
N430 M99；                            （子程序结束）
```

子程序O120如下。

```
O120                                  （子程序名）
N450 G91 G01 Z-2 F50；                （增量，下刀2mm/次）
```

```
N460 G90 G41 X10 Y0 D02 F100;      (绝对,左2#刀补)
N470 G03 X10 Y0 I-10 J0;           (顺时针圆弧插补)
N500 M99;                          (子程序结束)
```

子程序 O130 如下。

```
O130(子程序名)
N550 G91 G01 Z-2 F50               (增量,下刀2mm/次)
N560 G41 X8 Y0 D03 F100;           (左3#刀补)
N570 G03 X8 Y0 I-8 J0;             (顺时针圆弧插补)
N600 M99;                          (子程序结束)
```

⑤ 数控铣削加工注意事项

a. 机床回原点。开机后首先应回机床原点，将模式选择开关选到回原点上，再选择快速移动倍率开关到合适倍率上，选择各轴依次回原点。

b. 程序输入后，空运行模拟检查程序，发现问题及时修正。

c. 一般用精密平口钳装夹模板工件。

d. 对刀，要确定刀号、刀补，找正加工定位基准。

e. 按自动加工键，首件加工，进给倍率适当调小，仔细观察，看实体加工有无异常，发现问题及时纠正。精加工前，可选暂停，根据半精加工程序尺寸，结合进行实体尺寸检查，综合判断刀补能否达到精加工精度，如有误差，可修正刀补。

f. 如果是批量生产，要经常检查加工件精度，防止刀具磨损影响工件精度。

(4) 注塑模具零件在加工中心上的加工

加工中心是一种集成化的数控加工机床，是在数控铣床发展的基础上发展而成的，它集铣削、钻削、铰削、镗削及螺纹切削等工艺于一体或简称镗铣类加工中心或简称加工中心。加工中心按主轴位置分为立式、卧式和复合加工中心；按数控联动轴数分为三轴、五轴或多轴加工中心。最常见的是三轴立式加工中心，其组成如图4-38所示。

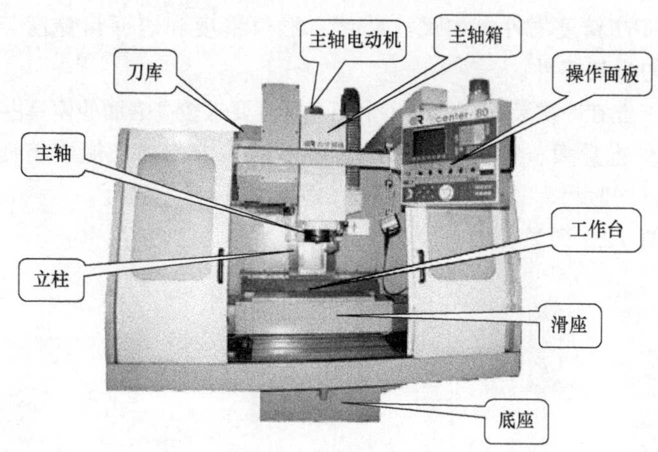

图 4-38 立式加工中心

① 加工中心的加工内容。立式加工中心的主轴垂直于工作台，主要适用于加工模板类零件、形状复杂的壳体类模具型芯、型腔零件，以及注塑模具导柱、导套孔等孔类零件的定位加工，应用范围十分广泛。卧式加工中心的主轴轴线与工作台台面平行，它的工作台大多为由伺服电动机控制的数控回转台，在工件一次装夹中，通过工作台旋转可实现多个加工面的加工，适用于复杂曲面注塑模具零件加工。复合加工中心主要是指在一台加工中心上有立、卧两个主轴或主轴可 90°改变角度，因而可在工件的一次装夹中实现五个面的加工，适宜加工具有三维精度要求的复杂模具零件。

加工中心通常适宜加工下列工件。

a. 具有曲线轮廓的零件，指要求有内、外复杂曲线的轮廓，特别是由二次函数等给出的轮廓为非圆曲线或列表曲线等曲线轮廓的注塑模具零件。

b. 具有空间曲面的零件，即由数学模型设计出的，并具有三维空间曲面的模具零件。

c. 形状复杂、尺寸繁多、划线与检测都较困难的模具零件。

d. 用普通铣床加工难以观察、测量和控制进给的具有内、外凹槽的模具零件。

e. 高精度零件，如尺寸精度、形位精度和表面粗糙度等要求较高的模具零件。

f. 能在一次装夹中铣出多个相互精度要求较高表面的模具零件。

g. 批量大、精度高的零件。采用加工中心加工能成倍提高生产率，同时可保证模具零件精度，大大减轻劳动强度。

图 4-39 列举了加工中心常用刀具及其加工内容。

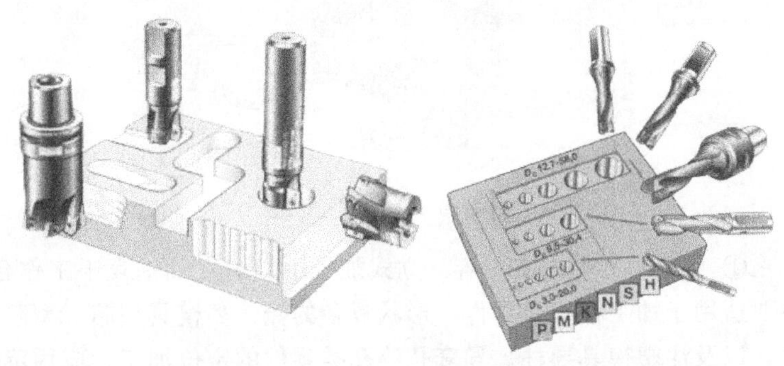

图 4-39 加工中心常用刀具及加工内容

虽然加工中心加工范围广泛，但是因受数控铣削刀具自身特点的制约，一些内清角零件仍不适合在加工中心上加工。简单的粗加工零件，加工余量不太充分或不太稳定的部位，以及生产批量特别大而精度要求又不高的零件等也不适宜在加工中心上进行加工，因为加工成本高，经济效益差，同时机床设备没有得到优化利用。

② 加工中心编程。三轴加工中心编程与数控铣削编程如系统相同，编程方法和格式也基本相同，而加工中心编程时可根据加工工艺要求，增加自动换刀指令，减轻劳动强度，提高加工效率。多轴加工中心，也是根据数控系统和机床坐标系进行编程的，但相对比较复杂。对模具零件形状复杂的可选用自动编程来完成。

a. 编程要点。

ⓐ 进行合理的工艺分析，安排加工工序。

ⓑ 根据批量等情况，决定采用自动换刀还是手动换刀。

ⓒ 自动换刀要留出足够的换刀安全空间。

ⓓ 为提高机床利用率，尽量采用刀具机外预调，并将测量尺寸填写到刀具卡片中，以便操作者在运行程序前，及时修改刀具补偿参数。

ⓔ 对于编好的程序，应认真检查，并于加工前安排好模拟试加工。

ⓕ 充分利用子程序功能，尽量把不同工序内容的程序，分别安排到不同的子程序中。

ⓖ 尽可能利用机床数控系统本身所提供的镜像、旋转、固定循环和宏指令编程处理的功能，以简化程序。

ⓗ 合理编写换刀程序，注意每一把刀的编程处理，确保每一把刀换刀程序无误。

b. 编程加工实例。图 4-40 所示模板零件，工序为：T1（ϕ40mm 的端面铣刀铣上表面）→T2（ϕ20mm 的立铣刀铣四侧面和 A、B 面）→T3（ϕ6mm 的钻头钻 6 个小孔）→T4（ϕ14mm 的钻头钻中间的两个大孔），编写加工程序。

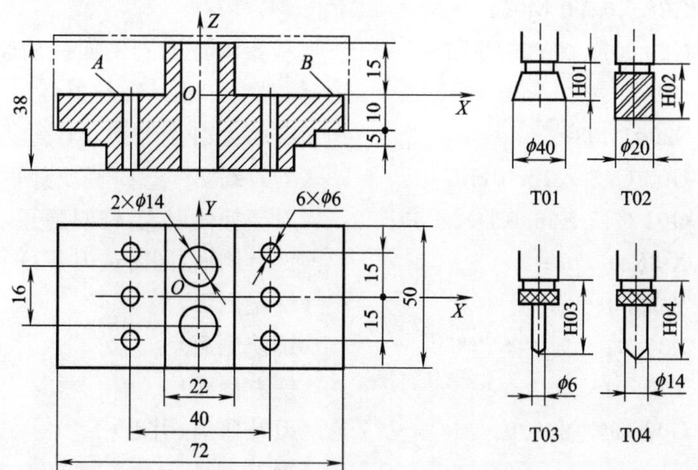

图 4-40　模板零件和加工用刀具

程序单如下。

```
%1000;                          程序名
G92 X0 Y0 Z100.0;               (设定工件坐标系,设 T1 已经装好)
G90 G00 G43 Z20.0 H01;          (Z 向下刀到离毛坯上表面一定距离处)
S300 M03;                       (启动主轴)
G00 X60.0 Y15.0;                (移刀到毛坯右侧外部)
G01 Z-15.0 F100;                (工进下刀到欲加工上表面高度处)
X-60.0;                         (加工到左侧,左右移动。)
Y-15.0;                         (移到 Y=-15 上)
X60.0 T02;                      (往回加工到右侧,同时预先选刀 T2)
G49 Z20.0 M19;                  (上表面加工完成,抬刀,主轴准停)
G28 Z100.0;                     (返回参考点,自动换刀)
G28 X0 Y0 M06;
G29 X60.0 Y25.0 Z100.0;         (从参考点回到铣四侧的起始位置)
S200 M03;                       (启动主轴 )
G00 G43 Z-12.0 H02;             (下刀到 Z=-12 高度处)
G01 G42 X36.0 D02 F80;          (刀径补偿引入,铣四侧开始)
X-36.0 T03;                     (铣后侧面,同时选刀 T3)
Y-25.0;                         (铣左侧面)
X36.0;                          (铣前侧面)
Y30.0;                          (铣右侧面)
G00 G40 Y40.0;                  (刀补取消,引出)
Z0;                             (抬刀至 A、B 面高度)
G01 Y-40.0 F80;                 (工进铣削 B 面开始,前后移动)
```

```
X21.0;
Y40.0;
X-21.0;                          (移到左侧)
Y-40.0;                          (铣削 A 面开始)
X-36.0;
Y40.0;
G49 Z20.0 M19;                   (面铣削完成,抬刀,主轴准停)
G28 Z100.0;                      (Z 向返回参考点)
G91 G28 X0 Y0 M06;               (X、Y 向返回参考点。自动
                                 换刀)
G90 G29 X20.0 Y30.0 Z100.0;(从参考点返回到右侧三“ϕ6”
                                 小孔处)
G00 G43 Z3.0 H03 S630 M03;(下刀到离 B 面 3mm 处,启动
                                 主轴)
M98 P120 L3;                     (调用子程序,钻“3×ϕ6”孔)
G00 Z20.0;                       (抬刀至上表面的上方高度)
X-20.0 Y30.0;                    (移到左侧“3×ϕ6”小孔钻削起
                                 始处)
Z3.0;                            (下刀至离 A 面 3mm 处,启动
                                 主轴)
M98 P120 L3;                     (调用子程序,钻“3×ϕ6”孔)
G49 Z20.0 M19;                   (抬刀至上表面的上方高度)
G28 Z100.0 T04;                  (Z 向返回参考点,同时选刀
                                 T4)
G91 G28 X0 Y0 M06;               (X、Y 向返回参考点。自动
                                 换刀)
G90 G29 X0 Y24.0 Z100.0;         (从参考点返回到中间“2×ϕ14”
                                 起始处)
G00 G43 Z20.0 H04;               (下刀到离上表面 5mm 处)
S450 M03;                        (启动主轴)
M98 P130 L2;                     (调用子程序,钻“2×ϕ14”孔)
```

G49 G28 Z0.0 T01 M19; （抬刀并返回参考点，主轴准停，同时选刀 T1）

G91 G28 X0 Y0 M06; （X、Y 向返回参考点，自动换刀，为重复加工做准备）

G90 G00 X0 Y0 Z100.0; （移到起始位置）

M30; （程序结束）

有换刀过程是加工中心与三轴数控铣削机床的主要区别，数控铣削机床换刀是手动换刀，而加工中心换刀是利用刀库实现自动换刀，提高了加工效率，减轻了操作者的劳动强度。换刀过程如图 4-41 所示，具体过程如下。

• 分度。将刀盘上接收刀具的空刀座转到换刀所需的预定位置，如图 4-41（a）所示。

• 接刀。分度活塞杆推出，将空刀座送至主轴下方，并卡住刀柄定位槽，如图 4-41（b）所示。

• 卸刀。主轴松刀，铣头上移至参考点，如图 4-41（c）所示。

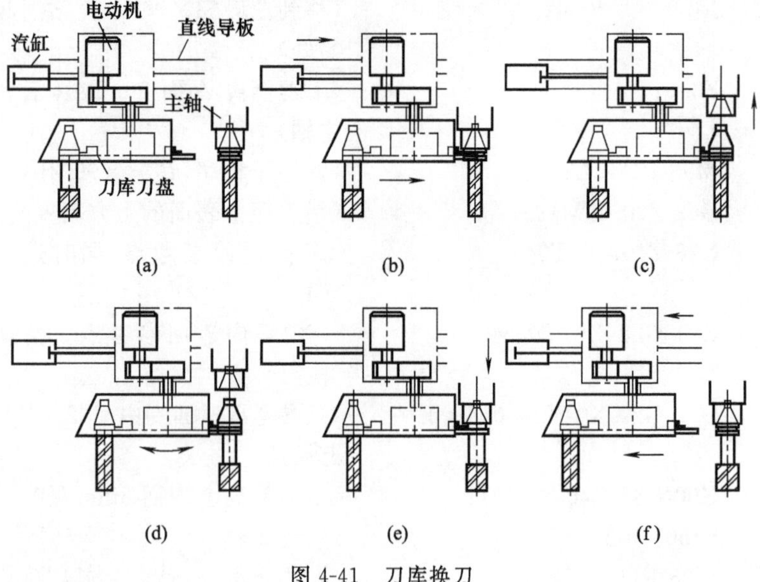

图 4-41 刀库换刀

• 再分度。再次分度回转，将预选刀具转到主轴正下方，如图4-41（d）所示。

• 装刀。铣头下移，主轴抓刀，活塞杆缩回，刀盘复位，如图4-41（e）、（f）所示。

③ 模具零件在加工中心上的加工

a. 工艺分析

ⓐ 确定采用加工中心加工内容和工艺路线，确定工件的安装基面、加工面、加工余量等。

ⓑ 以充分发挥加工中心效率为目的来安排加工工序，有些工序可选用其他机床进行粗、半精加工。

ⓒ 对于复杂零件，由于加工过程中冷却不充分会产生热变形，淬火后会产生内应力，零件装夹后也会产生变形等多种原因，故全部工序很难在一次装夹后完成，这时可以考虑分次装夹加工。

ⓓ 当加工工件批量较大，工序又不太长，换刀频率高时，可在工作台上采用专用夹具，一次安装多个工件同时加工，以减少换刀次数。

ⓔ 安排加工工序时应本着由粗渐精的原则。建议参考以下顺序：铣大平面、粗镗孔、半精镗孔、立铣刀加工、打中心孔、钻孔、攻螺纹、精加工、铰、镗、精铣等。

ⓕ 机型选择。在机床选用上，应了解各类加工中心的规格、使用机型的功能特点。例如，卧式加工中心最适宜三维多面加工、多次更换夹具和工艺基准的模具零件。而立式加工中心最适宜的是板类模具零件、多孔位高精度模具零件、模具的型芯型腔等零件加工，适合工件装夹次数较少的模具零件。

b. 操作要点

ⓐ 手动工作方式。手动工作方式主要用于工件及夹具相对于机床各坐标的找正、工件加工零点的测量以及开机时回参考点的操作。

ⓑ 机床自动加工。机床自动加工也称为存储器方式加工。它是利用加工中心内存储的加工程序，使机床对工件进行连续加工，是加工中心运用得最多的操作方式，加工中心在存储器方式下运行

时间越长，其机床利用率也就越高。

ⓒ 手动程序输入（MDI 方式）。也称为键盘操作方式。它在修整工件个别遗留问题或单件加工时经常用到。MDI 方式加工的特点是输入灵活，随时输入指令随时执行，但运行效率较低，且执行完指令以后对指令没有记忆，再次执行时必须重新输入指令。该操作方式一般不用于批量工件的加工。

ⓓ 手轮操作。手轮即是手摇脉冲发生器，手轮每摇一格发出一个脉冲信号指挥机床移动相应的坐标。

ⓔ ATC 和 APC 面板操作。加工中心的操作与数控铣床很相似，只是在刀具交换和托板交换中与数控铣床不同。加工中心的换刀和交换托板的方法，一种是通过加工程序或用键盘方式输入指令实现的，这是通常使用的方法。另一种是依靠 ATC 面板和 APC 面板手动分步操作实现的。由于加工中心机械手的换刀动作和托板交换动作比较复杂，手动操作时前后顺序必须完全正确，并保证每一步动作准确到位，手动操作交换托板和换刀时必须非常小心，避免出现事故。所以分步换刀和手动托板交换一般只在机床出现故障需要维修时才使用。

c. 操作方法

ⓐ 将刀具按加工工艺要求和刀具号顺序对应装入刀库；

ⓑ 输入程序，模拟检查程序运行是否正常，发现问题及时修正；

ⓒ 用平口钳装夹工件，用百分表找正加工定位基准；

ⓓ 用寻边器、Z 向对刀仪找正工件坐标系；

ⓔ 分别对刀，确定各刀具相应补偿；

ⓕ 按自动加工键，进行自动加工，按工序加工要求修调进给倍率；

ⓖ 对加工件进行检测，发现问题及时对程序进行修改或修调刀具补偿，对批量生产的零件可采用此方法；如果是模具零件，特别是贵重材料，可选材进行试加工，待符合要求后进行模具零件加工；

ⓗ 检验入库。

第四节　注塑模具的特种加工

传统的机械加工方法如车、铣、刨、磨、镗、拉等已有很久的历史，它对人类的生产技术和物质文明发展起到了极大的作用，为数控技术的发展奠定了基础。随着制造技术发展的需要，对产品的精度、表面粗糙度要求愈来愈高，所用的材料愈来愈难加工，零件形状愈来愈复杂，这就需要特种加工技术来解决。

(1) 特种加工技术的特点

① 特种加工技术直接借助电能、热能、声能、光能、电化学能、化学能、特殊机械能或复合能来实现材料的切削。

② 所用切削工具硬度一般均低于被加工材料的硬度，达到以柔克刚的效果。

③ 加工过程中工具与被切削材料不接触，不存在显著的机械切削力，可适当降低机床强度和装夹力。

④ 加工范围广，不受材料物理性能、力学性能的限制，能加工任何硬的、软的、脆的、耐热或高熔点金属以及非金属材料。

⑤ 易于加工复杂型面如模具的型芯和型腔、微细表面以及柔性、低刚度零件。

⑥ 能获得良好的加工表面质量，热应力、残余应力、冷作硬化、热影响区以及毛刺等均比较小，使模具零件加工尺寸稳定、精度高。

⑦ 特种加工工艺方法易于推广应用，有的还可用于超精加工、镜面光整加工，满足了高精模具零件的加工要求。

(2) 注塑模具零件的特种加工方法

① 电火花成型加工。图 4-42 为电火花成型加工机床的基本组成。

a. 电火花成型加工基本原理。电火花成型加工是直接利用电能对零件进行加工的一种方法，其加工原理是使工件和工具之间产生周期性的、瞬间的脉冲放电，依靠电火花产生的高温将金属熔

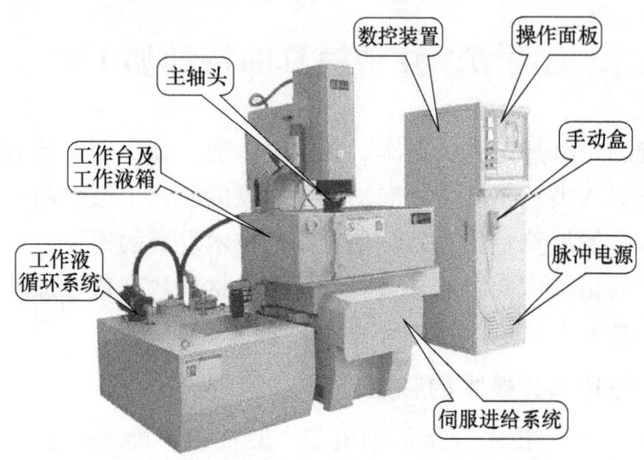

图 4-42 电火花成型加工机床基本组成

蚀，是非接触性电、热能加工的工艺方法，并在工件上形成与工具电极截面形状相同的精确形状，而工具电极的形状基本保持不变。电火花成型加工是基于脉冲放电的腐蚀原理，故也称放电加工或电蚀加工。放电间隙根据加工工序要求决定，粗加工取较大值，精加工取较小值，一般在 0.01～0.5mm 之间。电火花成型加工原理如图4-43所示。

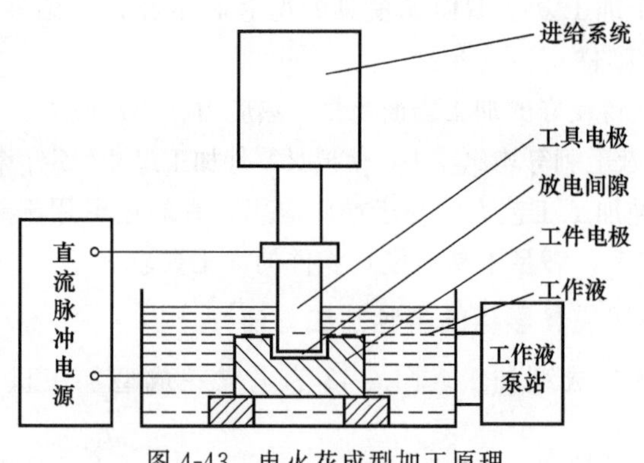

图 4-43 电火花成型加工原理

脉冲宽度简称脉宽，是加到电极和工件上放电间隙两端的电压脉冲的持续时间。为了防止电弧烧伤，电火花成型加工只能用断断续续的脉冲电压波。一般来说，粗加工时可用较大的脉宽，精加工时只能用较小的脉宽，从而达到较小的表面粗糙度值。

b. 工具电极的加工。电火花成型加工适宜加工形状结构复杂的、不宜采用刀具切削加工的注塑模具零件，如模具的型芯、型腔等。加工前，采用相应的电极材料，根据成型工件形状和精度要求，减去放电间隙，加工对应形状的工具电极。

电极加工可根据形状和精度要求，采用普通车、铣或数控加工的方法，结合钳工精修来完成。常见电极材料的性能及使用见表4-4。

表 4-4　常用电极材料的性能及使用

电极材料	电加工性能		机加工性能	说　明
	稳定性	电极损耗		
钢	较差	中等	好	常用的电极材料，在选择加工的电规准时应注意加工的稳定性
铸铁	一般	中等	好	最不常用的电极材料
黄铜	好	大	尚好	电极损耗太大
紫铜	好	较大	较差	磨削困难，难以与凸模连接后加工
石墨	尚好	小	尚好	机械强度较差，易崩角
铜钨合金	好	小	尚好	价贵，在深孔、直壁孔、硬质合金加工时用
银钨合金	好	小	尚好	价贵，一般加工中较少采用

c. 电火花成型加工

ⓐ 装夹工件，找正定位基准。

ⓑ 装夹电极，确定加工起始基准。

ⓒ 根据加工工艺要求，确定粗、精加工工艺规准，如表4-5所示。

ⓓ 开启工作液开关。

ⓔ 按自动加工键进行粗、精自动加工。电火花成型加工后的表面比普通机械加工或热处理后的表面更难后续研磨，因此电火花成型加工结束前应采用精规准电火花修整，否则表面会形成薄硬

化层。

ⓕ 检验模具零件精度，待后续表面加工和装配。

表 4-5　电火花成型加工工艺规准参考

加工类别	加工工艺规准				平动量	进给量	备　注
	$t_i/\mu s$	$t_o/\mu s$	U/V	I_e/A	e/mm	s/mm	
粗加工	600	350	80	35	0	0.6	型腔加工深度为101mm,电极双面收缩量为1.2mm。工件材料为CrWMn
中加工	400	250	60	15	0.2	0.3	
	250	200	60	10	0.35	0.2	
	50	50	100	7	0.45	0.12	
精加工	15	35	100	4	0.52	0.06	
	10	23	100	1	0.57	0.02	
	6	19	80	0.5	0.6		

d. 影响加工精度的主要因素。加工精度包括尺寸精度和形状精度，影响加工精度的因素如下。

ⓐ 放电间隙。电火花成型加工中，工具电极与工件间存在着放电间隙，因此工件的尺寸、形状与工具并不完全一致。如果加工过程中放电间隙是常数，根据工件加工表面的尺寸、形状可以预先对工具电极尺寸、形状进行修正。但放电间隙是随放电工艺规准、电极材料、工作液的绝缘性能等因素变化而变化的，从而影响了加工精度，而且放电间隙受加工工艺规准影响较大，因此合理选择并确定放电工艺规准十分重要。

间隙大小对形状精度也有影响，间隙越大，则复制精度越差，特别是对复杂形状的加工表面。如电极为尖角时，而由于放电间隙的等距离，工件则为圆角。因此，为了减少加工尺寸误差，应该采用较小的加工工艺规准，缩小放电间隙，另外还必须尽可能使加工过程稳定。放电间隙在精加工时一般为 0.01～0.1mm，粗加工时可达 0.5mm 以上（单边）。

ⓑ 加工斜度。电火花成型加工时，由于工具电极下面部分加工时间长，与工件接触的次数多，损耗大，因此电极变小，而入口

处由于电蚀产物的存在，易发生因电蚀产物的介入而再次进行的非正常放电（即“二次放电”），因而产生加工斜度。

ⓒ 工具电极的损耗。在电火花成型加工中，随着加工深度的不断增加，工具电极进入放电区域的时间是从端部向上逐渐减少的。实际上，工件侧壁主要是靠工具电极底部端面的周边加工出来的。因此，电极的损耗也必然从端面底部向上逐渐减少，从而形成了损耗锥度，工具电极的损耗锥度反映到工件上是加工斜度，影响模具零件精度要求。可采用分别加工粗、精电极，取粗、精加工工艺规准，进行粗、精成型加工；也可采用机械粗加工的方法，首先去除模具零件上的较大余量，再采用电火花成型精加工的方法，达到模具零件设计功能要求。

② 电火花线切割加工

a. 电火花线切割机床。电火花线切割。属电加工范畴，电火花线切割机床按走丝速度可分为高速往复走丝电火花线切割机床（俗称“快走丝”）、低速单向走丝电火花线切割机床（俗称“慢走丝”）和立式自旋转电火花线切割机床三类。又可按工作台形式分成单立柱十字工作台型和双立柱型（俗称龙门型）。

ⓐ 往复走丝电火花线切割机床（图4-44）。往复走丝电火花线切割机床的走丝速度为6～12 m/s，如DK7732型数控线切割机床

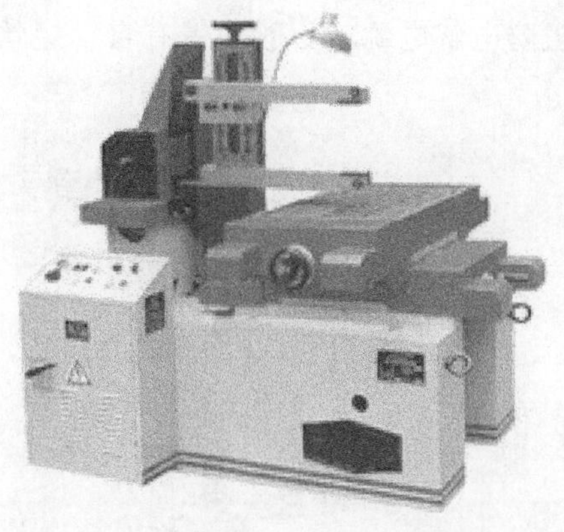

图4-44　往复走丝电火花线切割机床

的最大特点是具有 6（°）/100mm 锥度切割功能。随着大锥度切割技术逐步完善，变锥度、上下异形的切割加工也取得了很大的进步。大厚度切割技术的突破，横剖面、纵剖面精度有了较大提高，加工厚度可超过 1000mm。使往复走丝线切割机床更具有一定的优势，同时满足了大型模具制造的需求，这类机床的数量正以较快的速度增长，应用于各类中低档模具制造和特殊零件加工，成为我国数控机床中应用最广泛的机种之一。

由于快走丝线切割机床不能对电极丝实施恒张力控制，故电极丝抖动大，在加工过程中易断丝，而且由于电极丝是往复使用，所以会造成电极丝损耗、加工精度和表面质量降低。

ⓑ 低速走丝电火花线切割机床（图 4-45）。低速走丝线切割机电极丝以铜线作为工具电极，一般以低于 0.2m/s 的速度作单向运动，在铜线与铜、钢或超硬合金等被加工物材料之间施加 60～300V 的脉冲电压，并保持 5～50μm 间隙，间隙中充满脱离子水（接近蒸馏水）等绝缘介质，使电极与被加工物之间发生火花放电，并彼此被消耗、腐蚀，在工件表面上电蚀出无数的小坑，通过 NC 控制的监测和管控，伺服机构执行，使这种放电现象均匀一致，从而获得尺寸大小及形状精度合乎要求的产品。目前精度可达 0.001mm 级，表面质量也接近磨削水平。电极丝放电后不再使用，而且采用无电阻防电解电源，一般均带有自动穿丝和恒张力装置。

图 4-45 低速走丝电火花线切割机床

工作平稳、均匀，抖动小，加工精度高、表面质量好，但不宜加工大厚度工件。由于机床结构精密，技术含量高，机床价格高，因此使用成本也高。我国的科技工作者在科技部专项基金的支持下，投入了较大的研发力量，已完成新一代低速走丝电火花线切割机的研发，取得了重大突破，目前已拥有了具有自主知识产权的产品，并占领了一定的市场份额，其性能指标可达中档机水平。

b. 电火花线切割机床的加工特点

ⓐ 电火花线切割机床适宜加工无台阶的模具零件，正好弥补了电火花成型机床加工的不足，两者之间相匹配，使模具零件的制作加工效率更高，精度更好。

ⓑ 电火花线切割机床适宜加工零件厚度尺寸较大、平面组合形状较复杂，加工面属直线组合面，适宜加工具有直角或尖角而不宜用旋转刀具加工的模具零件和机械零件，比通用设备加工精度高，虽然加工效率较低，但加工工艺简单，操作者劳动强度低，达到了填补旋转刀具加工不足的功效。

ⓒ 电火花线切割机床适宜加工导电类不同材料和硬度的模具零件。有些模具零件材料热处理变形大，使热处理前的加工精度受到影响，而热处理后用旋转刀具加工，加工难度大或无法加工，如用电火花线切割加工就比较方便。

ⓓ 电火花线切割机床适宜加工装夹容易变形的模具零件。有些模具零件壳体较薄，机械加工装夹容易变形，电火花线切割机床加工属无接触加工，切削力约等于零，切削热约等于零，所以加工时装夹作用力较小，既保证了精度又避免了装夹变形。

ⓔ 目前电火花线切割机床绝大多数均采用自动编程加工系统，编程方便，加工自动化程度高，适用于中、低精度模具零件的加工。

c. 电火花线切割加工过程

ⓐ 加工件坯料准备。加工件坯料根据零件要求进行铣、磨加工，达到加工件高度尺寸和相应的表面粗糙度要求。

ⓑ 坯料装夹找正。根据坯料形状大小采取相应的装夹方法，

并按加工要求进行加工基准找正，做好加工前的准备工作。

ⓒ CAD画图。根据加工件形状要求，利用机床系统自带CAD画图软件画图。画图时应注意尺寸，保证画图形状和尺寸精度正确。

ⓓ 自动编程。利用机床系统功能进行自动编程，编程时要根据加工件要求进行补偿，型芯采用正补偿，型腔采用负补偿，补偿值等于钼丝直径/2＋放电间隙，放电间隙一般取0.01～0.03mm。实际加工件的大小与设计误差，可采用补偿的方法修正。

ⓔ 自动加工。自动加工前打开切削液开关，再按自动加工键进行自动加工，加工时应根据加工件的厚薄修调加工参数，工件材料厚，打开功放管数量多，切削电流稍大；工件材料薄，打开功放管数量则少，切削电流则稍小。

ⓕ 检验。检验加工件，待后续加工或装配。

第五节　注塑模具的表面加工

注塑模具的表面加工是以降低零件表面粗糙度、提高表面形状精度和增加表面光泽为主要目的的研磨和抛光加工，统称为光整加工。型腔模的型腔、型孔成型表面的精加工手段，大多为电火花成型加工和电火花线切割加工，在电加工之后成型表面形成一层薄薄的变质层，变质层上有许多缺陷，除几何形状规则表面可以采用高精度的坐标磨削加工外，多数情况需要依靠研磨抛光来去除变质层，以保证成型表面的精度和表面粗糙度要求。因此，光整加工主要用于模具的成型表面的精细加工，它对于提高模具寿命和形状精度，以及保证制件顺利成型起着重要的作用。

(1) 研磨和抛光的原理

① 研磨的机理和特点。研磨是使用研具、游离磨料对被加工表面进行微量加工的精密加工方法。在被加工表面和研具之间置以游离磨料和润滑剂，使被加工表面和研具之间产生相对运动并施以一定压力，磨料产生切削、挤压等作用，从而去除表面凸起处，使

被加工表面精度提高、表面粗糙度降低。

研磨有以下特点。

a. 尺寸精度高。研磨采用极细的磨粒，在低速、低压作用下，逐次磨表面凸峰金属，并且加工热量少，被加工表面的变形和变质层很轻微，可稳定获得高精度表面。尺寸精度可达 0.025μm。

b. 形状精度高。由于微量切削，研磨运动轨迹复杂，并且不受运动精度的影响，因此可获得较高的形状精度。球体圆度可达 0.025μm，圆柱体圆柱度可达 0.1μm。

c. 表面粗糙度低。在研磨过程中，磨粒的运动轨迹不重复，有利于均匀磨掉被加工表面的凸峰，从而降低表面粗糙度。表面粗糙度 Ra 可达 0. 1μm。

d. 表面耐磨性提高。由于研磨表面质量提高，使摩擦因数减小，并且使有效接触表面积增大，耐磨性提高。

e. 耐疲劳强度提高。由于研磨表面存在着残余压应力，有利于提高零件表面的疲劳强度。

f. 不能提高各表面之间的位置精度。

g. 多为手工作业，劳动强度大。

② 抛光机理和特点。抛光加工过程与研磨加工基本相同，是一种比研磨更微磨削的精密加工。在抛光过程中也存在着微切削作用和化学作用。由于抛光所用研具较软，还存在塑性流动作用，这是由于抛光过程中的摩擦现象，使抛光接触点温度上升，引起的热塑性流动。抛光的作用是进一步降低表面粗糙度，并获得光滑表面，但不提高表面的形状精度和位置精度。

抛光加工在研磨之后进行，经抛光加工后的表面粗糙度 Ra 可达 0.4μm 以下。模具成型表面的最终加工，大部分都需要进行研磨和抛光。

(2) 研磨抛光分类及加工要素

① 按研磨抛光过程中人参与的程度分

a. 手工作业研磨抛光。是指主要依靠操作者个人技艺或采用辅助工具进行的研磨抛光。型腔中窄缝、盲孔、深孔和死角部位的加工，目前仍然是手工研磨抛光方法占主导地位。

b. 机械设备研磨抛光。主要依靠机械设备进行的研磨抛光。它包括一般研磨抛光设备和智能自动抛光设备，这是研磨抛光发展的主要方向。

② 按磨料在研磨抛光过程中的运动轨迹分

a. 游离磨料研磨抛光。在研磨抛光过程中，利用研磨抛光工具系统给游离状态的研磨抛光剂以一定压力，使磨料以不重复的轨迹运动进行微切削作用和微塑性挤压变形。

b. 固定磨料研磨抛光。是指研磨抛光工具本身含有磨料，在加工过程中研磨抛光工具以一定压力直接和被加工表面接触，磨料和工具的运动轨迹一致。

③ 按研磨抛光的机理分

a. 机械式研磨抛光。是利用磨料的机械能量和切削力对被加工表面进行微切削的研磨抛光。

b. 非机械式研磨抛光。主要依靠电能、化学能等非机械能形式进行的研磨抛光。

④ 按研磨抛光剂使用的条件分

a. 湿研。将磨料和研磨液组成的研磨抛光剂连续加注或涂敷于研具表面，磨料在研具和被加工表面之间滚动或滑动，形成对被加工表面的切削运动。其加工效率较高，但加工表面的几何形状和尺寸精度不如干研。多用于粗研或半精研。

b. 干研。将磨料均匀地压嵌在研具表层中，施以一定压力进行研磨加工。可获得很高的加工精度和低的表面粗糙度，但加工效率低。一般用于精研。

c. 半干研。类似湿研，使用糊状研磨膏。粗、精研均可。

研磨抛光的加工要素见表 4-6。

(3) 研磨抛光方法 注塑模具为了方便成型制件脱模和保证制件表面美观要求，模具的型芯、型腔都要达到较低的表面粗糙度值，通用的和数控的加工方法，其表面粗糙度值均达不到要求，因此就必须将模具零件的型芯、型腔进行表面抛光加工。

表 4-6　研磨抛光加工要素

项目		内容
加工方式	驱动方式	手动、机动、数字控制
	运动形式	回转、往复
	加工面数	单面、双面
研具	材料	硬质(淬火钢、铸铁)、软质(木材、塑料)
	表面状态	平滑、沟槽、孔穴
	形状	平面、圆柱面、球面、成型面
磨料	材料	金属氧化物、金属碳化物、氮化物、硼化物
	粒度	数十微米到 0.01μm
	材质	硬度、韧性
研磨液	种类	油性、水性
	作用	冷却、润滑
加工参数	相对运动	1～100m/min
	压力	0.001～3.0MPa
	时间	视加工条件而定
环境	温度	视加工要求而定,超精密型(20±1)℃
	净化	视加工要求而定,超精密型(净化间 1000～100 级)

在塑料模具加工中所说的抛光与其他行业中所要求的表面抛光有很大的不同，严格来说，模具的抛光应该称为镜面加工。它不仅对抛光本身有很高的要求并且对表面平整度、光滑度以及几何精确度也有很高的要求。由于电解抛光、流体抛光等方法很难精确控制零件的几何精度，而化学抛光、超声波抛光、磁研磨抛光等方法的表面质量又达不到要求，所以精密模具的镜面加工还是以机械抛光为主。常用的机械抛光机有：手持往复研磨抛光机、手持直式旋转抛光机、电解修磨抛光机、超声波抛光机等。

① 手工研磨抛光。由于注塑模具生产属于单件生产，不同模具成型表面不同，研磨抛光部位形状又比较复杂，特别是型腔中的窄缝、盲孔、深孔和死角很多，都使用手工研磨抛光。

a. 研磨抛光剂。研磨抛光剂是由磨料和研磨抛光液组成的均匀混合剂。

常用磨料的种类有氧化铝磨料、碳化硅磨料、金刚石磨料、氧化铁磨料和氧化铬磨料等，粗加工时选择较大的粒度，精加工时选择较小的粒度。

研磨抛光液有矿物油、动物油和植物油三类，10# 机油应用最普遍，煤油在粗、精加工中都可使用，猪油中含有油酸活性物质，在研磨抛光过程中与被加工表面产生化学反应，可加速研抛过程，又可增加零件表面光泽。

研磨抛光膏是由磨料和研磨抛光液组成的研磨抛光剂，研磨抛光膏分硬磨料抛光膏和软磨料抛光膏。

b. 研磨抛光工具。研磨抛光时直接和被加工表面接触的研磨抛光工具称为研具。研具的材料很广泛，原则上研具材料硬度应比被加工材料硬度低，但研具材料过软，会使磨粒全部嵌入研具表面而使切削作用降低。研具材料的软硬程度、耐磨性应该与被加工材料相适应。一般研具材料有低碳钢、灰铸铁、黄铜和紫铜，硬木、竹片、塑料、皮革和毛毡也是常用材料。

研磨抛光工具有如下几种。

ⓐ 普通油石。普通油石一般用于粗研磨，它由氧化铝、碳化硅磨料和黏结剂压制烧结而成。使用时根据型腔形状磨成需要的形状，并根据被加工表面的粗糙度和材料硬度选择相应的油石。当被加工零件材料较硬时，应该选择较软的油石，否则反之。当被加工零件表面粗糙度要求较高时，油石要细一些，组织要致密些。

ⓑ 研磨平板。研磨平板主要用于单一平面及中小镶件端面的研磨抛光，如凹模端面、塑料模中的单一平面分型面等。研磨平板用灰铸铁材料，并在平面上开设相交成 60°或 90°、宽 1～3mm、距离为 15～20mm 的槽，研磨抛光时再在研磨平板上放些微粉和抛光液。

ⓒ 外圆研磨环。外圆研磨环是在车床或磨床上对外圆表面进行研磨的一种研具。外圆研磨环有固定式和可调式两类，固定式的

研磨环的研磨内径不可调节，而可调式的外圆研磨环的研磨内径可以在一定范围内调节，以适应环磨外圆不同或外圆变化的需要。

ⓓ 内圆研磨芯棒。研磨内圆表面的一种研具，根据研磨零件的外形和结构不同，分别在钻床、车床或磨床上进行。内圆研磨芯棒有固定式和可调式两类。固定式内圆研磨芯棒的外径不可调节，外圆表面有螺旋槽，以容纳研磨抛光剂。固定式内圆研磨芯棒一般由模具钳工在钻床上进行较小尺寸圆柱孔的加工。

c. 机械研磨抛光工具

ⓐ 圆盘式磨光机。如图 4-46 所示，是一种常见的电动工具，用于去除一些大型模具仿形加工后的走刀痕迹及倒角，抛光精度不高，其抛光程度接近粗磨。

图 4-46　圆盘式磨光机

ⓑ 电动抛光机。这种抛光机主要由电动机、传动软轴及手持式研抛头组成。使用时传动电动机挂在悬挂架上，电动机启动后通过软轴传动手持抛光头产生旋转或往复运动。这种抛光机备有以下三种不同的研抛头，以适应不同的研抛工作。

• 手持往复式研抛头。这种研抛头工作时一端连接软轴，另一端安装研具或油石、锉刀等。在软轴传动下研抛头产生往复运动，可适应不同的加工需要。研抛头工作端还可按加工需要在 270°范围内调整，这种研抛头装上球头杆，配上圆形或方形铜（塑料）环作研具，手持研抛头沿研磨表面不停地均匀移动，可对某些小曲面或复杂形状的表面进行研磨。如图 4-47 所示，研磨时常采用金刚石研磨膏作研磨剂。

• 手持直式旋转研抛头。这种研抛头可装夹 ϕ2～12mm 的特形金刚石砂轮，在软轴传动下做高速旋转运动，加工时就像握笔一样握住研抛头进行操作，可对型腔细小复杂的凹弧面进行修磨，如图 4-48 所示。取下特形砂轮，装上打光球用的轴套，用塑料研磨套可研抛圆弧部位。装上各种尺寸的羊毛毡抛光头可进行抛光工作。

• 手持角式旋转研抛头。与手持直式旋转研抛头相比，这种研

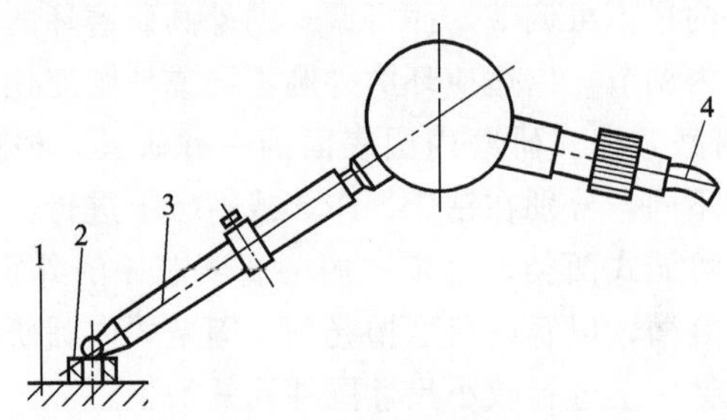

图 4-47　手持往复式研抛头

1—工件；2—研磨环；3—球头杆；4—软轴

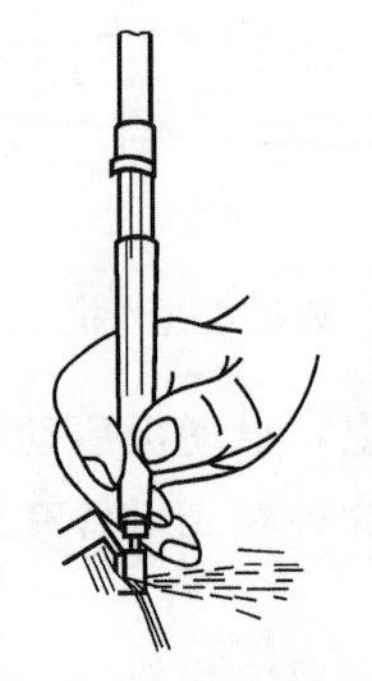

图 4-48　用手持直式旋转研抛头进行加工

抛头的砂轮回转轴与研抛头的直柄部成一定夹角，便于对型腔的凹入部分进行加工，与相应的抛光及研磨工具配合，可进行相应的研磨和抛光工序。

使用电动抛光机进行抛光或研磨时应根据被加工表面的原始粗糙度和加工要求，选用适当的研抛工具和研磨剂，由粗到细逐步进行加工。在进行研磨操作时移动要均匀，在整个表面不能停留；研磨剂涂布不宜过多，要均匀散布在加工表面上，采用研磨膏时必须添加研磨液；每次更换不同粒度的研磨剂都必须将研具及加工表面清洗干净。

d. 塑料模具零件研磨抛光工艺过程

ⓐ 将坯件加工表面，用细锉进行交叉锉削或用刮刀刮平。锉削后，表面不应有明显的刀纹和加工划痕。

ⓑ 用砂布进行表面磨光。

ⓒ 用金刚砂抛光并用毡布或呢子布蘸取煤油或煤油与机油的混合物在被抛光表面磨。

ⓓ 在用金刚砂研磨时，先用粒度比较大的粗金刚砂，后用中号及细号的金刚砂研磨。

ⓔ 经研磨后的表面，用呢子布蘸取细号金刚砂的干粉面再进

行一次抛光，以获得美观光洁的表面。干抛光后的表面，再用细丝绸布擦干净。对型腔模回转体凸模、型芯等，可直接在抛光机上用布轮进行抛光，然后再用呢子布打光即可。

e. 抛光注意事项。抛光时，其抛光的运动方向应经常变换，否则会有纹路出现；前一道工序结束后，必须将杂物清除；复杂的凸、凹模及型腔型面的抛光，可以采用乙醇作为抛光液。

② 电解修磨抛光。电解修磨抛光是在抛光工件和抛光工具之间施以直流电压，利用通电后工件（阳极）与抛光工具（阴极）在电解液中发生的阳极溶解作用来进行抛光的一种工艺方法，如图 4-49 所示。

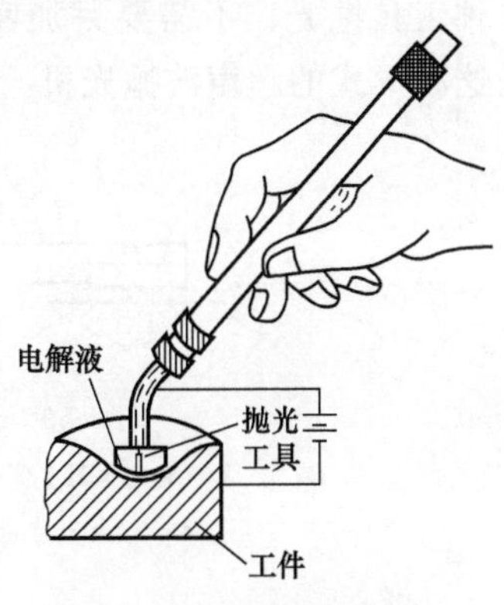

图 4-49　电解修磨抛光

电解修磨抛光工具可采用导电油石制造。这种油石以树脂作黏结剂与石墨和磨料（碳化硅或氧化铝）混合压制而成，应将导电油石修整成与加工表面相似的形状。抛光时，手持抛光工具在零件表面轻轻摩擦，由于电解作用，加工效率高。

电解修磨抛光有以下特点：

a. 电解修磨抛光不会使工件产生热变形或应力。

b. 工件硬度不影响加工速度。

c. 对型腔中用一般方法难以修磨的部位及形状（如深槽、窄缝及不规则圆弧等），可采用相应形状的修磨工具进行加工，操作方便、灵活。

③ 超声波抛光。超声波抛光是超声加工的一种形式，是利用超声振动的能量，通过机械装置对型腔表面进行抛光加工的一种工艺方法。图 4-50 是超声波抛光的原理图。超声发生器能将 50Hz 的交流电转变为具有一定输出的超声频电振荡。换能器将输入的超声频电振荡转换成超声机械振动，并将这种振动传递给变幅杆加以放

大，最后传至固定在变幅杆端部的抛光工具，使工具也产生超声频振动。在抛光工具的作用下，使工作液中悬浮的磨粒产生不同的剧烈运动，大颗粒的磨粒高速旋转，小磨粒产生上下左右的高速跳跃，均对加工表面有微细的切削作用，使加工表面微观不平度的高度减小，表面光滑平整。按这种原理设计的抛光机称为散粒式超声抛光机。也可以将磨料与工具制成一个整体，如同油石一样，使用这种工具抛光，不需要另加磨料，只要加入工作液即可。图 4-51 是这种形式的超声波抛光机。

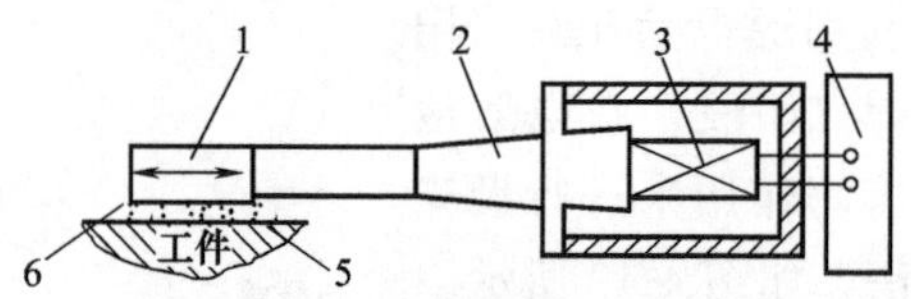

图 4-50 超声波抛光原理图

1—抛光工具；2—变幅杆；3—超声换能器；4—超声发生器；5—磨粒；6—工作液

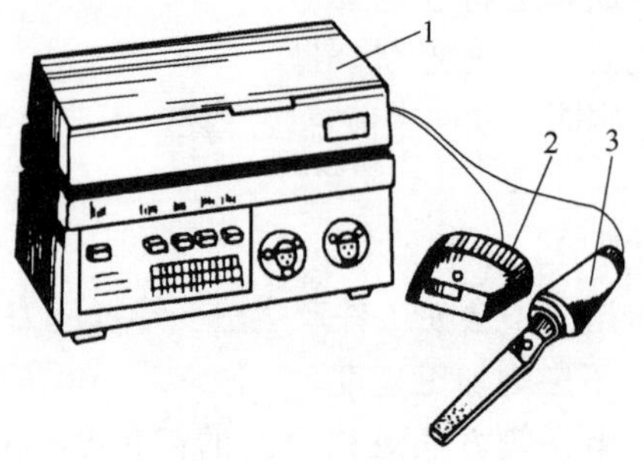

图 4-51 超声波抛光机

1—超声波发生器；2—脚踏开；3—手持工具头

超声波抛光前，工件的表面粗糙度 Ra 约为 2.5～1.25μm，经抛光后表面粗糙度 Ra 可达 0.63～0.08μm 或更高。超声波抛光的加工余量，与抛光前被抛光表面的质量及抛光后的表面质量有关。最小抛光余量应保证能完全消除由上道工序形成的表面的微观几何形状误差或变质层的深度。如对于采用电火花加工成型的型腔，对应于粗、精加工规准，所采用的抛光余量也不一样。电火花中、精规准加工后的抛光余量一般为0.02～0.05mm。

超声波抛光具有以下优点：

a. 抛光效率高，能减轻劳动强度。

b. 适用于各种型腔模具，对窄缝、深槽、不规则圆弧的抛光尤为适用。

c. 适用于不同材质的抛光。

④ 挤压研磨抛光。挤压研磨抛光属于磨料流动加工，也称挤压研磨。它不仅可以对零件表面进行光整加工，还可以去除零件内部通道上的毛刺。

挤压研磨抛光磨料颗粒相当于“软砂轮”，在流动中紧贴零件加工表面的磨料，由于压力摩擦和切削作用，将“切屑”从被加工表面刮离。图4-52为挤压研磨抛光加工过程示意图。工件5安装在夹具4中，夹具和上、下磨料室相通，磨料室内充满抛光剂，由上、下活塞依次轮流对研磨抛光剂施加压力，并做往复运动，使研磨抛光剂在一定压力作用下，反复从被加工表面滑擦通过，从而达到研磨抛光的目的。

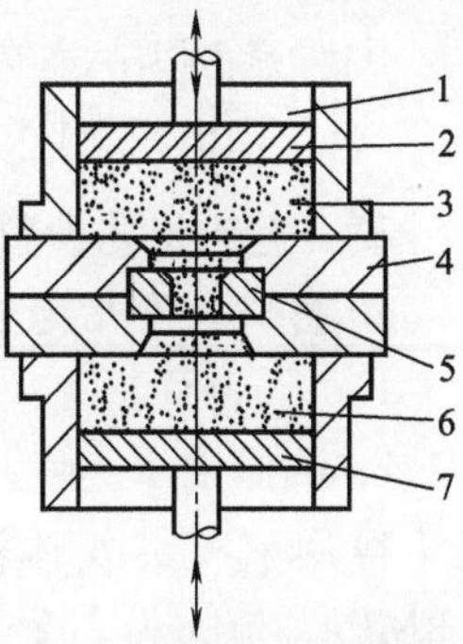

图4-52　挤压研磨抛光加工过程示意图
1—上磨室；2—上活塞；3—研磨抛光剂；4—夹具；5—工件；6—下磨室；7—下活塞

挤压研磨抛光特点如下：

a. 适用范围广。适用于高硬度模具材料、铸铁、铜、铅等材料各种复杂表面的加工。

b. 抛光效果好。经挤压研磨抛光后表面粗糙度 Ra 可达0.05～0.04μm，尺寸精度可达0.01～0.0025mm，完全可以去除电火花加工的表面质量缺陷。但是挤压研磨抛光属于均匀“切削”，它不能修正原始加工的形状误差。

c. 研磨抛光效率高。挤压研磨抛光的加工余量一般为0.01～

0.1mm，所需要的研磨抛光时间为几分钟至十几分钟。

⑤ 喷丸抛光。喷丸抛光是利用含有微细玻璃球的高速干燥流对被抛光表面进行喷射，去除表面微量金属材料，降低表面粗糙度。喷丸抛光的加工示意图如图 4-53 所示。

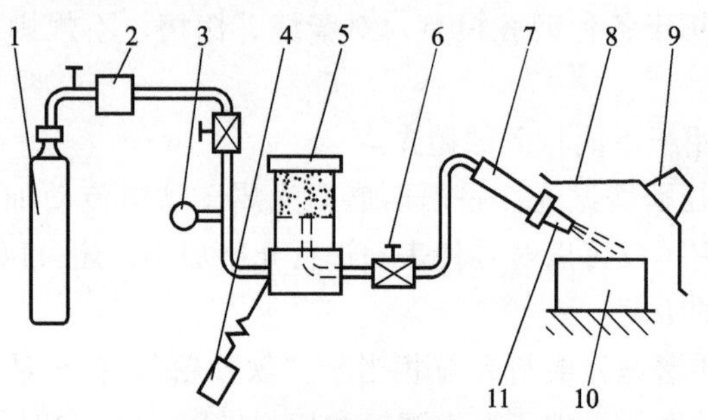

图 4-53 喷丸抛光加工示意图

1—压缩气瓶；2—过滤器；3—压力表；4—振动器；5—磨料室和混合室；6—阀；7—手柄；8—排气罩；9—收集器；10—工件；11—喷嘴

喷丸抛光工艺参数如下。

a. 磨料。喷丸抛光所用的磨料为玻璃球，磨料颗粒尺寸为 10～150μm。

b. 载体气体。喷丸抛光的载体气体可用干燥空气、二氧化碳，但不得用氧气。气体流量为 28L/min 左右，气体压力为 0.2～1.3MPa，流速为 152～335m/s。

c. 喷嘴。喷嘴材料要求耐磨性好，多采用硬质合金材料。喷嘴口径为 ϕ0.13～1.2mm。

喷丸抛光在塑料模具加工中主要用于成型表面在电火花加工后，去除电火花加工表面变质层。

(4) 注塑模具表面抛光技术

① 抛光过程。要想获得高质量的抛光效果，最重要的是要具备高质量的油石、砂纸和钻石研磨膏等抛光工具和辅助品。而抛光程序的选择取决于前期加工后的表面质量，如机械加工、电火花加工、磨加工等。机械抛光的一般过程如下。

a. 粗抛。经铣、电火花、磨等工艺后的表面可以选择转速在35000～40000r/min的旋转表面抛光机或超声波研磨机进行抛光。常用的方法有利用直径 ϕ3mm、WA 400 的轮子去除白色电火花层。然后是手工油石研磨，条状油石加煤油作为润滑剂或冷却剂。一般的使用顺序为 180#→240#→320#→400#→600#→800#→1000#。许多模具制造商为了节约时间而选择从 400# 开始。

b. 半精抛。半精抛主要使用砂纸和煤油。砂纸的号数依次为：400#→600#→800#→1000#→1200#→1500#。实际上 1500# 砂纸只用适于淬硬的模具钢（52HRC 以上），而不适用于预硬钢，因为这样可能会导致预硬钢件表面烧伤。

c. 精抛。精抛主要使用钻石研磨膏。若用抛光布轮混合钻石研磨粉或研磨膏进行研磨，则通常的研磨顺序是 9μm（1800#）→6μm（3000#）→3μm（8000#）。9μm 的钻石研磨膏和抛光布轮可用来去除 1200# 和 1500# 砂纸留下的发状磨痕。接着用毛毡和钻石研磨膏进行抛光，顺序为 1μm（14000#）→1/2μm（60000#）→1/4 μm（100000#）。

② 用砂纸和钻石研磨膏抛光的注意事项

a. 用砂纸抛光需要利用软的木棒或竹棒夹持，在抛光圆面或球面时，使用软木棒可更好地配合圆面和球面的弧度，使其能与模具型芯、型腔表面形状保持吻合，这样可以避免木条（或竹条）的锐角接触钢件表面而造成较深的划痕，影响抛光精度。而较硬的木条像樱桃木，则更适用于平整表面的抛光。

b. 当换用不同型号的砂纸时，抛光方向应变换 45°～90°，这样前一种型号砂纸抛光后留下的条纹阴影即可分辨出来。在换不同型号砂纸之前，必须用 100%纯棉花蘸取酒精之类的清洁液对抛光表面进行仔细擦拭，因为一颗很小的砂砾留在表面都会毁坏接下去的整个抛光工作。从砂纸抛光换成钻石研磨膏抛光时，这个清洁过程同样重要。当使用钻石研磨抛光时，不仅要求工作表面洁净，工作者的双手也必须仔细清洁。

c. 抛光必须尽量在较轻的压力下进行，特别是抛光预硬钢件和用细研磨膏抛光时。在用 8000# 研磨膏抛光时，常用载荷为 0.1～0.2kgf/cm^2，但要保持此载荷的精确度很难做到。为了更容易做到这一点，可以在木条上做一个薄且窄的手柄，如加一铜片，或者在竹条上切去一部分而使其更加柔软，这样可以帮助控制抛光压力，以确保模具表面压力不会过高。

d. 每次抛光时间不宜过长，时间越短，效果越好。如果抛光过程进行得过长将会造成"橘皮"和"点蚀"。

e. 当抛光过程停止时，保证工件表面洁净和仔细去除所有研磨剂和润滑剂非常重要，随后应在表面喷淋一层模具防锈涂层。

③ 影响模具抛光质量的常见因素

a. 由于机械抛光主要还是靠人工完成，所以抛光技术目前还是影响抛光质量的主要原因，这就需要在实践中注重分析，累积经验，不断提高操作者的抛光技术水平。除此之外，抛光质量还与模具材料、抛光前的表面质量、热处理工艺等有关。优质的钢材是获得良好抛光质量的前提条件。如果钢材表面硬度不均或特性上有差异，往往会影响抛光质量。钢材中的各种夹杂物和气孔都不利于抛光。

b. 硬度增高使研磨难度增大，但抛光后的表面粗糙度值减小。由于硬度增高，要达到较低的表面粗糙度值所需的抛光时间相应增长，但抛光的效果较好。

c. 电火花加工后的表面比普通机械加工或热处理后的表面更难研磨。如果电火花精修规准选择不当，热影响层的深度最大可达 0.4mm。因此电火花加工结束前应采用精规准电火花修整，改善表面层硬度，为抛光加工提供一个良好基础，方能降低影响，确保抛光精度要求。

第六节　注塑模具的特殊加工方法

(1) 快速成型（也称为快速原型）制造技术　快速成型制造技

术（rapid prototyping and manufacturing，RP&M 或 RP）是借助计算机、激光、精密传动和数控等现代手段，将计算机辅助设计（CAD）和计算机辅助制造（CAM）集成于一体，根据计算机上构造的三维模型，能在很短时间内直接制造产品样品而不需传统的机械加工机床和模具的先进制造技术。该项技术创立了产品开发的新模式，使设计师以前所未有的直观方式体会设计的感觉，感性而迅速地验证和检查所设计产品的结构和外形，从而使设计工作进入了一种全新的境界，改善了设计过程中的人机交流，缩短了产品开发的周期，加快了产品更新换代的速度，降低了企业投资新产品的风险。

而以 RP&M 原型作母模来翻制模具的快速模具制造技术（rapid tooling，RT），进一步发挥了快速原型制造技术的优越性，可在短期内迅速推出满足用户需求的一定批量的产品，大幅度降低了新产品开发研制的成本和投资风险，缩短了新产品研制和投放市场的周期，在小批量、多品种、改型快的现代制造模式下具有强劲的发展势头，基于快速原型工艺方法制造各类简易经济快速模具已成为 *R*P&M 应用的热点问题。

① 快速原型制造技术的原理。快速原型制造技术的基本原理是基于离散的增长方式成型原型或制品。快速成型制造技术从广义上讲可以分成两类：材料累积和材料去除。但是，目前人们谈及的快速原型制造方法通常指的是累积式的成型方法，而累积式的快速原型制造方法通常是依据原型使用的材料及其构建技术进行分类的，如图 4-54 所示。

② 快速模具制造技术。快速原型由于其制造方法要求的使用材料的限制，并不能够完全替代最终的产品。因此，在新产品功能检验、投放市场试运行以获得用户使用后的反馈信息以及小批量生产等方面，仍需要由实际材料制造的产品。因此，利用快速原型作母模来翻制模具并生产实际材料的产品，便产生了基于快速原型的快速模具制造技术。图 4-55 是 FDM 360mc 快速成型机。

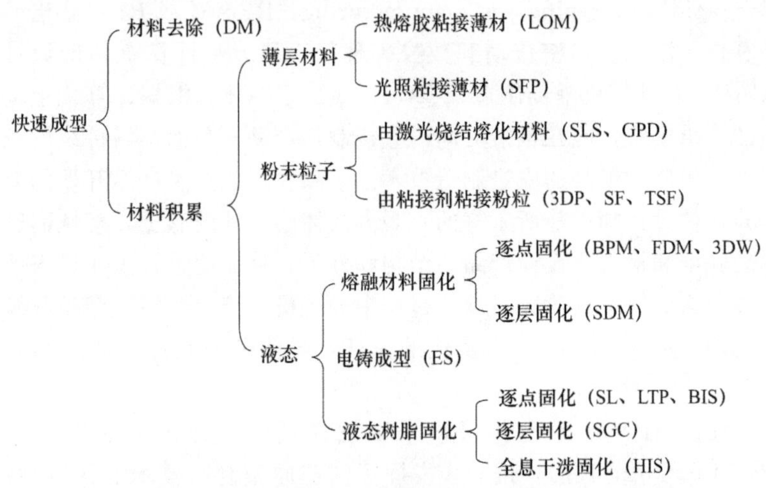

图 4-54 快速成型工艺的分类

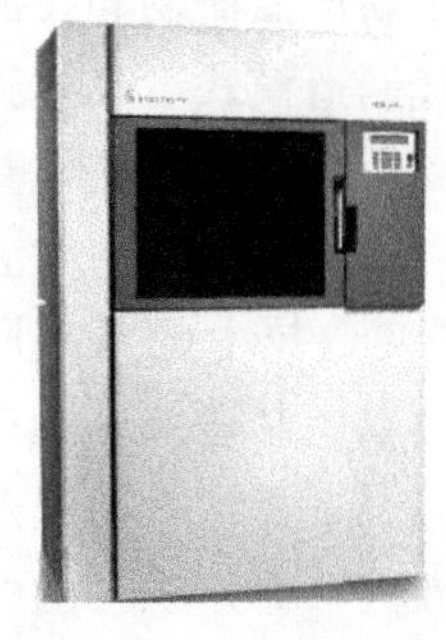

图 4-55 FDM 360mc 快速成型机

基于 RP 的快速模具制造方法一般分为直接法和间接法两大类。直接制模法是直接采用 RP 技术制作模具，在 RP 技术诸方法中能够直接制作金属模具的是选择性激光烧结法。用这种方法制造的钢铜合金注射模，寿命可达 5 万件。但此法在烧结过程中材料发生较大收缩且不易控制，故难以快速得到高精度的模具。目前，基于 RP 快速制造模具的方法多为间接制模法。间接制模法是指利用 RP 原型间接地翻制模具。依据材质不同，间接制模法生产出来的模具一般分为软质模具（soft tooling）和硬质模具（hard tooling）两大类。

a. 软质模具。软质模具因其所使用的软质材料（如硅橡胶、环氧树脂等）有别于传统的钢质材料而得名，由于其制造成本低和制作周期短，因而在新产品开发过程中作为产品功能检测和投入市场试运行以及国防、航空等领域单件、小批量产品的生产方面受到高度重视，尤其适合于批量小、品种多、改型快的现代制造模式。目前软质模具制造方法主要有硅橡胶浇注法、金属喷涂法、树脂浇注法等。

b. 硬质模具。软质模具生产制品的数量一般为 50～5000 件，对于上万件乃至几十万件的产品，仍然需要传统的钢质模具。硬质模具指的就是钢质模具。利用 RP 原型制作钢质模具的主要方法有熔模铸造法、电火花加工法、陶瓷型精密铸造法等。

(2) 数控高速切削加工技术　在现代模具生产中，随着对塑件的美观度及功能要求越来越高，塑件内部结构设计越来越复杂，模具的外形设计也日趋复杂，自由曲面所占比例不断增加，相应的模具结构也设计得越来越复杂。这些都对模具加工技术提出了更高要求，不仅应保证高的制造精度和表面质量，而且要追求加工表面的美观。随着对高速加工技术研究的不断深入，尤其在加工机床、数控系统、刀具系统、CAD/CAM 软件等相关技术不断发展的推动下，高速加工技术已越来越多地应用于模具型腔的加工与制造中。

数控高速切削加工作为模具制造中最为重要的一项先进制造技术，是集高效、优质、低耗于一身的先进制造技术。相对于传统的切削加工，其切削速度、进给速度有了很大的提高，而且切削机理也不相同。高速切削使切削加工发生了本质性的飞跃，其单位功率的金属切除率提高了 30%～40%，切削力降低了 30%，刀具的切削寿命提高了 70%，留于工件的切削热大幅度降低，低阶切削振动几乎消失。随着切削速度的提高，单位时间毛坯材料的去除率增加了，切削时间减少了，加工效率提高了，从而缩短了产品的制造周期，提高了产品的市场竞争力。同时，高速加工的小量快进使切削力减少了，切屑的高速排出减少了工件的切削力和热应力变形，提高了刚性差和薄壁零件切削加工的可能性。由于切削力的降低、转速的提高，使切削系统的工作频率远离机床的低阶固有频率，而工件的表面粗糙度对低阶频率最为敏感，由此降低了表面粗糙度。在模具的高淬硬钢件（45～65HRC）的加工过程中，采用高速切削可以取代电加工和磨削抛光的工序，从而避免了电极的制造和费时的电加工，大幅度减少了钳工的打磨与抛光工作量。对于一些市场上需要的薄壁模具工件，高速铣削也可顺利完成，而且在高速铣削 CNC 加工中心上，模具一次装夹可完成多工步加工。

高速加工技术对模具加工工艺产生了巨大影响，改变了传统模具加工的“退火→铣削加工→热处理→磨削”或“电火花加工→手工打磨、抛光”等复杂冗长的工艺流程，甚至可用高速切削加工替代原来的全部工序。高速加工技术除可应用于淬硬模具型腔的直接加工（尤其是半精加工和精加工）外，在 EDM 电极加工、快速样件制造等方面也得到了广泛应用。大量生产实践表明，应用高速切削技术可节省模具后续加工中约 80％的手工研磨时间，节约加工成本费用近 30％，刀具切削效率可提高 1 倍。

高速铣削加工机床（图 4-56）由以下几部分组成。

图 4-56 高速铣削加工中心

① 高稳定性的床身和导轨。高速切削机床的床身等支承部件具有很好的动、静刚度、热刚度和最佳的阻尼特性。床身采用高质量、高刚性和高抗张性、高阻尼特性的聚合物混凝土（人造大理石），整体铸造成型，配有密布的加强筋等提高机床稳定性。封闭式的床身结构有很好的抗振性和热稳定性，这不但可保证机床精度稳定，也可防止切削时刀具振颤。采用线性的滚动导轨，其移动速度、摩擦阻力、动态响应，都最佳化，用手一推就可以将几百公斤

甚至上千公斤的重工作台推动。其特有的双V形结构，大大提高了机床的抗扭能力。同时，由于磨损近乎为零，导轨的精度寿命较之过去提高数倍。又因为配合使用了数字伺服驱动电动机，其进给和快速移动速度达20～60m/min。

② 机床主轴。高速机床的主轴采用42000r/min高速电主轴。该主轴采用了最先进的矢量式闭环控制、高动平衡的主轴结构，油雾润滑的混合陶瓷轴承。通过电子传感器来控制温度，自身带有油冷循环系统，可以随室温调整自身温度，确保主轴在全部工作时间内温度恒定，使得主轴在高速下成为“恒温”。由于使用油雾润滑的混合陶瓷轴承等新技术，使得主轴可以免维护、长寿命、高精度。机电一体化的主轴，减去了带轮、齿轮箱等中间环节，其主轴转速就可达到0～42000r/min。

③ 适合高速性能加工的数控系统。高速铣削中心采用的数控控制系统，具有非常强大的计算能力。控制系统可控制轴达12个，在编辑进给速率时只需用最高加工速度，具有理想的程序段处理速度性能，能自动根据工件轮廓调整实际速度，节省加工时间。能实现各种误差补偿，包括线性和非线性轴误差、反向间隙、圆周运动的方向尖角、热膨胀及黏滞摩擦。

④ 冷却润滑。高速加工中心采用带涂层的硬质合金刀具，在高速、高温的情况下不用切削液，切削效率更高。采用油/气冷却润滑的干式切削方式，这种方式可以用高压气体迅速吹走切削区产生的切屑，从而将大量的切削热带走，同时经雾化的润滑油可以在刀具刃部和工件表面形成一层极薄的微观保护膜，可有效延长刀具寿命并提高零件的表面质量。

⑤ 高速铣刀柄。由于高速切削加工时离心力和振动的影响，要求刀具具有很高的几何精度、装夹重复定位精度以及很高的刚度和高速动平衡的安全可靠性，采用的是HSK高速刀柄，其轴向定位精度可达0.001mm，且在高速旋转下，刀夹锁紧更为牢固，径向跳动不超过5μm。

(3) 逆向工程技术

① 逆向工程简介。随着计算机技术的发展，CAD 技术已成为产品设计人员进行研究开发的重要工具，其中的三维造型技术已被制造业广泛应用于产品及模具设计、方案评审、自动化加工制造及管理维护各个方面。在实际开发制造过程中，设计人员接收的技术资料可能是各种数据类型的三维模型，但很多时候，却是从上游厂家得到的产品的实物模型。设计人员需要通过一定的途径将这些实物信息转化为 CAD 模型，这就应用到了逆向工程技术（reverse engineering）。逆向工程技术，是指用一定的测量手段对实物或模型进行测量，根据测量数据通过三维几何建模方法重构实物的 CAD 模型的过程。

逆向工程技术与传统的正向设计存在很大差别。逆向工程是从产品原型出发，进而获取产品的三维数字模型，使得能够进一步利用 CAD/ACE/CAM 以及 CIMS 等先进技术对其进行处理。一般来说，产品逆向工程包括形状反求、工艺反求和材料反求等几个方面，在工业领域的实际应用中，主要包括以下几个方面的内容。

a. 新零件的设计，主要用于产品的改型或仿型设计。

b. 已有零件的复制，再现原产品的设计意图。

c. 损坏或磨损零件的还原。

d. 数字化模型的检测，例如检验产品的变形分析、焊接质量等，以及进行模型的比较。

② 逆向工程技术实施的条件

a. 逆向工程技术实施的硬件条件。在逆向工程技术设计时，需要从设计对象中提取三维数据信息。检测设备的发展为产品三维信息的获取提供了硬件条件。目前，使用较多的是三坐标测量机（图 4-58）和三维扫描仪。就测头结构原理来说，可分为接触式和非接触式两种，接触式测头与被测物体直接接触，获取数据信息，非接触式测头则是应用光学、激光的原理进行的。

图 4-57 是 ATOS 流动光学扫描仪，在测量时，可随意绕被测物体移动，利用光带经数据影像处理器得到实物表面数据。

图 4-57 ATOS 流动光学扫描仪

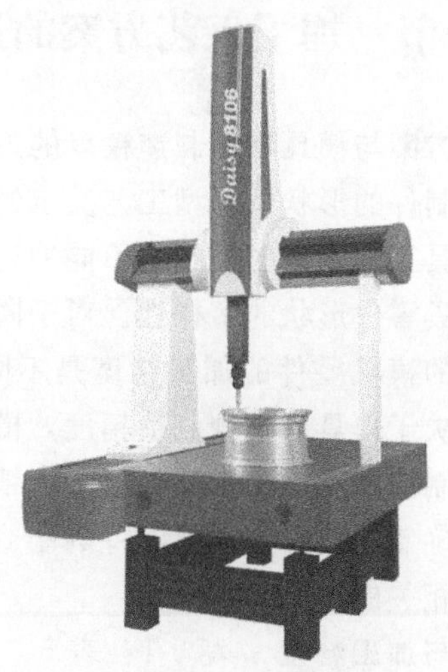

图 4-58 自动三坐标测量机

b. 逆向工程技术实施的软件条件。目前比较常用的通用逆向工程软件有 Surfacer、Delcam、Cimatron 以及 Strim。具体应用的反向工程系统主要有：Evans 开发的针对机械零件识别的逆向工程系统；Dvorak 开发的仿制旧零件的逆向工程系统；H. H. Danzde CNC CMM 系统。这些系统对逆向设计中的实际问题进行处理，极大地方便了设计人员。此外，一些大型 CAD 软件也逐渐为逆向工程提供了设计模块。例如 Pro/E 的 ICEM Surf 和 Pro/SCANTOOLS 模块，可以接受有序点（测量线），也可以接受点云数据。其他如 UG 软件，随着版本的提高，逆向工程模块也逐渐丰富起来。这些软件的发展为逆向工程的实施提供了软件条件。

第五章 注塑模具零件的加工实例

第一节 加工工艺方案的选择

(1) 加工工艺方案与模具零件制造精度的关系 模具工作零件的形状是由所生产制件的形状及成型工艺决定的，即不同的制件和成型工艺所需的模具工作零件的形状是不同的，因此，必须有不同的加工方法满足模具零件形状的多样性。对于同类零件，不同的加工工艺方案所得到的模具零件的加工精度是不同的。实际生产中，塑料制件的精度取决于模具的综合制造精度，模具的综合制造精度取决于模具零件的制造精度，模具零件的制造精度取决于模具零件加工工艺方案的正确制定，因此模具零件的制造精度与所选择的加工工艺方案是密切相关的。

(2) 加工方法与加工精度 表 5-1、表 5-2 是根据生产实际经验获得的在一定尺寸范围内常用机械加工方法所能达到的尺寸精度和表面粗糙度，供加工时参考。

表 5-1 内外圆的加工方法及精度

机床类别	加工类别	精度等级	经济粗糙度 $Ra/\mu m$	参考尺寸/mm
普车	粗 车	IT10～IT12	3.2～6.3	$\phi50$
	精 车	IT7～IT9	0.8～1.6	$\phi50$
内外圆磨	粗 磨	IT6～IT8	0.4～0.8	$\phi50$
	精 磨	IT2～IT5	0.1～0.4	$\phi50$
研磨	粗 研	IT3～IT6	0.025～0.1	$\phi50$
	精 研	IT1～IT2	0.013～0.1	$\phi50$
数铣	粗 铣	IT8～IT9	1.6～6.3	$\phi50$
	精 铣	IT6～IT7	0.8～1.6	$\phi50$

续表

机床类别	加工类别	精度等级	经济粗糙度 Ra/μm	参考尺寸/mm
钻削	精　钻	IT9～IT13	3.2～6.3	ϕ20
铰削	精　铰	IT6～IT8	0.8～1.6	ϕ20

表 5-2　平面的加工方法及精度

机 床 类 别	加工类别	精度等级	经济粗糙度 Ra/μm	参考尺寸/mm
刨　削	粗　刨	IT10～IT12	6.3～25	100
	精　刨	IT7～IT9	3.2～6.3	100
铣　削	粗　铣	IT9～IT11	3.2～12.5	100
	精　铣	IT7～IT9	1.6～3.2	100
平　磨	粗　磨	IT7～IT9	3.2～6.3	100
	精　磨	IT5～IT7	0.8～1.6	100
手摇磨	粗　磨	IT6～IT8	0.8～1.6	100
	精　磨	IT4～IT6	0.4～0.8	100
研　磨	粗　研	IT3～IT6	0.1～0.4	100
	精　研	IT1～IT2	0.013～0.1	100

(3) 加工工艺方案选择原则　模具零件各表面加工工艺方案的选择是否合理，不但影响零件的加工精度，而且直接影响生产效率和制造成本，因此模具零件加工工艺方案的选择，一般应综合考虑以下原则。

① 以满足模具零件形状加工的需要为目的。不同的制件形状决定了需要不同的模具零件形状，需要不同的加工设备和相应的加工工艺方案来完成制造加工，因此，应满足模具零件形状加工的需要，合理选择加工工艺方案。

② 以确保模具零件精度要求为目的。不同的加工工艺方案所得到的经济加工精度是不同的（表 5-1、表 5-2），因此要在保证模具零件精度的前提下，合理选择经济的加工工艺方案。

③ 以提高设备利用率为目的。在确保模具零件制造精度和生产周期的前提下，充分利用自有设备条件，合理确定加工工艺方

案，既能提高设备的利用率，同时也可提高经济效益。

④ 以合理调整操作工人技术水平为目的。充分利用企业操作者技术水平资源，合理安排粗、精加工工艺方案，这样既可使企业操作者水平得到提升，又确保了模具零件的加工精度。

⑤ 以优化安全生产条件、降低操作者劳动强度为目的。优化了生产条件，降低了操作者的劳动强度，有利于确保操作者的生产安全，同时企业也获得了最大经济效益。

第二节　模架的加工

(1) 模架的精度　模架是模具的主壳体，可以理解为，除了按生产制件要求待加工的型芯、型腔、流道等模具工作零件外的其他模具零件的装配集合。模架有标准模架和非标准模架之分。标准模架是由专业生产企业生产的系列化产品，这种生产方式提高了模架生产的标准化、规范化和自动化，为缩短模具生产周期提供了有利条件，同时相应提高了模具生产企业的市场竞争力。非标准模架是由模具设计者按制件生产要求和自身企业条件而设计加工的模架，这种生产方式下，由于绝大多数模架零件均从坯料准备开始，生产周期较长，适用于小型模具企业的模具加工，缩小了模具制造企业的利润空间。

为了保证制件的加工精度，模架必须达到相应的综合精度，而综合精度是模架各组合零件精度的集合。因此要保证模架综合精度，就必须保证模架零部件的几何精度，一般情况下，需考虑以下几个因素。

① 模架各组合板料上下表面必须平行。在制件生产过程中，模具分型面承受高压注射力，致使制件局部在分型面处溢料，产生飞边，这就要求分型面处的模板平行度、平面度和表面粗糙度达到较高精度。

② 模架的外形中心基准必须垂直于模板大平面，导向定位准确灵活。在制件生产过程中，只有满足上述要求，才能为模具的型

腔、型芯孔找正加工提供依据和精度保证，型芯才能准确垂直进入型腔位置，保证制件壁厚均匀。

③ 推出、复位机构必须准确、可靠、平稳，保证制件的批量连续生产。

(2) 模架板料加工方案实例

① 模架板料平面的加工方法

a. 刨削加工。刨削适宜加工平面、斜面、沟槽类的零件。

刨削加工的优点：操作方法简单，刀具几何形状要求不高；刀具几何角度可根据平面加工的模具板料的材料性能相应确定；刀具使用寿命长；切削用量大。

刨削加工的缺点：刨刀单刃切削，工作效率低，不适宜批量生产模具配件，且加工表面粗糙度值大。

b. 车削加工。车削适宜加工孔、轴类零件回转表面、平面。

车削加工的优点：采用三爪自定心卡盘装夹，可以方便地加工回转类模具零件，也可采用四爪单动卡盘或专用夹具，装夹并加工特殊形状的模具板料。加工效率较高，提高了机床设备使用率。

车削加工的缺点：由于受卡盘装夹的限制，模具板料加工的尺寸较小，由于工件随卡盘一起旋转，要注意装夹安全。一般情况下，非圆类的模具坯料尽可能不采用车削加工法加工。

c. 铣削加工。铣削适宜加工平面、斜面、沟槽、模具的型芯和型腔。

铣削加工的优点：铣削平面时常采用盘形铣刀，切削刃多且为硬质合金刀片，刀具硬度高、刃口抗冲击力强。标准硬质合金刀片拆卸调整方便，加工工艺参数可调范围大，加工效率高。可适应不同规格尺寸的模具板料的加工，加工粗糙度值较小。若采用直柄铣刀，可

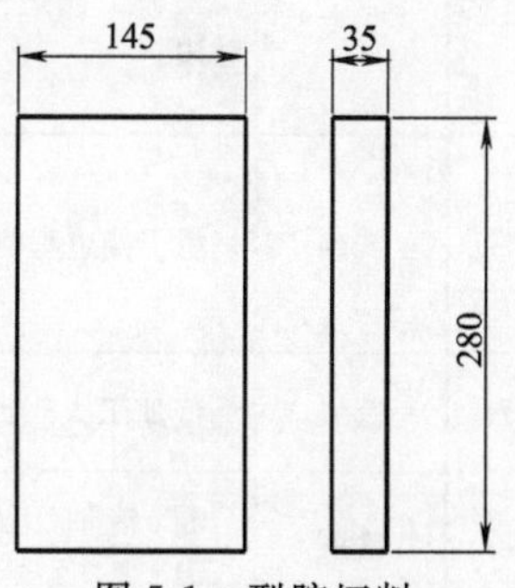

图 5-1　型腔坯料

加工多种几何形状的模具型芯和型腔。

铣削加工的缺点：切削用量大时，易振动，对刀具和机床的刚性要求高，型芯、型腔的曲面加工不易实现自动加工。

② 模具板料平面加工实例。型腔坯料见图 5-1。

工艺分析：该模具配件既是型腔坯料，又是完成制件分型要求的滑块，加工时的尺寸和外形基准垂直度要求高，为后续型腔加工位置的找正提供保障。

型腔坯料加工工艺过程见表 5-3。

表 5-3 型腔坯料加工工艺过程

序号	工艺名称	工艺内容	设备、工装	工艺简图
1	备料	下圆棒料 ϕ160mm×115mm	锯床	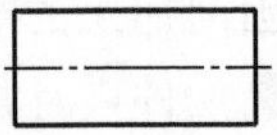
2	锻造	锻方料 300mm×160mm×45mm	锻压机	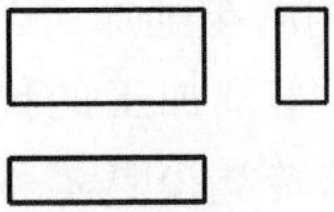
3	装夹	待加工侧边基准(一)	平口钳	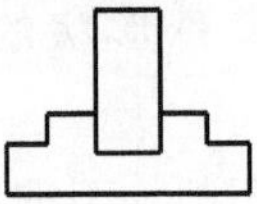
4	铣削	粗加工侧边基准(一)	铣床	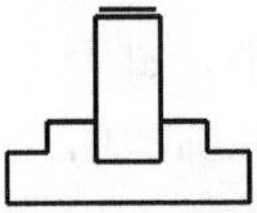
5	装夹	待加工侧边基准(一)相对边	平口钳	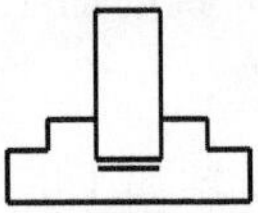
6	铣削	粗工侧边基准(一)相对边	铣床	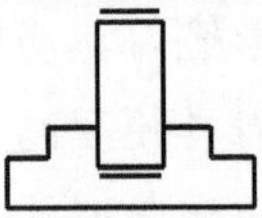
7	装夹	待加工大表面基准(二)	平口钳	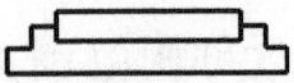
8	铣削	粗、精加工大表面基准(二)	铣床	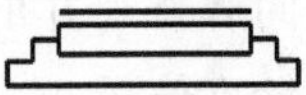

续表

序号	工艺名称	工艺内容	设备、工装	工艺简图
9	装夹	待加工大表面基准(二)相对面	平口钳	
10	铣削	粗、精加工大表面基准(二)相对面	铣床	
11	装夹	待加工侧面基准(三)	平口钳	
12	铣削	粗、精加工侧面基准(三)	铣床	
13	装夹	待加工侧面基准(三)相对面	平口钳	
14	铣削	粗、精加工侧面基准(三)相对面	铣床	
15	铣削	精加工基准(一)和相对面	铣床	

③ 模架支承板加工实例。模架支承板见图 5-2。

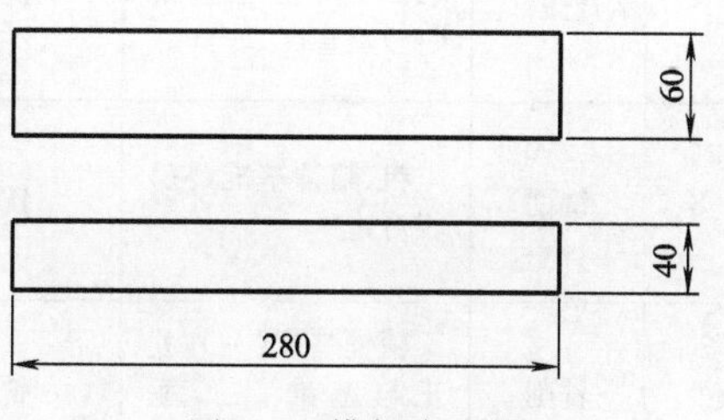

图 5-2　模架支承板

工艺分析：模架支承板，模具工作时主要承受制件生产时的闭模冲击力和注塑时的注射压力，在其他模具板料上下平行的基础上，模架上两块支承板的高度应一致，这是保证模架组装后上下表面平行的关键，因此在加工两支承板的高度尺寸时，必须将两块支承板夹在一起加工，从而保证两支承板高度尺寸一致。

模架支承板加工工艺过程见表5-4。

表5-4 模架支承板加工工艺过程

序号	工艺名称	工艺内容	设备、工装	工艺简图
1	备料	下圆棒料 ϕ100mm×160mm	锯床	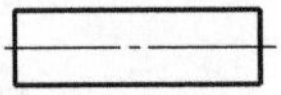
2	锻造	锻方料 300mm×80mm×50mm	锻压机	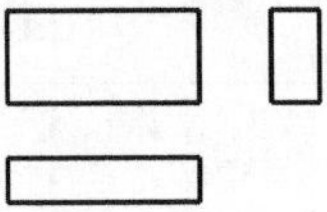
3	铣削	粗铣基准(一)	铣床	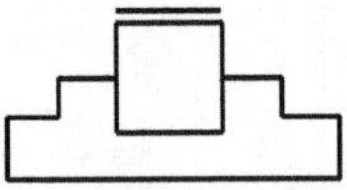
4	铣削	粗铣基准(一)相对边	铣床	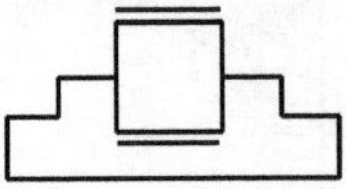
5	铣削	粗、精铣基准(二)	铣床	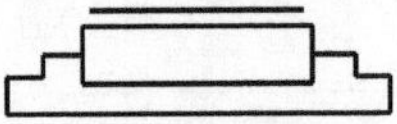
6	铣削	粗、精铣基准(二)相对边	铣床	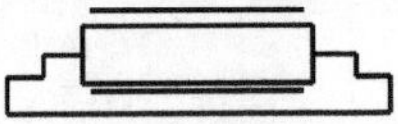
7	铣削	粗、精铣基准(三),找正与基准(一)垂直度	铣床	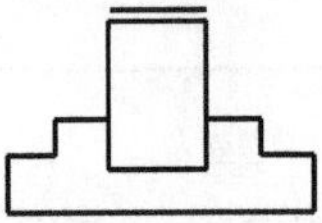
8	铣削	粗、精铣基准(三)相对边	铣床	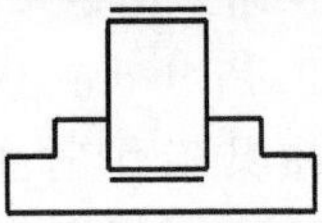
9	铣削	精铣基准(一),找正与基准(三)垂直度	铣床	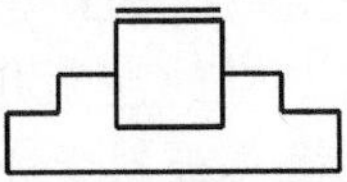
10	铣削	精铣基准(一)相对边	铣床	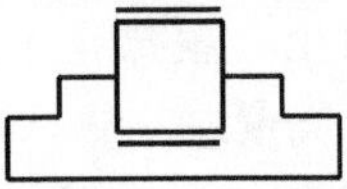
11	检验	去毛刺,检测各加工精度	钳工	

④ 模具型腔坯料——滑块精加工实例。分型滑块见图 5-3。

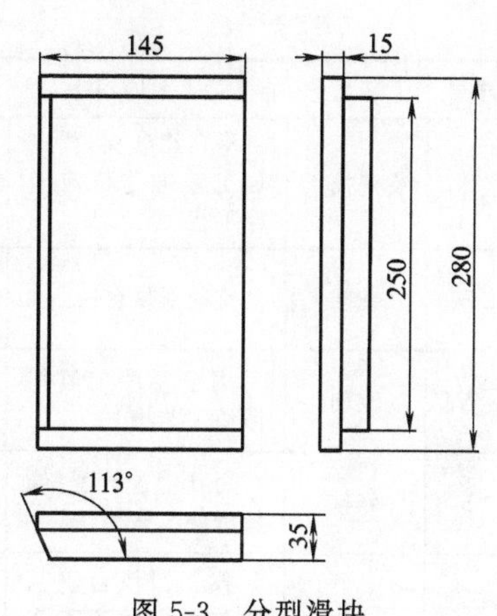

图 5-3　分型滑块

工艺分析：滑块坯料尺寸面积较大，要求表面粗糙度值尽可能小，方可达到导滑灵活、准确的要求。滑块几何形状和尺寸精加工，可采用以下两种加工方案：铣削→平面磨削→研磨；铣削→线切割→手摇磨削。

滑块台阶处工艺内角槽的铣削加工和数控线切割加工特点应用分析：铣削加工导滑块台阶时，粗、半精加工，切削用量大，加工效率高，但在加工工艺内角槽时，要达到准确的几何形状和精度要求，就显得无能为力。如采用数控线切割，操作简单，加工参数调整方便，自动化程度高，切削时利用电极丝放电切削加工，加工缝隙小，特别适宜加工小型的异形沟槽。因此滑块工艺内角沟槽常采用数控线切割加工，操作方便，而且半精加工精度高，但是加工效率较低。

滑块平面精加工采用平面磨削和手摇磨削特点应用分析：平面磨削可自动走刀加工，切削效率高，但滑块工艺内角处的磨削极不方便，而且稍不注意，极容易造成事故，而且磨削后表面粗糙度值大于手摇磨削。采用手摇磨床磨削，操作灵活，特别适宜小型模具零件的平面和沟槽精加工，因此，滑块工艺内角处的小平面，采用手摇磨床进行磨削，能较方便地达到图纸要求。

分型滑块加工工艺过程见表 5-5、表 5-6。

表 5-5　分型滑块加工工艺过程（铣削→平面磨削→研磨）

序号	工艺名称	工艺内容	设备、工装	工艺简图
1	准备	检查待加工滑块坯料精度，去毛刺等	钳工	

续表

序号	工艺名称	工艺内容	设备、工装	工艺简图
2	装夹找正	平口钳装夹，找正加工基准与机床坐标平行	平口钳	
3	铣削	铣削滑块台阶	铣床	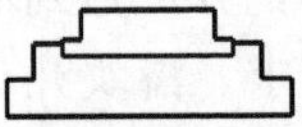
4	錾削	用窄錾手工錾削滑块工艺槽	钳工	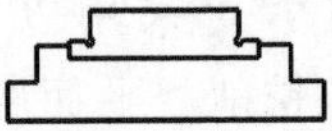
5	修整	用什锦锉锉削、修整滑块工艺槽	钳工	
6	找正	找正滑块台阶基准与平面磨床工作台基准的平行度要求	平面磨	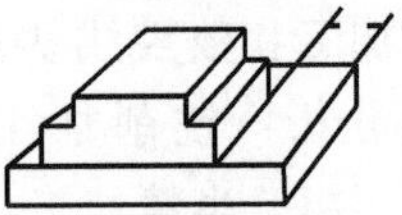
7	磨削	手动挡粗、半精磨削滑块台阶与大基准平行面	平面磨	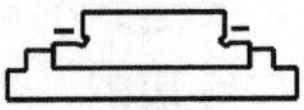
8	修整	修整器修整砂轮，以有利内角面磨削到位	平面磨	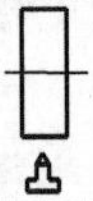
9	磨 削	手动挡精磨滑块台阶与大基准平行面，达到尺寸精度和表面粗糙度要求	平面磨	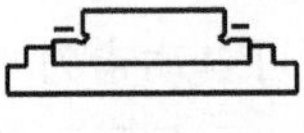
10	装夹	找正滑块台阶与大表面基准相垂直的加工基准	平面磨	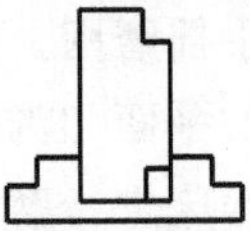
11	磨削	手动挡精磨滑块台阶平面，达到各项要求	平面磨	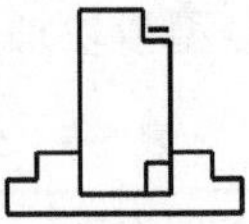
12	装夹	找正滑块台阶与大表面基准相垂直的基准相对边	平面磨	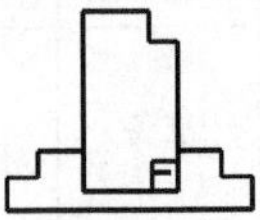

续表

序号	工艺名称	工艺内容	设备、工装	工艺简图
13	磨削	手动挡精磨滑块台阶平面，达到各项要求	平面磨	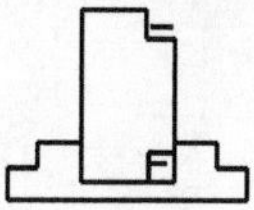
14	装夹	找正楔紧斜面加工基准，调整铣削主轴角度	铣床	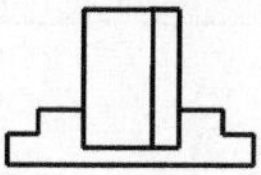
15	铣床	铣削加工楔紧斜面，达到角度要求	铣床	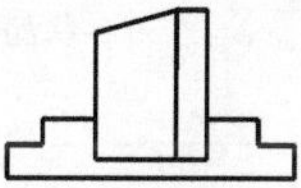
16	装夹	辅助夹具装夹，使楔紧斜面与磨床工作台平面平行	平面磨	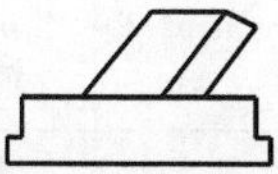
17	磨削	磨削加工楔紧斜面，达到角度要求	平面磨	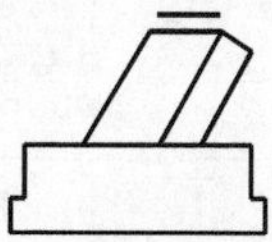
18	检测	去锐角，检测加工精度		
19	研磨	精研磨滑块台阶平面，达到尺寸精度和表面粗糙度要求		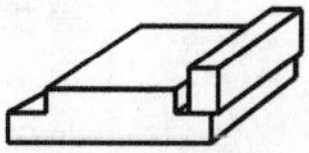
20	检验	检测各加工精度	检测精度	
21	入库	待后续加工		

表 5-6 分型滑块加工工艺过程（铣削→线切割→手摇磨削）

序号	工艺名称	工艺内容	设备、工装	工艺简图
1	准备	检查待加工滑块坯料精度，去毛刺等	钳工	
2	装夹	装夹定位，找正滑块肩加工基准	线切割	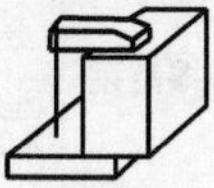

续表

序号	工艺名称	工艺内容	设备、工装	工艺简图
3	编程	按滑块台阶要求编写加工程序	线切割	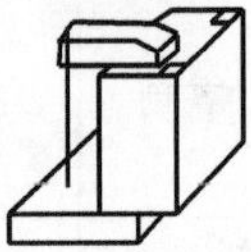
4	线切割	切割加工滑块台阶各组成面，达到形状和尺寸要求	线切割	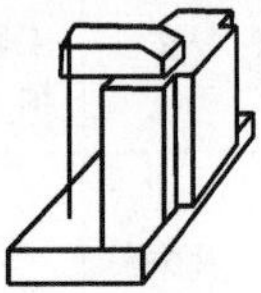
5	检测	检测线切割加工滑块台阶形状和尺寸精度		
6	装夹	装夹定位，百分表找正滑块台阶基准与手摇磨床基准平行	手摇磨床	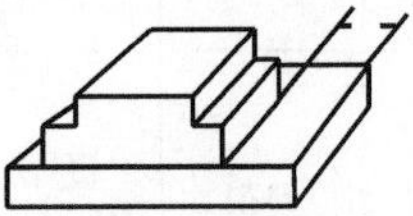
7	手摇磨削	手动磨削，精确控制滑块肩尺寸和表面粗糙度值	手摇磨床	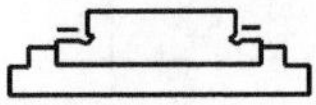
8	装夹	平口钳装夹，百分表找正滑块台阶基准与手摇磨床基准平行	手摇磨床	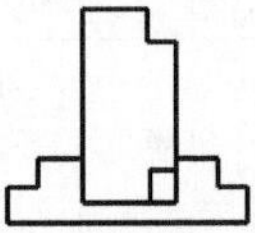
9	手摇磨削	手动精确磨削，控制尺寸和较低表面粗糙度值	手摇磨床	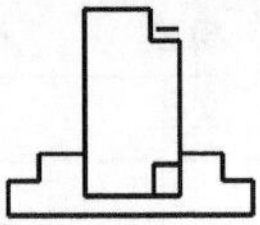
10	装夹	平口钳装夹定位，百分表找正滑块台阶基准与磨床基准平行	手摇磨床	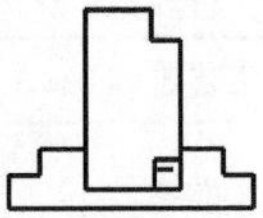
11	手摇磨削	精磨滑块台阶小平面，控制尺寸，保证较小表面粗糙度值	手摇磨床	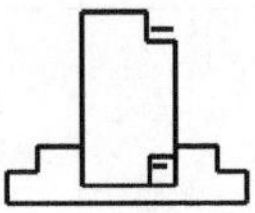

续表

序号	工艺名称	工艺内容	设备、工装	工艺简图
12	装夹	平口钳或专用夹具装夹定位,用万能量角器或正弦规找正滑块楔紧角度值	手摇磨床	
13	手摇磨削	手摇磨削滑块楔紧斜面,控制角度和表面粗糙度值	手摇磨床	
14	检验	检验各几何形状和加工精度及表面粗糙度		
15	入库	待后续加工		

第三节 模具零件型芯、型腔的加工

(1) 型芯的加工工艺方案与实例

① 整体式型芯加工工艺与实例

a. 圆形类。圆形型芯见图 5-4。

工艺分析：图 5-4 所示型芯为圆形整体式，结构简单，刚性

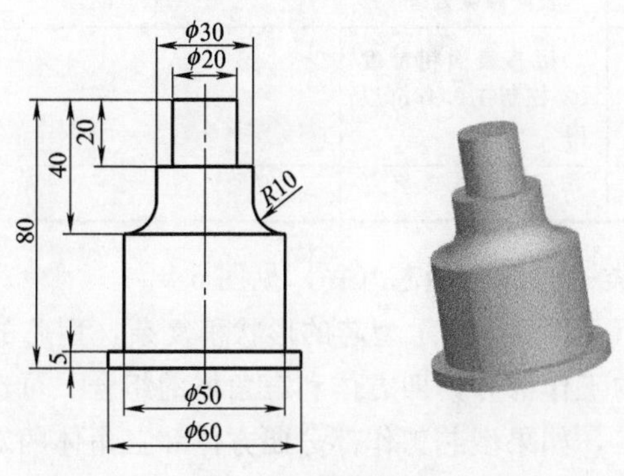

图 5-4 圆形型芯

好。选材后，适宜选择车削加工。为了保证过渡圆弧“$R10$”处的尺寸精度，应尽可能选用数控车床进行加工，工作部分“$\phi20$”的表面粗糙度 Ra 控制在 0.4μm 以内。

圆形型芯加工工艺过程见表 5-7。

表 5-7 圆形型芯加工工艺过程

序号	工艺名称	工艺内容	设备	工艺简图
1	备料	下圆棒料 ϕ70mm×110mm	锯床	
2	车削	车装夹基准，粗车型芯台阶	车床	
3	车削	车准各段尺寸	数控车床	
4	抛光	型芯表面粗糙度 Ra 控制在 0.8μm 以内	车床	
5	切断	取总长	车床	
6	检验			
7	热处理	表面渗碳处理		
8	抛光	型芯表面粗糙度 Ra 控制在 0.4μm 以内		
9	待装配			

b. 组合类一。组合型芯（一）见图 5-5。

工艺分析：图 5-5 所示型芯的形状稍复杂，型芯的固定部分为圆形，型芯的工作部分为四方体和三角体的组合。可选择两种加工方案进行加工，如果型芯工作部分四方体和三角体的对称要求不十分高，可选用车削外形→铣削或锉削加工型芯工作部分的加工方案

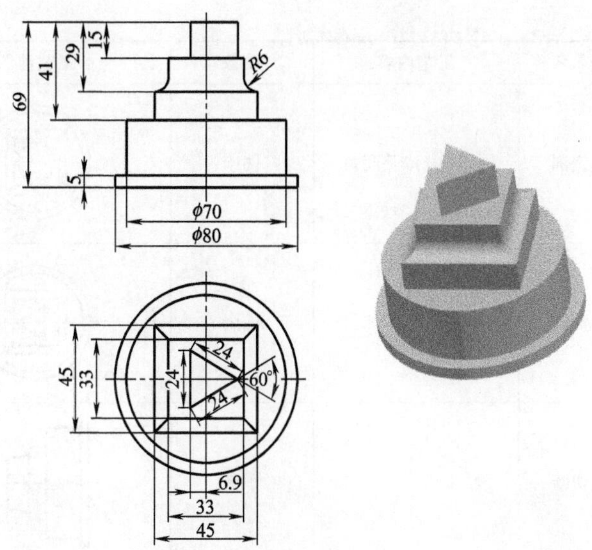

图 5-5　组合型芯（一）

完成加工。如果型芯工作部分四方体和三角体的对称要求较高且圆弧 R 精度要求也较高，则选用数控铣床完成加工。

组合型芯（一）加工工艺过程见表 5-8、表 5-9。

表 5-8　组合型芯（一）加工工艺过程（车削外形→铣削加工型芯工作部分）

序号	工艺名称	工艺内容	设备	工艺简图
1	备料	下圆棒料 ϕ90mm×110mm	锯床	
2	车削	车装夹基准，粗车型芯台阶	车床	
3	找正	分度头装夹找正	铣床	

续表

序号	工艺名称	工艺内容	设备	工艺简图
4	铣削	铣四方体及圆弧	铣床	
5	铣削	铣三角体	铣床	
6	切断	取总长	车床	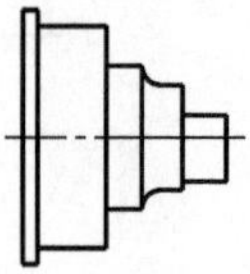
7	打光	表面粗糙度 Ra 控制在 0.8μm 以内	钳工	
8	检验			
9	热处理	表面渗碳		
10	抛光	型芯表面粗糙度 Ra 控制在 0.4μm 以内	超声波抛光机	
11	待装配			

表 5-9 组合型芯（一）加工工艺过程（数控铣削加工型芯工作部分）

序号	工艺名称	工艺内容	设备	工艺简图
1	备料	下圆棒料 ϕ90mm×110mm	锯床	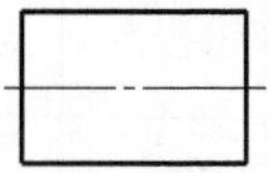
2	铣削	铣装夹基准	数控铣床	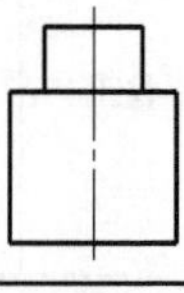

续表

序号	工艺名称	工艺内容	设备	工艺简图
3	铣削	一次装夹完成型芯工作部分铣削	数控铣床	
4	铣削	取总长	数控铣床	
5	打光	表面粗糙度 *Ra* 控制在 0.8μm 以内	钳工	
6	检验			
7	热处理	表面渗碳		
8	抛光	型芯表面粗糙度 *Ra* 控制在 0.4μm 以内	超声波抛光机	
9	待装配			

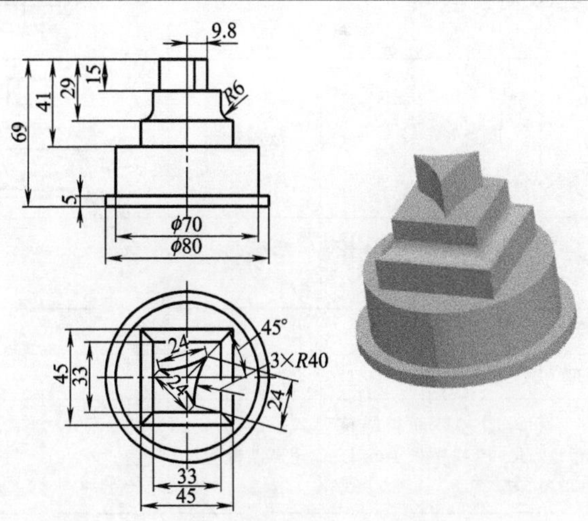

图 5-6　组合型芯（二）

c. 组合类二。组合型芯（二）见图 5-6。

工艺分析：图 5-6 所示型芯形状稍复杂，型芯工作部分上端为内凹圆弧三角体且有角度要求，除了采用数控铣床或加工中心机床加工外，一般通用设备加工很难满足该型芯的整体要求。因此，这类型芯的加工适宜在数控铣床或加工中心机床上加工。

其加工工艺过程见表 5-10。

表 5-10 组合型芯（二）加工工艺过程

序号	工艺名称	工艺内容	设备	工艺简图
1	备料	下圆棒料 ϕ90mm×110mm	锯床	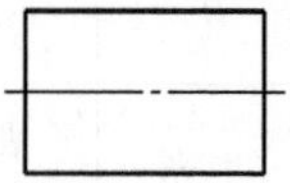
2	铣削	铣装夹基准	数控铣床	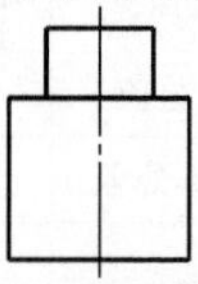
3	铣削	一次装夹完成型芯工作部分铣削	数控铣床	
4	铣削	取总长	数控铣床	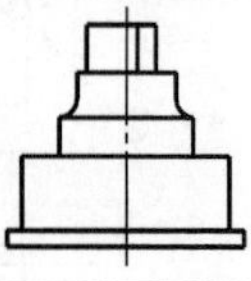
5	打光	表面粗糙度 Ra 控制在 0.8μm 以内	钳工	
6	检验			
7	热处理	表面渗碳		
8	抛光	型芯表面粗糙度 Ra 控制在 0.4μm 以内	超声波抛光机	
9	待装配			

d. 塑料水配件型芯加工。型芯（一）见图 5-7。

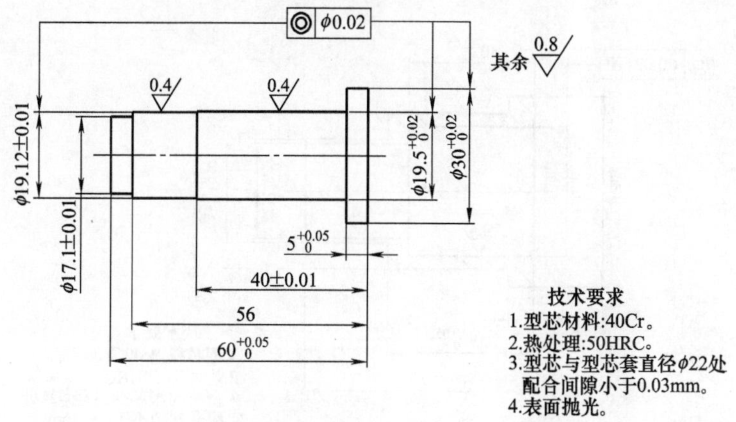

图 5-7　型芯（一）

型芯（一）加工工艺过程见表 5-11。

表 5-11　型芯（一）加工工艺过程

序号	工艺名称	工艺内容	设备	工艺简图
1	备料	下圆棒料 φ35mm×85mm	锯床	
2	车削	铣装夹基准，粗精车型芯工作部分	车床	
3	打光	表面粗糙度 *Ra* 控制在 0.8μm 以内	车床	
4	切断	取总长	车床	
5	检验			
6	热处理	表面渗碳		
7	抛光	型芯表面粗糙度 *Ra* 控制在 0.4μm 以内	超声波抛光机	
8	待装配			

型芯（二）见图 5-8。

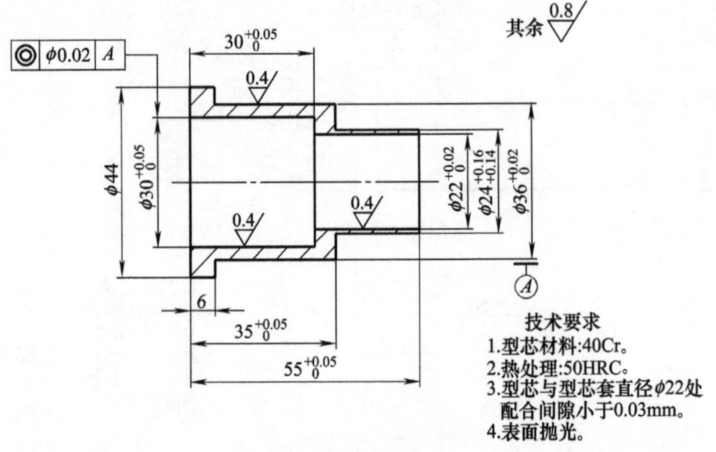

图 5-8　型芯（二）

型芯（二）加工工艺过程见表 5-12。

表 5-12　型芯（二）加工工艺过程

序号	工艺名称	工艺内容	设备	工艺简图
1	备料	下圆棒料 ϕ50mm×75mm	锯床	
2	车削	粗车总长，粗车型芯工作部分台阶外圆	车床	
3	钻孔、车孔	钻孔，粗、精车两内孔	车床	
4	车削	精车总长，上芯棒精车各外圆	车床	
5	打光	表面粗糙度 *Ra* 控制在 0.8μm 以内	车床	

续表

序号	工艺名称	工艺内容	设备	工艺简图
6	检验			
7	热处理	表面渗碳		
8	抛光	型芯表面粗糙度 Ra 控制在 0.4μm 以内	超声波抛光机	
9	待装配			

② 镶拼式型芯加工工艺与实例

a. 圆形复合镶拼式型芯。图 5-9（a）所示型芯是圆形复合式型芯，加工时如果采用“车削→电火花成型”的工艺，内、外型芯的同轴度不容易得到保证。如果整体采用数控车削加工，由于受内

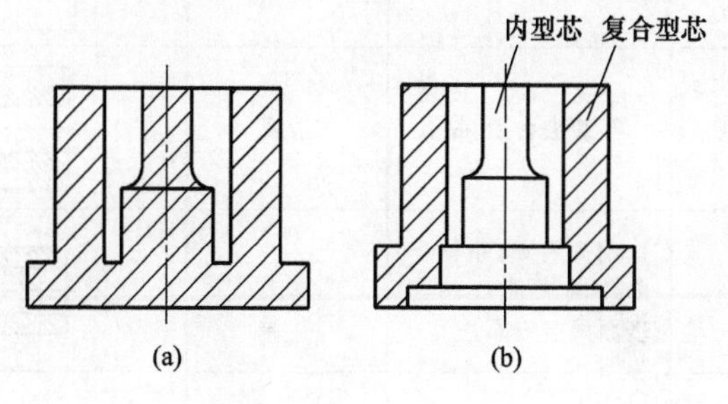

图 5-9　圆形复合式型芯

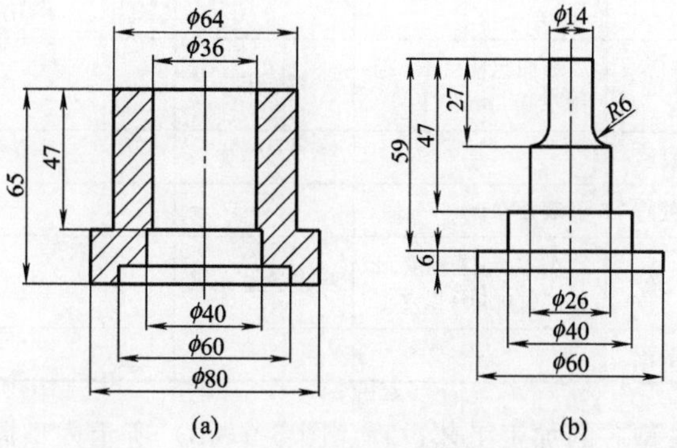

图 5-10　圆形复合镶拼式型芯零件简图

腔尺寸限制，保证内型芯各尺寸精度比较困难。因此在模具制造时，一般按图 5-9（b）所示制成镶拼式，同样采用数控车削加工，即可较容易保证零件的各项精度。

ⓐ 复合型芯的加工工艺过程。图 5-9（b）所示复合型芯可采用普通车床加工，控制好各项尺寸精度就能达到设计要求。图 5-10（a）所示为该复合型芯的零件简图，其车削加工工艺过程见表 5-13。

表 5-13　复合型芯加工工艺过程

序号	工艺名称	工艺内容	设备	工艺简图
1	备料	下圆棒料 ϕ90mm×100mm	锯床	
2	车削	车装夹台阶，钻孔	车床	
3	车削	调头装夹，粗精车内外圆表面（"ϕ64"表面用割刀车）	车床	
4	车削	切断，取总长	车床	
5	打光	表面粗糙度 Ra 控制在 0.8μm 以内	车床	
6	检验			
7	热处理	表面渗碳		
8	抛光	型芯表面粗糙度 Ra 控制在 0.4μm 以内	超声波抛光机	
9	待装配			

ⓑ 内型芯的加工工艺过程。图 5-9（b）所示内型芯"$R6$"圆弧需采用数控车床加工，因此在普车上粗车好各段外圆后上数控车

床一次成形就能达到设计要求。图 5-10（b）所示为该内型芯的零件简图，其车削加工工艺过程见表 5-14。

表 5-14　内型芯加工工艺过程

序号	工艺名称	工艺内容	设备	工艺简图
1	备料	下圆棒料 ϕ65mm×95mm	锯床	
2	车削	车装夹台阶，调头粗车型芯各段外圆	车床	
3	车削	精车型芯工作部分各段外圆	数控车床	
4	打光	表面粗糙度 Ra 控制在 0.8μm 以内	车床	
5	车削	切断，取总长	车床	
6	检验			
7	热处理	表面渗碳		
8	抛光	型芯表面粗糙度 Ra 控制在 0.4μm 以内	超声波抛光机	
9	待装配			

b. 组合镶拼式型芯。图 5-11 所示组合型芯形状较复杂，如采用整体加工，加工难度很大。生产实际中一般采用三件镶拼，组成一个镶拼式型芯来满足设计要求。加工时主要采用数控线切割机，分别按图加工固定体、三角型芯、四方型芯，最后装配成整体。

ⓐ 型芯固定体的加工工艺过程。图 5-12 所示型芯固定体的外轮廓为圆形，内轮廓为四方孔，内外轮廓中心必须同轴。外圆可通

过车加工得到，内轮廓四方孔可通过线切割得到。为保证达到同轴度要求，车加工外圆时必须在同一装夹位置加工好线切割的中心找正用工艺孔。

图 5-12 所示为型芯固定体零件简图，其加工工艺过程见表 5-15。

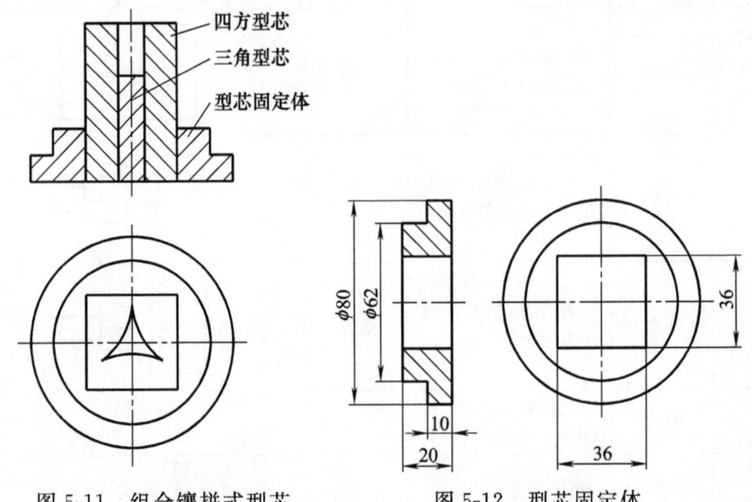

图 5-11 组合镶拼式型芯　　图 5-12 型芯固定体

表 5-15 型芯固定体加工工艺过程

序号	工艺名称	工艺内容	设备	工艺简图
1	备料	下圆棒料 $\phi85$mm×30mm	锯床	
2	车削	车装夹台阶，钻孔“$\phi8$”	车床	
3	车削	粗精车型芯工作部分各段外圆，车、铰工艺孔“$\phi8$H7”	车床	

续表

序号	工艺名称	工艺内容	设备	工艺简图
4	打光	表面粗糙度 Ra 控制在 0.8μm 以内	车床	
5	车削	切断,取总长	车床	
6	磨削	磨两端面:先磨大端面,后磨小端面	平面磨床	
7	装夹、找正	以大端面为基准装夹定位,用线切割机对中心功能找正	线切割机	
8	线切割	编程加工四方体孔"36×36"	线切割机	
9	检验			
10	待装配			

ⓑ 四方型芯的加工工艺过程。图 5-13 所示四方型芯，从外形看，外轮廓四方体可用多种加工方法获得，内凹弧孔只有采用线切

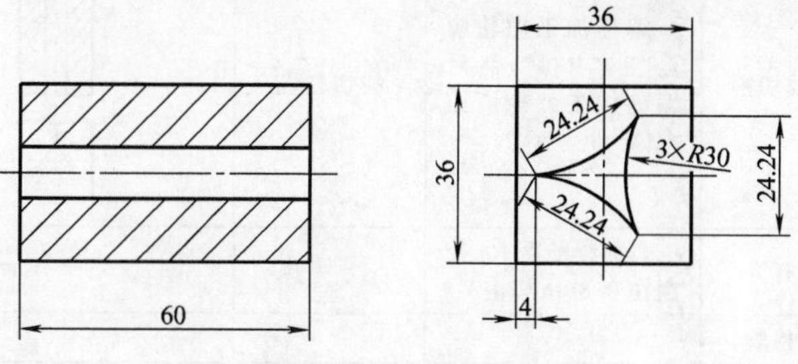

图 5-13　四方型芯

割加工，考虑到型芯内外轮廓中心有较高的对称度要求，在加工好两端面后，内、外轮廓通过线切割，一次装夹完成切削，就能保证达到设计要求。

表 5-16 为四方型芯的加工工艺过程。

表 5-16　四方型芯加工工艺过程

序号	工艺名称	工艺内容	设备	工艺简图
1	备料	下圆棒料 ϕ65mm×65mm	锯床	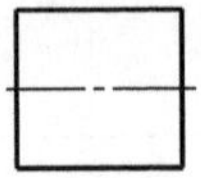
2	锻造	锻方料 60mm×60mm×65mm	锻压机	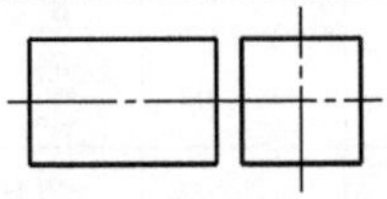
3	铣削	铣六面 56mm×56mm×61mm	铣床	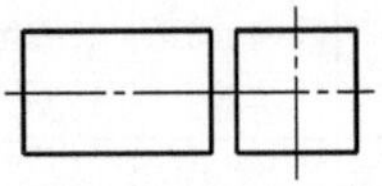
4	磨削	磨六面 55mm×55mm×60mm,保证两端面平行	磨床	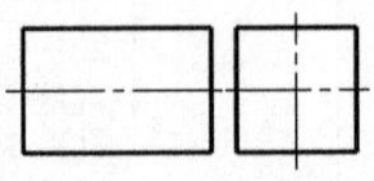
5	钻孔	钻“ϕ6”工艺孔	钻床	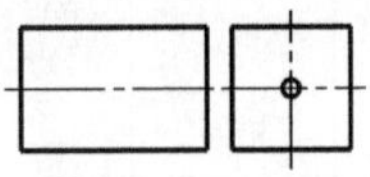
6	装夹、找正	以端面为基准装夹定位,注意夹紧点位置不得影响切割	线切割机	
7	线切割	编程加工内轮廓孔“3×R30”,然后编程加工外轮廓四方体	线切割机	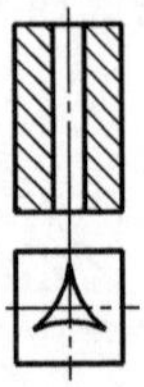
8	打光	表面粗糙度 Ra 控制在 0.8μm 以内		
9	检验			
10	待装配			

ⓒ 三角型芯的加工工艺过程。图 5-14 所示三角型芯外形特殊，尺寸要求较高，适宜采用线切割加工方法。

表 5-17 为三角型芯的加工工艺过程。

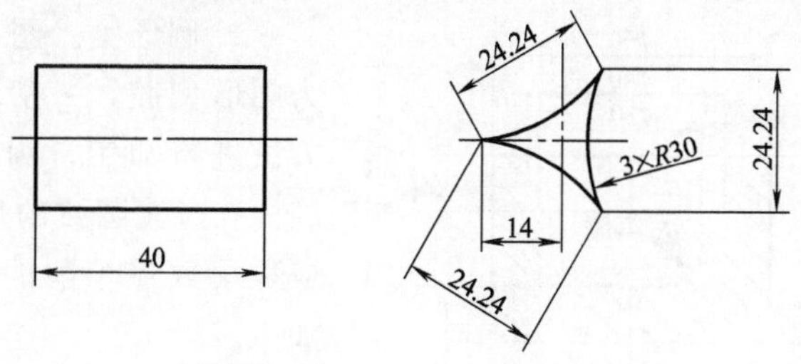

图 5-14　三角型芯

表 5-17　三角型芯加工工艺过程

序号	工艺名称	工艺内容	设备	工艺简图
1	备料	下圆棒料 ϕ35mm×45mm	锯床	
2	车削	车两端面	车床	
3	磨削	磨两端面	磨床	
4	装夹、找正	以端面为基准装夹定位，注意夹紧点位置应不影响切割	线切割机	
5	线切割	编程加工内凹弧三角体	线切割机	
6	打光	表面粗糙度 Ra 控制在 0.8μm 以内		
7	检验			
8	待装配			

ⓓ 型芯组装。以上三件加工好之后，为了防止组装后受外力作用相互位移，应配钻定位销，为了保证组装后的型芯整体有一定的强度，应进行渗碳处理，然后进行超声波抛光处理，最后完成

装配。

(2) 型腔的加工工艺方案与实例

① 整体式型腔加工工艺与实例

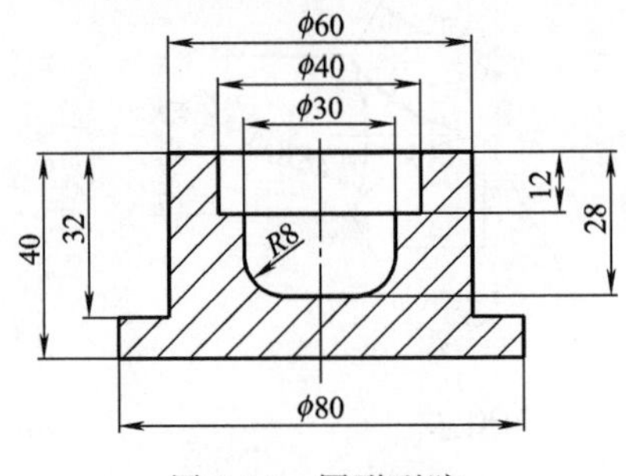

图 5-15 圆形型腔

a. 圆形类。图 5-15 所示为圆形型腔，一般采用车削方法进行加工。为了保证型腔内孔过渡圆弧的尺寸精度，应采用数控车削的方法完成加工。

表 5-18 为圆形型腔的加工工艺过程。

表 5-18 圆形型腔加工工艺过程

序号	工艺名称	工艺内容	设备	工艺简图
1	备料	下圆棒料 ϕ85mm×60mm	锯床	
2	车削	车装夹台阶，调头粗车型腔外圆，钻孔“ϕ28”	车床	
3	车削	粗、精车型腔内孔、外圆，调头车取总长	数控车床	
4	打光	表面粗糙度 Ra 控制在 0.8μm 以内	车床	
5	检验			
6	热处理	表面渗碳		
7	抛光	型芯表面粗糙度 Ra 控制在 0.4μm 以内	超声波抛光机	
8	待装配			

b. 组合类。图 5-16 为注塑模型腔滑块零件图。

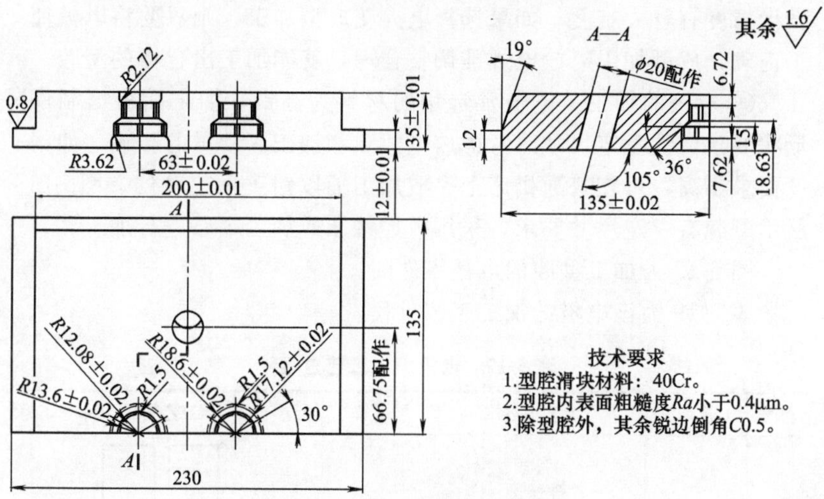

图 5-16　注塑模型腔滑块

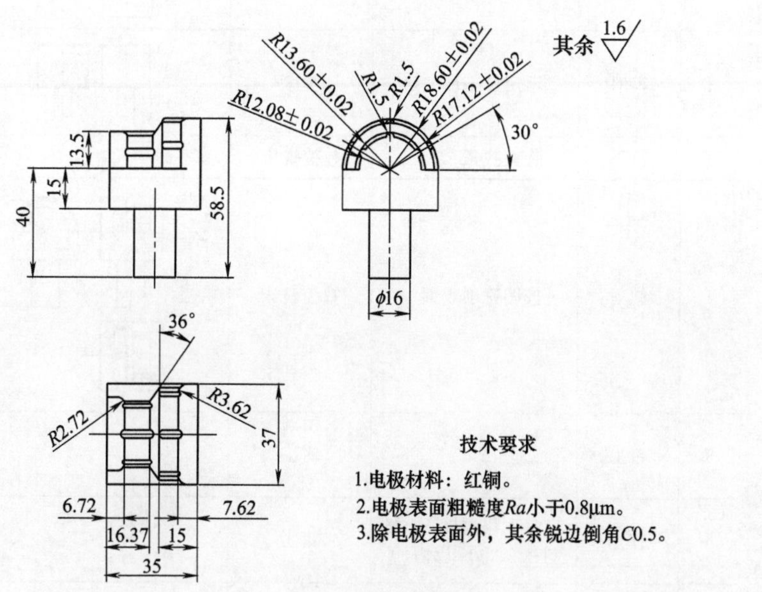

图 5-17　加工型腔的电极

图 5-16 所示型腔形体组合比较复杂，若采用分道加工要达到设计精度有较大难度。如果选择电火花成型加工，则只要将电极加工正确，成型加工时放电规准调整合理，就能加工出合格的型腔。

ⓐ 电极的加工。电极常选用的材料为红铜，加工前根据制件形状要求，注意定尺寸时考虑放电间隙和加工频动量的影响，如精度要求不高，可在普通机床上完成加工辅以钳工手工精修。图5-16所示型腔有一定尺寸要求，采用数控铣床或加工中心进行加工。

图 5-17 为加工型腔的电极零件图。

表 5-19 为该电极的加工工艺过程。

表 5-19 电极加工工艺过程

序号	工艺名称	工艺内容	设备	工艺简图
1	备料	下方料 47mm×45mm×68mm	锯床	
2	车削	车定位基准“ϕ16”	车床	
3	找正	装夹找正	数控铣床	
4	铣削	按图铣削表面	数控铣床	
5	钳工	按制件电极要求局部精修	钳工	
6	打光	表面粗糙度 Ra 控制在 0.8μm 以内	钳工	
7	检验			

ⓑ 型腔的成型加工工艺过程。型腔坯料在前节已加工好，“$\phi20$”斜孔待后配作，本节介绍型腔内表面的成型加工。表 5-20 为型腔的放电加工工艺过程。

表 5-20　型腔电火花加工工艺过程

序号	工艺名称	工艺内容	设备	工艺简图
1	装夹、找正	按要求将型腔滑块坯料装夹至成型机工作台，百分表找正定位	电火花成型机	
2	试放电	确定放电深度基准	电火花成型机	
3	加工	编入深度，调整电规准，加工型腔(1)	电火花成型机	
4	加工	调整位置，加工型腔(2)	电火花成型机	
5	钳工	按制件要求局部精修	钳工	
6	打光	表面粗糙度 Ra 控制在 $0.8\mu m$ 以内	钳工	
7	检验			

由于在这副注塑模具中，型腔滑块是成对使用的，因此在加工完一块型腔滑块后，应立即在电火花成型机加工另一半型腔滑块。

② 镶拼式型腔加工工艺与实例。图 5-18 所示为同一制件的两种型腔方式，如采用整体式结构，除内侧三角体需电火花成型加工

外，其余各表面可通过车、数铣加工达到图纸要求。如采用镶拼式结构，可通过车→线切割→钳工精修装配，方便地达到使用要求。相比而言，镶拼式结构加工能便捷地保证各项精度要求，具体加工过程如下。

a. 型腔主体加工工艺过程（一）。图 5-19 所示为型腔主体零件简图，表 5-21 为型腔主体的第一步加工工艺过程。

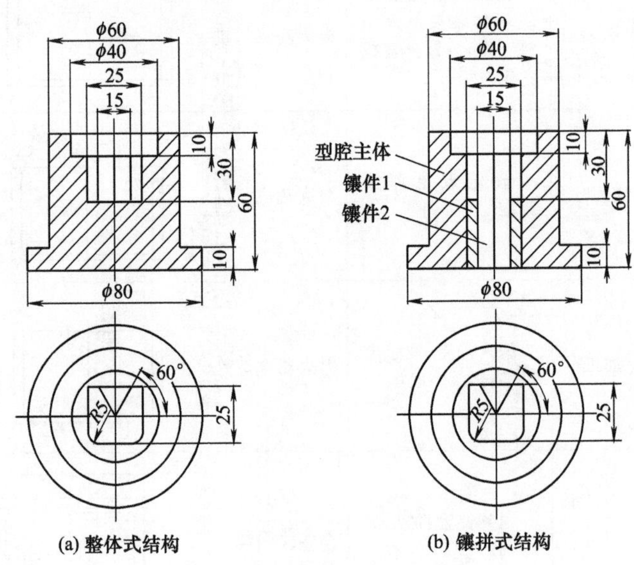

图 5-18　镶拼式型腔

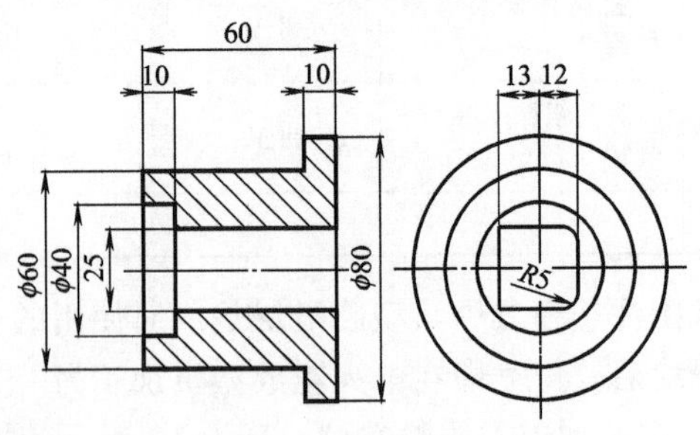

图 5-19　型腔主体

表 5-21　型腔主体加工工艺过程（一）

序号	工艺名称	工艺内容	设备	工艺简图
1	备料	下圆棒料 ϕ85mm×85mm	锯床	
2	车削	粗车端面、外圆，粗车“ϕ40”内孔	车床	
3	车削	钻中心孔、钻“ϕ5.8”通孔、铰孔“ϕ6H7” 精车“ϕ60”、“ϕ80”外圆，精车“ϕ40”内孔	车床	
4	车削	车取总长	车床	
5	磨削	磨两端面	磨床	
6	打光	表面粗糙度 Ra 控制在 0.8μm 以内	钳工	
7	检验	待后续加工		

b. 镶件 1 加工工艺过程。图 5-20 为镶件 1 零件简图，其外形是长方体上开一三角槽，零件整体加工工艺过程见表 5-22。

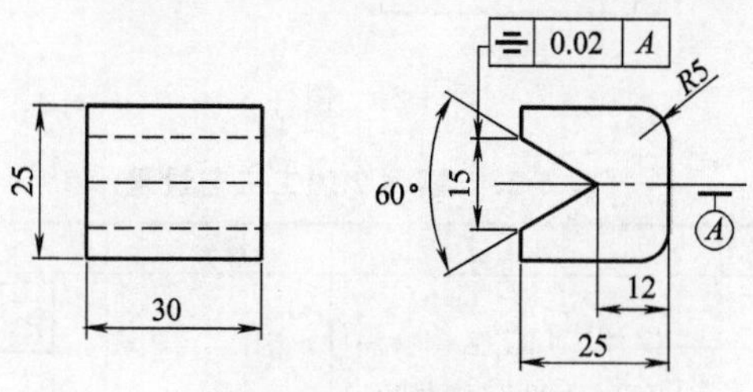

图 5-20　镶件 1

表 5-22　镶件 1 加工工艺过程

序号	工艺名称	工艺内容	设备	工艺简图
1	备料	下方料 35mm×60mm×165mm	锯床	
2	铣削	铣六面 31mm×51mm×160mm	铣床	
3	磨削	磨四侧平面 30mm×50mm×160mm	磨床	50 160 30
4	装夹	以磨过的大平面为基准定位	线切割机	
5	线切割	编程加工外形	线切割机	
6	打光	表面粗糙度 Ra 控制在 0.8μm 以内	钳工	
7	检验	待后续装配		

c. 镶件 2 加工工艺过程。镶件 2 为三棱柱，如图 5-21 所示，采用线切割加工，坯料用镶件 1 加工后的余料，加工工艺过程见表 5-23。

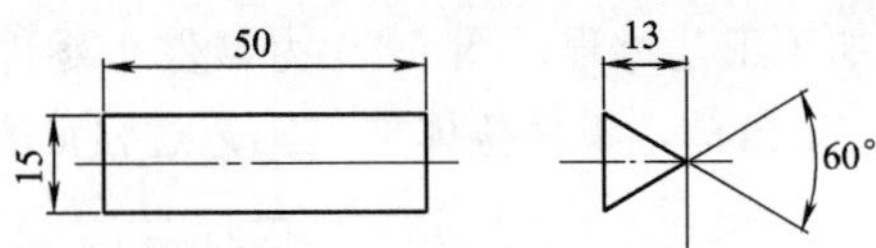

图 5-21　镶件 2

表 5-23　镶件 2 加工工艺过程

序号	工艺名称	工艺内容	设备	工艺简图
1	备料	镶件 1 加工后剩余料 30mm×50mm×160mm		50 30 160

续表

序号	工艺名称	工艺内容	设备	工艺简图
2	装夹	以磨过的“50”尺寸平面为基准定位	线切割机	
3	线切割	编程加工外形	线切割机	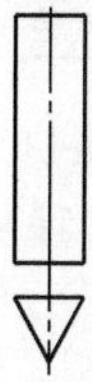
4	打光	表面粗糙度 Ra 控制在 0.8μm 以内	钳工	
5	检验	待后续装配		

d. 型腔主体加工工艺过程（二）。型腔主体的外形及工艺孔已加工好，镶件 1 和 2 加工好后，测其装配尺寸，然后线切割加工型腔主体的方孔，加工工艺过程见表 5-24。

表 5-24　型腔主体加工工艺过程（二）

序号	工艺名称	工艺内容	设备	工艺简图
1	备料	取型腔主体件		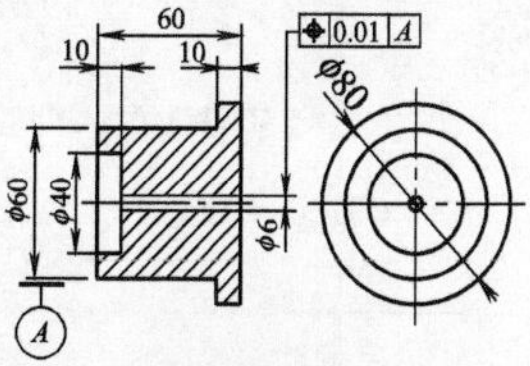 60 10 10 0.01 A ϕ80 ϕ60 ϕ40 ϕ6 A
2	装夹	以磨过的大平面为基准定位	线切割机	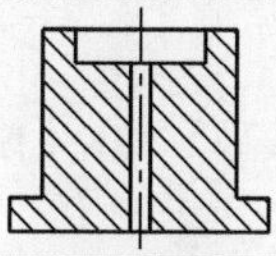
3	线切割	找准中心基准，编程加工内镶件孔	线切割机	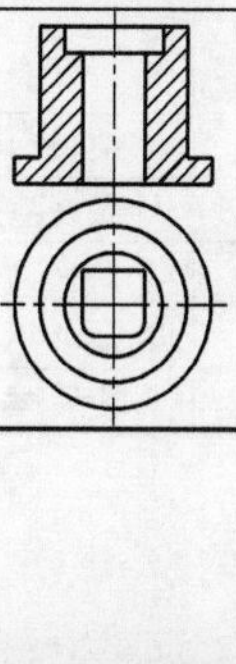

续表

序号	工艺名称	工艺内容	设备	工艺简图
4	打光	表面粗糙度 Ra 控制在 0.8μm 以内	钳工	
5	检验	待后续装配		

e. 镶拼式型腔组件装配。型腔组件装配图如图 5-22 所示，装配工艺过程见表 5-25。

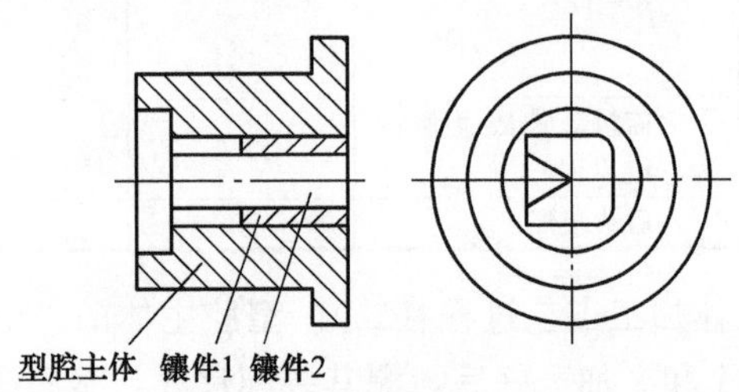

图 5-22 型腔组件装配图

表 5-25 型腔组件装配工艺过程

序号	工艺内容	工艺简图
1	镶件 1 配入型腔主体	镶件1 型腔主体
2	镶件 2 配入镶件 1	镶件2 镶件1 型腔主体
3	钻、铰孔，配作防松定位销	
4	表面渗碳热处理	
5	抛光，表面粗糙度 Ra 控制在 0.4μm 以内	
6	待后续总装配	

第四节　导滑槽的加工

在生产水配件的注塑模具中，采用型腔滑块结构，这主要考虑以下两方面原因：一方面模具分型后能获得制件；另一方面能方便侧向抽芯。为了使滑块导滑灵活，滑块的厚度、滑块导滑台阶尺寸、导滑面的平行度等相关精度应一致，滑移面之间间隙较小、表面粗糙度较低，否则，会影响生产制件的精度。

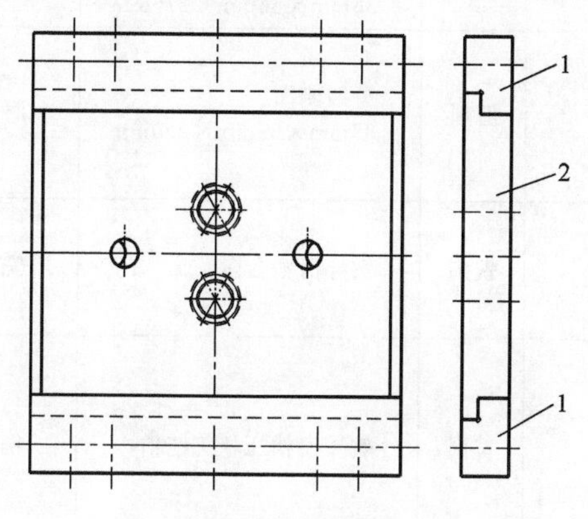

图 5-23　导滑槽

1—导滑槽压板；2—型腔滑块

导滑槽由两块导滑槽压板固定在模板上形成，如图 5-23 所示。

导滑槽压板零件图如图 5-24 所示，加工方法此处介绍两种，分别见表 5-26 和表 5-27。

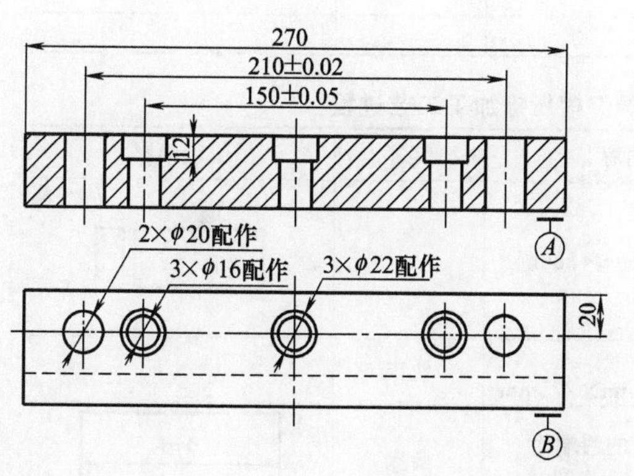

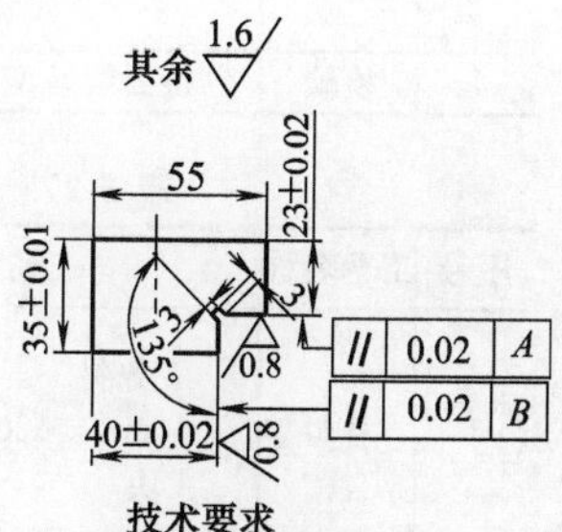

技术要求
1.压板材料：45钢。
2.所有孔均要求配作。
3.锐边倒角C1。

图 5-24　导滑槽压板

表 5-26　导滑槽压板加工工艺过程（一）

序号	工艺名称	工艺内容	设备	工艺简图
1	备料	下方料 45mm×60mm×280mm 2 块		
2	铣削	铣六面 36mm×56mm×270mm	铣床	
3	磨削	磨四侧面 35mm×55mm×280mm	磨床	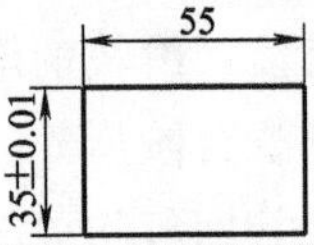 55 35±0.01
4	铣削	铣导滑槽台阶	铣床	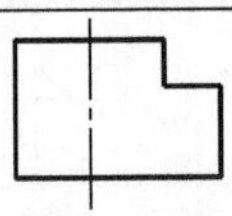
5	铣削	铣导滑槽压板工艺槽	铣床	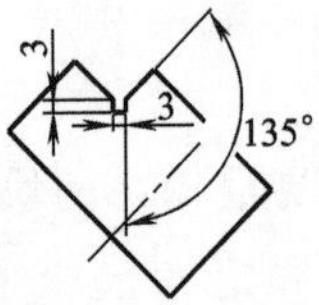 3 3 135°
6	手摇磨	磨导滑台阶有平行度要求的 4 个平面	手摇磨床	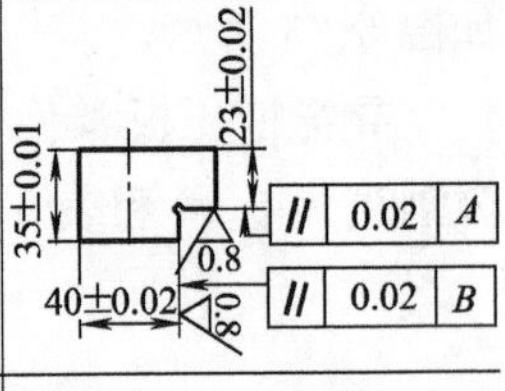 23±0.02 35±0.01 // 0.02 A 0.8 40±0.02 0.8 // 0.02 B
7	检验	待后续装配		

表 5-27　导滑槽压板加工工艺过程（二）

序号	工艺名称	工艺内容	设备	工艺简图
1	备料	下方料 60mm×120mm×280mm 1 块		
2	铣削	铣六面 55mm×115mm×271mm	铣床	
3	磨削	磨尺寸“270”的两端面 55mm×115mm×270mm	磨床	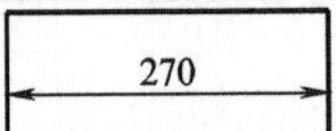 270

续表

序号	工艺名称	工艺内容	设备	工艺简图
4	装夹	以磨过的一端面为基准定位装夹	线切割机	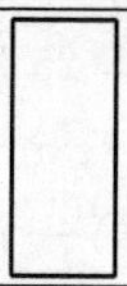
5	切割加工	编程，两块压板一次切割	线切割机	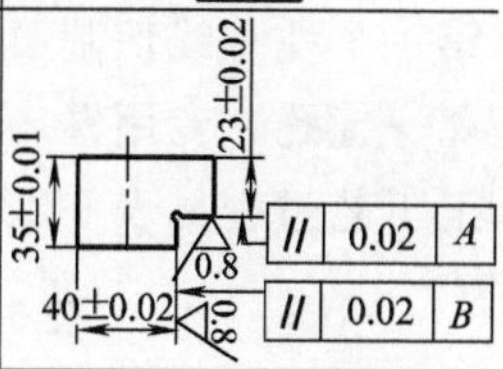23±0.02 35±0.01 0.8 40±0.02 0.8 // 0.02 A // 0.02 B
6	检验	待后续装配		

第五节 导柱孔的加工

(1) 直导柱孔的加工 注塑模具中的直导柱起定位作用，保证模具型芯与型腔每次分合过程中，都能准确进入型腔内，从而保证了打出的制件壁厚均匀。

为了保证模具的分合灵活平稳，制造模具时导柱和导套的轴线

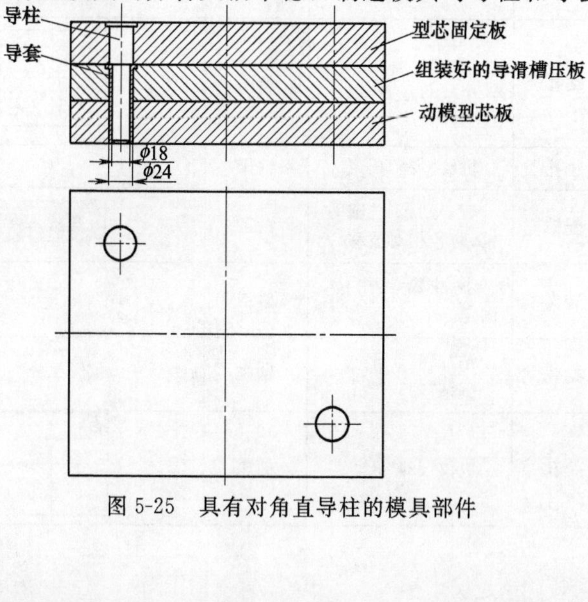

导柱
导套
型芯固定板
组装好的导滑槽压板
动模型芯板
φ18
φ24

图 5-25 具有对角直导柱的模具部件

必须同轴，两轴线与模具的分型面必须垂直。在加工直导柱孔考虑加工方案时需满足以上条件。

图 5-25 所示为一具有对角直导柱的模具部件示意图，导柱小端直径 ϕ18mm，大端直径 ϕ24mm，常用的加工工艺方案有以下四种：钻第一个孔→铰孔→配入工艺销→钻第二个孔→铰孔；线切割第一个孔→线切割第二个孔；数控铣钻第一个孔→镗孔→钻第二个孔→镗孔；专用镗床钻第一个孔→镗孔→钻第二个孔→镗孔。其加工工艺过程见表 5-28～表 5-31。

表 5-28 直导柱孔加工工艺过程（一）

序号	工艺名称	工艺内容	设备	工艺简图
1	备料	取已加工外形的型芯固定板、组装后的导滑槽压板、动模型芯板，取导柱、导套		
2	划线	划孔位尺寸线	钳工	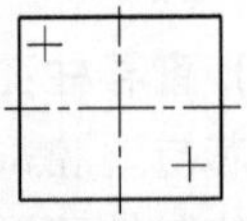
3	装夹	固定、定位	钳工	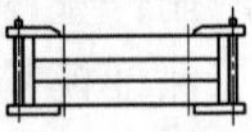
4	钻孔	钻“ϕ16”通孔 扩钻“ϕ23.7”孔	钻床	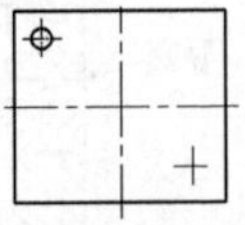
5	铰孔	机铰“ϕ24”孔	钻床	
6	配销	配入“ϕ24”圆柱销，防止相对位移	钳工	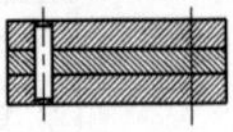
7	装夹	找准第二孔位，固定	钳工	
8	钻孔	钻“ϕ16”通孔 扩钻“ϕ23.7”孔	钻床	
9	铰孔	机铰“ϕ24”孔	钻床	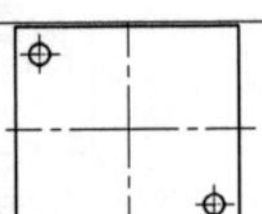

续表

序号	工艺名称	工艺内容	设备	工艺简图
10	配销	配入“$\phi24$”圆柱销	钳工	
11	扩钻	扩钻台阶孔	钻床	
12	修整	去毛刺，精修	钳工	
13	组装	配入导柱、导套	钳工	
14	调整	模板分合准确灵活		
15	检验	待后续加工		

表 5-29　直导柱孔加工工艺过程（二）

序号	工艺名称	工艺内容	设备	工艺简图
1	备料	取已加工外形的型芯固定板、组装后的导滑槽压板、动模型芯板，取导柱、导套		
2	划线	划孔位尺寸线	钳工	
3	钻孔	钻“$\phi6$”工艺孔	钻床	
4	装夹	装夹找正加工基准	线切割机	
5	线切割	编程加工一个孔至“$\phi24$”尺寸	线切割机	
6	跳步	拆下钼丝，机床跳步至第二孔位，装丝	线切割机	

续表

序号	工艺名称	工艺内容	设备	工艺简图
7	线切割	编程加工另一个孔至“$\phi24$”尺寸	线切割机	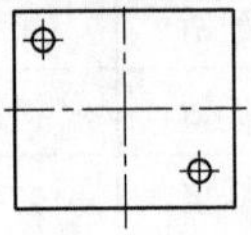
8	锪孔	锪导柱、导套台阶平底孔	钻床	
9	组装	配入导柱、导套	钳工	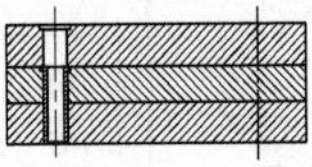
10	调整	模板分合准确灵活		
11	检验	待后续加工		

表 5-30　直导柱孔加工工艺过程（三）

序号	工艺名称	工艺内容	设备	工艺简图
1	备料	取已加工外形的型芯固定板、组装后的导滑槽压板、动模型芯板，取导柱、导套		
2	装夹	在机床工作台上装夹找正加工基准	数控铣床	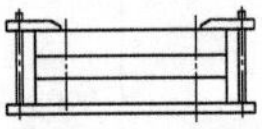
3	铣削	分中后在两个孔位钻孔、精镗、铣台阶孔至尺寸	数控铣床	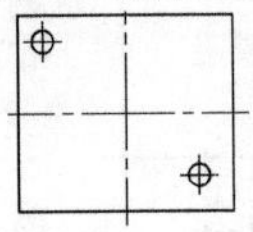
4	整修	去毛刺，精修	钳工	
5	组装	配入导柱、导套	钳工	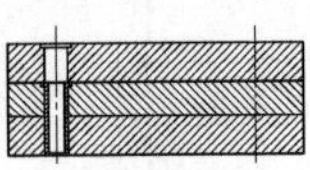
6	调整	模板分合准确灵活		
7	检验	待后续加工		

表 5-31　直导柱孔加工工艺过程（四）

序号	工艺名称	工艺内容	设备	工艺简图
1	备料	取已加工外形的型芯固定板、组装后的导滑槽压板、动模型芯板，取导柱、导套		
2	装夹	在机床工作台上装夹找正加工基准	镗床	
3	钻镗	对刀后至第一孔位，钻孔、粗精镗台阶孔至尺寸	镗床	
4	钻镗	按孔距尺寸调整机床主轴至第二孔位钻孔、粗精镗台阶孔至尺寸	镗床	
5	整修	去毛刺，精修	钳工	
6	组装	配入导柱、导套	钳工	
7	调整	模板分合准确灵活		
8	检验	待后续加工		

（2）斜导柱孔的加工　一般制件在设计注塑模具时都是按注射机锁模方向轴向分型，能比较方便地取出制件。但有些制件需按注塑机锁模方向轴向和垂直方向两个方向分型，如图 5-26 所示制件，这样就需要在轴向分型取件的基础上，增加侧向抽芯或侧向分型机构，便于顺利取得制件。

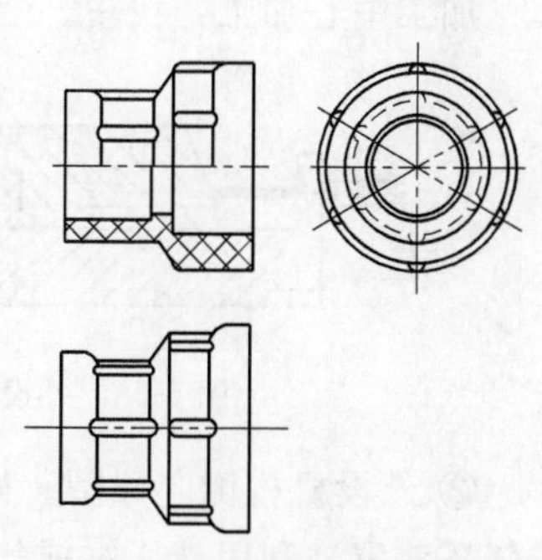

图 5-26　需要轴向与垂直两个方向分型的制件

按侧向抽芯或分型的动力源来区分，有手动和机动两种方式，手动侧向抽芯可用手动抽拔法或螺纹旋转法。机动侧向抽芯可利用斜导柱斜面摩擦法或模具外侧增设液压或气压装置的方法来实现。

① 斜导柱斜面摩擦法。常见的

斜导柱侧向分型机构如图 5-27 所示，利用斜导柱一侧与斜导柱孔壁产生的侧向力，形成滑块侧向移动分型的抽拔力，达到侧向抽芯分型的目的。

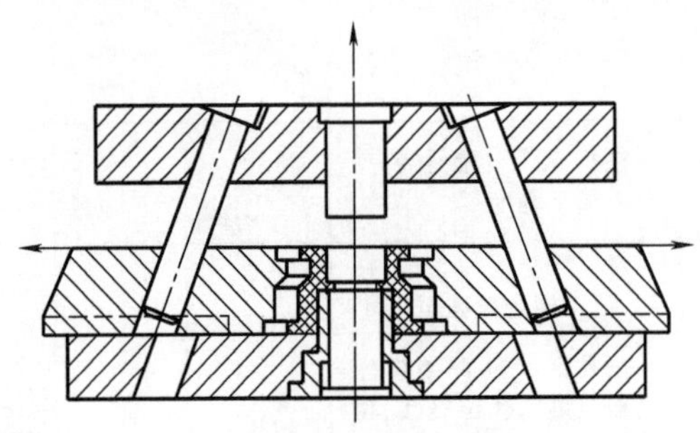

图 5-27 斜导柱侧向分型机构

斜导柱孔的加工，可根据模具的工作精度和设备条件进行选择，一般有如下几种。

普通钳工：划线→平口钳装夹→找正→钻孔→铰孔。

钳工配合专用夹具：划线→专用夹具找正、固定→钻孔→铰孔。

铣床加工：划线→平口钳装夹找正、调整铣床主轴角度→钻孔→铰孔。

铣床配合夹具：划线→专用夹具找正、定位→钻孔→铰孔。

加工中心加工：找正、装夹→钻孔→镗孔。

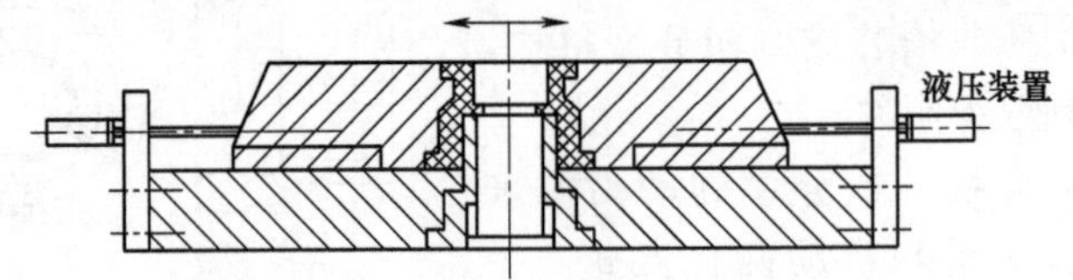

图 5-28 外设液压装置侧向分型机构

② 外设机构侧向分型。如图 5-28 所示，在模具外侧增设液压或气压装置，利用液压缸或气压缸提供的拉、压力作为滑块移动的分型力，达到侧向抽芯与分型的目的。这种侧向分型方法分型力平

稳、分型力大而且可靠。

具有该结构的注塑模具中，导滑抽芯系统仍必须加工并达到要求，但不再需要加工斜导柱孔。

③ 斜导柱孔的加工工艺过程

a. 普通钳工加工斜导柱孔步骤

ⓐ 准备：取组合好待加工斜导柱孔的模具零件，检查组配精度。

ⓑ 划线：划孔位置和孔距中心线，划斜导柱孔轴心检验辅助线，冲眼，如图 5-29 所示。

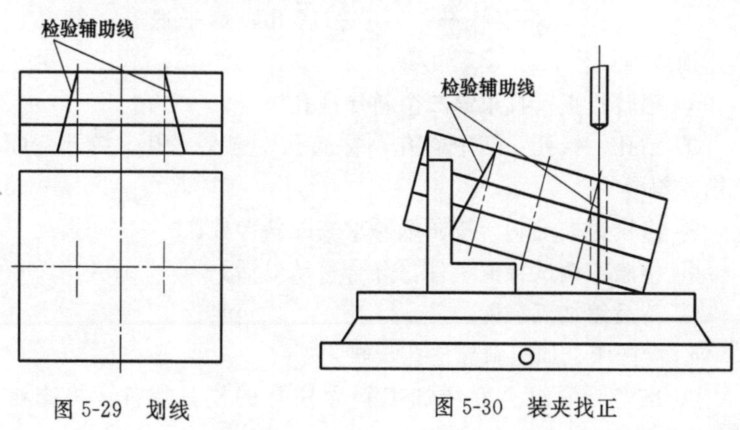

图 5-29　划线　　　　图 5-30　装夹找正

ⓒ 装夹找正：如图 5-30 所示，用平口钳装夹，按检验辅助线找正待钻斜导柱孔中心线与钻床轴心线平行，再找正待加工孔位置中心。

ⓓ 钻孔、铰孔：在找正好的孔位钻中心孔、钻底孔、锪平底孔、铰孔、配工艺销或斜导柱（防止钻第二个孔时相对位移）。

ⓔ 按ⓒ、ⓓ加工第二个斜导柱孔，并配入工艺销或斜导柱。

ⓕ 组配：修锐边、去毛刺，按图纸要求装配斜导柱。

ⓖ 检验：调试装配组件，分合移动灵活。

ⓗ 待后续加工装配。

b. 普通钳工结合专用夹具加工斜导柱孔步骤

ⓐ 准备：取组合好待加工斜导柱孔的模具零件，检查组配精度。

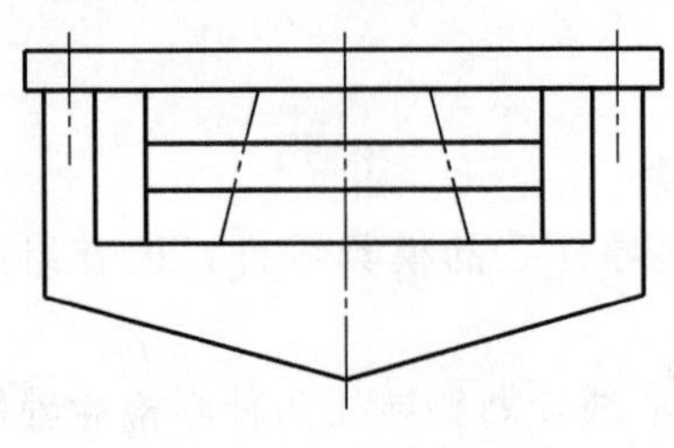
图 5-31 专用钻夹具

ⓑ 划线：划孔位置和孔距中心线。

ⓒ 装夹找正：使用图 5-31 所示的专用钻夹具，找正待钻斜导柱孔中心线，再找正待加工孔位置中心。

ⓓ 钻孔、铰孔：钻中心孔、钻底孔、锪平底孔、铰孔、配工艺销或斜导柱。

ⓔ 翻转找正：找正第二个斜导柱孔中心。

ⓕ 钻孔、铰孔：钻中心孔、钻底孔、锪平底孔、铰孔、配工艺销或斜导柱。

ⓖ 修锐边去毛刺，按图纸要求装配斜导柱。

ⓗ 检验：调试装配组件，分合移动灵活。

ⓘ 待后续加工装配。

c. 在铣床上加工斜导柱孔步骤

ⓐ 准备：取组合好待加工斜导柱孔的模具零件，检查组配精度。

ⓑ 划线：划孔位置和孔距中心线，冲眼。

ⓒ 装夹找正：用平口钳装夹定位。

ⓓ 调整：如图 5-32 所示，转动铣床刀具主轴角度，保证铣床主轴轴线与待加工斜导柱孔中心线一致。

ⓔ 找正：找正工件基准，找正第一个斜导柱孔中心。

ⓕ 锪孔：锪斜导柱台阶平底

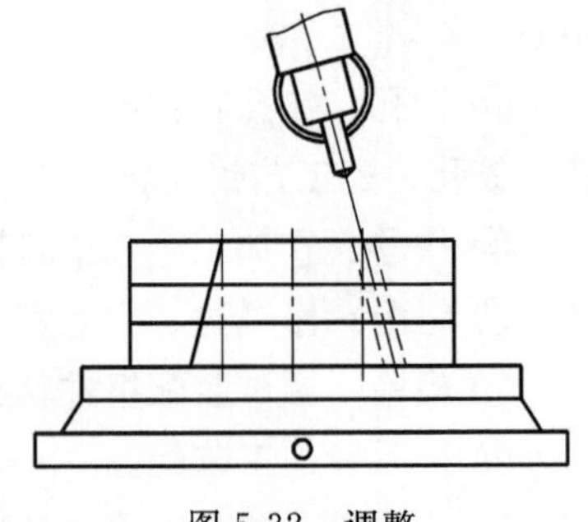
图 5-32 调整

孔，为后续钻孔提供加工平面。

ⓖ 钻孔、铰孔：钻中心孔、钻底孔、铰孔、配工艺销或斜导柱。

ⓗ 调整：向相反方向转动铣床刀具主轴，保证铣床主轴轴线与第二个斜导柱孔中心线一致。

ⓘ 锪孔、钻孔、铰孔：按ⓕ、ⓖ加工第二个斜导柱孔。

ⓙ 修锐边去毛刺，按图纸要求装配斜导柱。

ⓚ 检验：调试装配组件，分合移动灵活。

ⓛ 待后续加工装配。

d. 铣床结合夹具加工斜导柱孔步骤

ⓐ 准备：取组合好待加工斜导柱孔的模具零件，检查组配精度。

ⓑ 划线：划孔位置和孔距中心线，冲眼。

ⓒ 装夹：如图 5-33 所示，将专用夹具体固定于铣床工作台上，将待加工零件定位于夹具体中并固定。

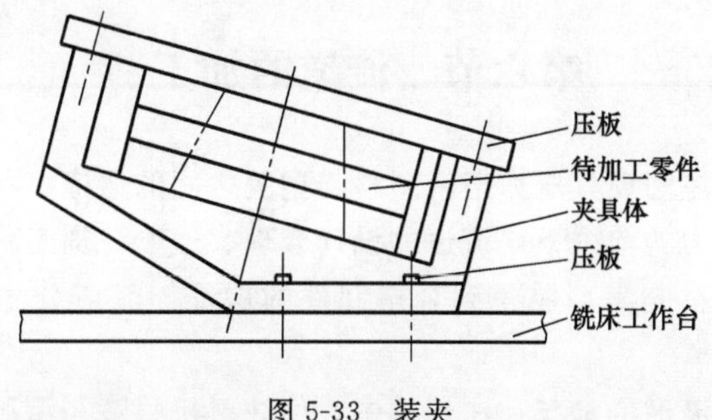

图 5-33　装夹

ⓓ 找正：找正待加工孔位置中心。

ⓔ 锪孔：锪斜导柱台阶平底孔。

ⓕ 钻孔：钻中心孔、钻底孔。

ⓖ 铰或铣孔：铰孔或铣孔至尺寸，配工艺销或斜导柱。

ⓗ 装夹找正：装夹找正第二个斜导柱孔位置中心。

ⓘ 钻孔、铰孔：按ⓔ～ⓖ加工第二个斜导柱孔。

ⓙ 修锐边、去毛刺，按图纸要求装配斜导柱。

ⓚ 检验：调试装配组件，分合移动灵活。

ⓛ 待后续加工装配。

e. 四轴加工中心加工斜导柱孔步骤

ⓐ 准备：取组合好待加工斜导柱孔的模具零件，检查组配精度。

ⓑ 装夹：用平口钳在机床工作台上装夹定位。

ⓒ 找正：找正加工基准，找正待加工孔位置中心。

ⓓ 编程：按斜导柱孔角度、孔径、孔距等精度要求，确定加工参数，确定刀号。

ⓔ 加工：加工第一个斜导柱孔，配入工艺销，加工第二个斜导柱孔。

ⓕ 修锐边、去毛刺，按图纸要求装配斜导柱。

ⓖ 检验：调试装配组件，分合移动灵活。

ⓗ 待后续加工装配。

第六节 流道的加工

流道是注塑模具压力熔融塑料与型腔之间的通道，在熔融塑料具有足够压力的前提下，流道的设计合理、通畅，加工精度符合要求等，是熔料充满型腔得到合格制件的保证。流道分主流道和分流道。

(1) 主流道的加工 注塑模中，使注射机喷嘴与型腔或与分流道连接的这一段进料通道称为主流道，是压力熔料与分流道之间的通道。图 5-34 所示为水配件注塑模具的主流道，也称浇口套。

流道口的内球面半径 R 要与注射喷嘴外圆球面相匹配，且稍小于外圆弧半径。为了使压力熔料顺利通过主流道，并尽量减少压力损耗，主流道应呈圆锥孔形状，内圆锥孔表面粗糙度 Ra 达 0.4μm。

主流道的加工工艺过程见表 5-32。

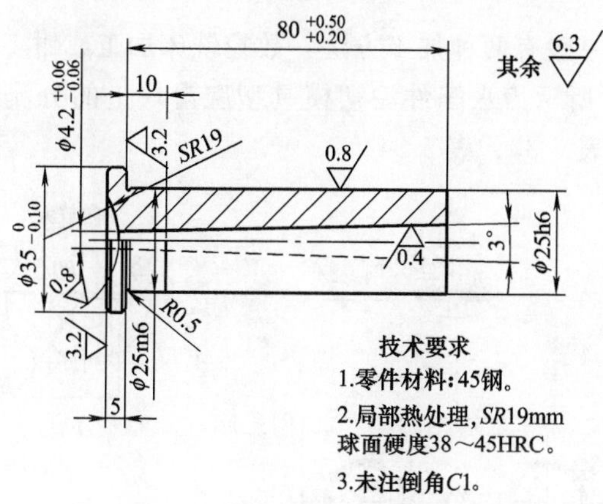

图 5-34　水配件注塑模具的主流道

表 5-32　主流道加工工艺过程

序号	工艺名称	工艺内容	设备	工艺简图
1	备料	锯圆棒料 ϕ40mm×120mm	锯床	
2	车削	车装夹基准，调头车“ϕ35”、“ϕ25”外圆，车越程槽，钻“ϕ3.8”、“ϕ6”孔	车床	
3	车削	掉头取总长，车内圆球面	车床	
4	铰孔	手铰 3°的锥孔	钳工	
5	热处理	局部热处理“SR19”球面		
6	研磨	研磨“SR19”球面、内锥孔、“ϕ25”外圆	研磨机	
7	检验	待后续加工		

(2) 分流道的加工　分流道是主流道和浇口的进料通道，是压力熔料由主流道流入型腔的通道。分流道从主流道起，截面由大到小，由深到浅。分流道的表面粗糙度 Ra 一般应小于 0.4μm。为了不影响制件的表面美观等要求，应合理选择型腔分流道的入口

位置。

分流道一般有两种加工方法：数控铣床加工或钳工錾削加工。

图 5-35 所示为水配件注塑模具型腔滑块上的分流道，其加工工艺过程见表 5-33、表 5-34。

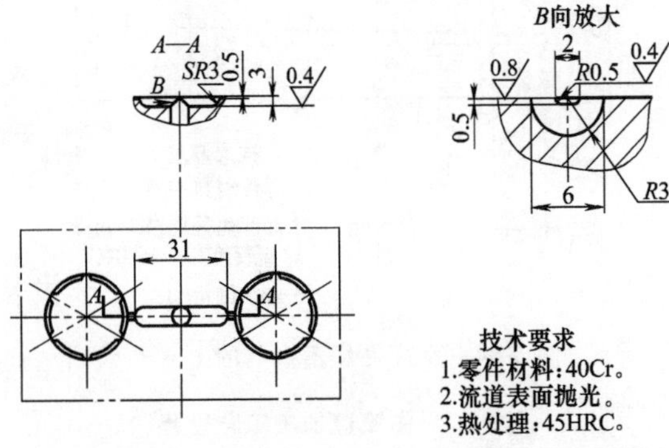

图 5-35　水配件注塑模具型腔滑块上的分流道

表 5-33　数控铣床加工分流道工艺过程

序号	工艺名称	工艺内容	设备	工艺简图
1	备料	待加工分流道的型腔滑块组合		
2	装夹	在机床工作台上找正、定位工件	数控铣床	
3	铣削	对刀、编程 粗、精加工分流道	数控铣床	
4	打光	分流道表面打光，表面粗糙度 Ra 达 0.8μm	钳工	
5	热处理			

续表

序号	工艺名称	工艺内容	设备	工艺简图
6	抛光	分流道表面打光，表面粗糙度 Ra 达0.4μm	抛光机	
7	检验	待后续装配		

钳加工分流道工艺过程见表 5-34。

表 5-34　钳加工分流道工艺过程

序号	工艺名称	工艺内容	设备	工艺简图
1	备料	待加工分流道的型腔滑块组合		
2	装夹	用台虎钳或夹板固定滑块组合	钳工	
3	錾削	用油槽錾分粗、半精、精加工分流道	钳工	
4	精修	用什锦锉手工精修分流道表面，降低其表面粗糙度值	钳工	
5	热处理			
6	抛光	分流道表面打光，表面粗糙度 Ra 达0.4μm	抛光机	
7	检验	待后续装配		

第七节　型芯孔的加工

为保证注塑机生产出的制件孔壁均匀，注射成型时必须使型芯始终位于型腔中央，而且同一型腔内双向抽芯的两个型芯的轴线必须同轴于型腔孔轴线。图 5-36 所示为水配件注塑模具的型芯孔位置图，在注塑模具加工制造时，为保证上述精度要求，一般可采用以下几种方法加工型芯孔。

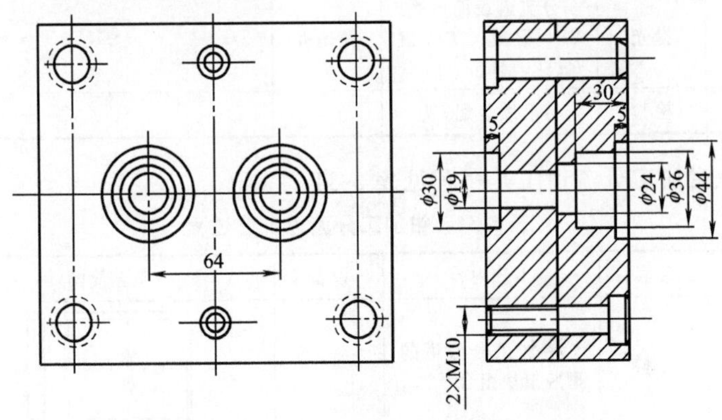

图 5-36　水配件注塑模具的型芯孔位置

(1) 采用四爪卡盘装夹找正在车床上加工　图 5-36 所示两型芯孔除型芯定位台阶孔“φ30”以外，其余的几个孔均从右向左由大到小排列，适宜采用在一个装夹位置加工，可在车床上用四爪卡盘装夹待加工模具坯料，四爪卡盘固定于车床主轴法兰，找正孔位后，加工孔时由小到大，由浅到深分别加工，保证了两型芯孔同轴度达到设计要求。其加工工艺过程见表 5-35。

表 5-35　型芯孔加工工艺过程（一）

序号	工艺名称	工艺内容	设备	工艺简图
1	准备	检查模具坯料精度，按要求组装成坯料部件，用螺钉紧固	检查组装	
2	装夹找正	用四爪卡盘装夹，以孔中心找正定位	车床	
3	车削	为方便测量，先加工型芯位置(1)的通孔“φ19”	车床	

续表

序号	工艺名称	工艺内容	设备	工艺简图
4	车削	加工型芯位置(1)阶梯孔"ϕ44"、"ϕ36"、"ϕ24"	车床	
5	装夹找正	装夹找正型芯位置(2)的孔中心	车床	
6	车削	加工型芯位置(2)的通孔"ϕ19"	车床	
7	车削	加工型芯位置(2)阶梯孔"ϕ44"、"ϕ36"、"ϕ24"	车床	
8	装夹找正	将已加工的模具坯料卸下，反向重新装夹，找正位置(1)定位	车床	
9	车削	车削加工"ϕ24"孔	车床	
10	装夹找正	按序号 8 同样的方法和要求找正另一待加工孔"ϕ24"的孔位	车床	
11	车削	按序号 9 同样的方法和要求车削加工"ϕ24"孔	车床	
12	检验	去毛刺，检测各孔加工精度，待后续加工		

上述加工过程也可利用机用虎钳装夹在铣床或数控铣床上完成加工。

(2) 在数控铣床上加工　如图 5-37 所示型芯孔，共两组，孔径大小排列顺序与图 5-36 不同，采用数控铣床加工，为了保证上下型芯孔同轴度要求，可采用以下工序加工：机用虎钳装夹，按孔中心找正，先加工一个位置上"ϕ19"通孔，再分别加工"ϕ44"、

“$\phi36$”、“$\phi24$”孔，拆卸螺钉，取下已加工孔的模具坯料，再加工另一块模板上的“$\phi30$”孔，这样就使两块模具坯料上的不同直径孔在同一装夹工位上加工完成，保证了两型芯孔的同轴度要求。另一侧“$\phi24$”孔待翻面装夹找正孔位后加工。

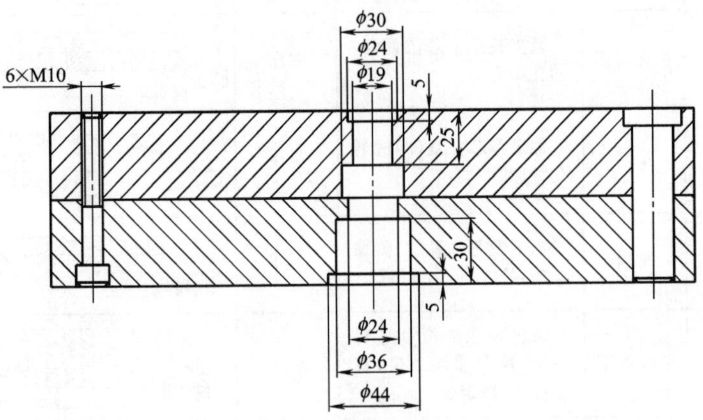

图 5-37　型芯孔位置

型芯孔的具体加工工艺过程见表 5-36。

表 5-36　型芯孔加工工艺过程（二）

序号	工艺名称	工艺内容	设备	工艺简图
1	准备	检测精度，导柱定位，螺钉紧固	钳工	
2	装夹找正	以侧面基准找正位置(1)，定位，装夹固定	数铣	
3	铣削	钻、镗加工型芯孔位置(1)“$\phi19$”的孔，以便后续镗孔加工	数铣	
4	镗孔	镗加工位置(1)阶梯孔“$\phi44$”、“$\phi36$”、“$\phi24$”	数铣	

续表

序号	工艺名称	工艺内容	设备	工艺简图
5	调整	卸下螺钉，取下已加工的一块模具板料	数铣	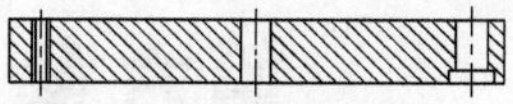
6	镗孔	镗加工"ϕ30"孔	数铣	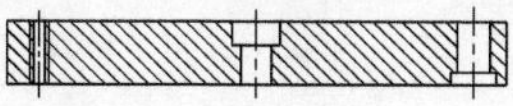
7	装夹找正	翻面装夹，以孔找正待加工台阶孔的中心位置	数铣	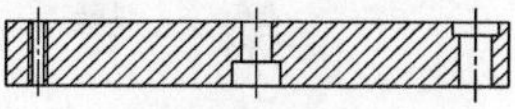
8	镗削	加工台阶定位"ϕ24"的孔	数铣	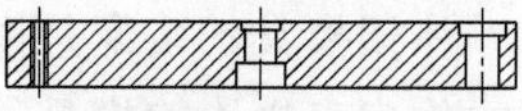
9	装夹找正	装夹定位，找正位置(2)孔中心位置	数铣	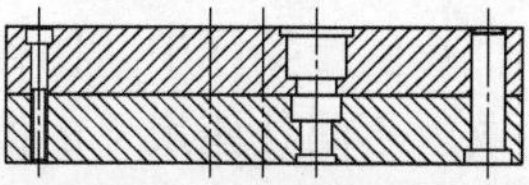
10	镗孔	钻孔、镗削加工"ϕ19"通孔	数铣	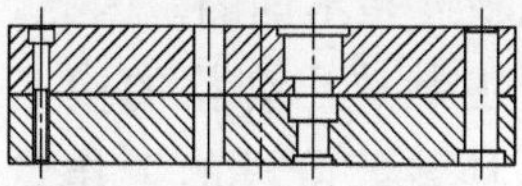
11	镗孔	按要求镗削加工"ϕ44"、"ϕ36"、"ϕ24"的孔	数铣	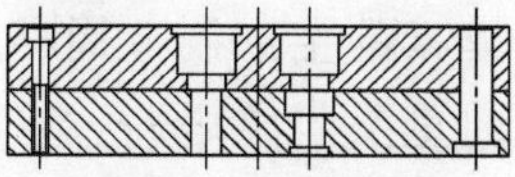
12	调整	卸下螺钉，取下已加工的一块模具板料	数铣	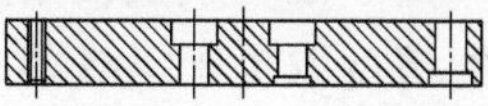
13	镗削	镗削加工"ϕ30"孔	数铣	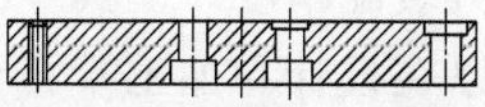
14	装夹找正	模板翻面装夹，以孔中心找正定位	数铣	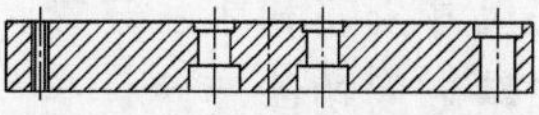
15	镗削	镗削加工"ϕ24"孔	数铣	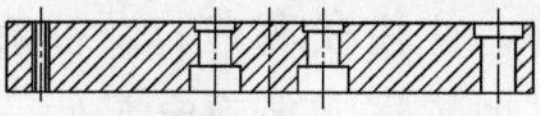
16	检验	综合检测各孔加工精度和位置精度		

在数控铣床或加工中心上铣削型芯孔时，为节约加工辅助时间和换刀次数，也可以在一个装夹位置将两个位置的型芯孔同时加工出来。

第六章 注塑模具的装配

第一节 注塑模具装配工艺知识

注塑模具的装配是模具制造整个过程的最后环节，模具装配质量的优劣直接影响模具的精度、使用寿命以及各部件的设计功能。

在生产实际中，同样加工精度的模具零件，采用不同的装配工艺或由不同技能水平的操作技术人员进行装配，所得到的模具总装配精度是不同的。因此，要制造出一副合格的注塑模具，除了要加工制造出合格的模具零件外，还必须正确装配好模具。同时模具装配阶段的工作量比较大，不合理安排好装配工艺，将影响模具的生产制造周期和生产成本。因此模具装配是模具制造中的重要步骤之一。

由于注塑成型模具是由模具零、部件装配而成的，所以模具的装配精度取决于模具零、部件的加工精度和相应的装配工艺所得的模具装配精度。模具零件的加工精度是保证模具装配精度的基础。所以在设计和加工模具零件时，必须严格控制模具零件的形状、相关尺寸公差和相互位置、形状精度等要求，在装配后应仍能满足装配精度的功能要求；另一方面，对一些装配精度要求高的注塑模具，往往在现有的设备条件下难以达到精度要求，此时，可根据经济加工精度来确定零件的制造公差，以便于加工，但在装配时，必须采取正确合理的装配、调整方法来确保模具的装配精度。

对模具装配的操作工而言，不能简单地将模具零件组装成为一副完整的模具，重要的是要求装配操作工能根据塑料制件的要求和模具零件间的装配关系，对在模具装配过程中出现的一系列问题（如设计基准与装配基准的重合性、动定模的重合性、零件的加工误差性、零件装配后产生的累积误差、装配尺寸链等）能独立地进行分析、判断、计算和调整。可见，要能够保证模具的装配精度，各模具零件均能达到设计功能，必须从塑料制件设计、注塑模具设计、模具零件的加工精度、模具的装配工艺方法整个过程来综合考虑与分析，方能达到设计装配精度，注塑生产出合格的制件。如果某个环节上出现问题，则会影响模具的装配精度，则会在试模过程中集中反映出来，使塑料制件精度达不到要求。由于注塑模的制造属于单件、小批量生产，在装配技术方面有其特殊性，关键的模具零件如型芯、型腔无互换性可言，因此目前仍采用以模具钳工修配和调整为主的装配工艺方法。

(1) 注塑模具装配的特点和内容　注塑模具装配属单件、小批量装配生产类型，工艺灵活性大，工序相对集中，工艺文件不能详尽，所以使用设备、工具时应尽量选通用的，生产组织形式以固定组装为多，装配过程中手工操作比重较大，都是由一个工人或一组工人在固定的地点来完成，要求操作工人有较高的技术水平和多方面的工艺知识及实践经验。

注塑模具装配过程是按照注塑模具总装技术要求和各零件间的相互关系，将合格的零件连接、固定为模具组件、部件，直至装配成合格的模具。它可以分为组件装配和总装配两个阶段。

注塑模具装配包括：选择装配基准、确定装配工艺与检测方法、组件装配、调整、修配、研磨抛光、检查、试模、数据整理与分析、修模等环节，通过装配达到模具各项精度指标和技术要求。通过模具装配和试模检验制件成型工艺、模具设计方案和模具工艺编制等工作的正确性和合理性。在模具装配阶段发现的各种技术质量问题，必须采取有效措施妥善解决，保证模具装配质量，以满足试制成型的需要。

注塑模具装配工艺规程是指导模具装配的技术文件，也是制定模具生产计划和进行生产技术准备的依据。模具装配工艺规程的制定根据模具种类和复杂程度、各单位的生产组织形式和习惯做法等具体情况可简可繁。注塑模具装配工艺规程包括：模具零件和组件的装配顺序、装配基准的确定、装配工艺方法和技术要求、装配工序的划分以及关键工序的详细说明、必备的二级工具和设备、检验方法和验收条件等。

(2) 注塑模具装配前要做好以下准备工作

① 装配现场的清理和图样的准备。将模具总装图、零件图、塑件产品图、装配工艺规程分别套上塑料袋，整齐有序地摆放在装配现场，这是模具装配工艺规程的指导性文件，便于装配过程中随时对照、确认。

模具的组装、总装应在平整、洁净的平台上进行，尤其是精密部件的组装，更应在平台上进行，以确保模具装配精度不受影响。

② 工量刃具的准备。模具装配之前，需考虑装配过程中可能会使用哪些工量刃具，在实施装配工作之前都应一一准备妥当，按规定摆放整齐，避免在装配时因缺少某一样工量刃具而影响装配工作的进程。过盈配合（H7/m6、H7/n6）和过渡配合（H7/k6）的零件装配，应在压力机上进行，一次装配到位。无压力机而需进行手工装配时，不允许用铁锤直接敲击模具零件，应垫以洁净的木方或木板，或使用木质或铜质的榔头。

③ 理解模具的总装图、零件图以及产品图。在进行注塑模装配前，装配者应熟知模具结构、特点和各部功能，应根据模具动模、定模、型芯、型腔和内、外抽芯机构等组件的功能及装配特点，充分理解分析模具的总装图、零件图及产品图的主要要求，明白模具零件间的装配关系和各个零件的功能作用以及模具零件是否已具备了模具总装配的条件，吃透产品及其技术要求；确定装配顺序和装配定位基准以及检验标准和方法。

④ 模具零件的对照与检查。根据塑料制件产品图、模具装配图，了解模具设计与结构原理，确认各主要模具零件的名称；确认各主要模具零件的形位精度和尺寸精度要求，检验中如存在个别零件的个别不合格尺寸或部位，必须经模具设计者或技术负责人确认不影响模具使用性能和使用寿命，不影响装配，否则，有问题的零件不能进行装配，配购的标准件和通用件也必须是经过进厂入库检

验合格的成品，同样，不合格的不能进行装配。与产品图对照，确认制件的要求。

⑤ 装配的所有零、部件，均应经过清洗、擦干。有配合要求的，装配时涂以适量的润滑油。装配所需的所有工具，应清洁、无垢无尘。

⑥ 选择正确合理的装配方法和装配基准。装配前必须考虑装配中成型件的设计基准与装配基准的重合性；动、定模板的基准统一性；模具单个零件的加工误差和各零件装配后产生的累积误差（包括形位精度和尺寸精度）；模具装配尺寸链和零件之间的配合状况以及装配间隙等装配工艺和调整方案方面的问题。在装配时应选择一个正确合理的装配工艺方法，不可盲目地拿起零件就进行装配。注塑模通常采用两种装配基准，一种是以导柱、导套等导向件作为装配基准，这种方法一般用于标准模架的模具总装配；另一种是以型芯、型腔或镶件等主要成型零件作为装配基准，这种方法一般用于型芯、型腔装配定位后加工导柱和导套孔的模具装配。

⑦ 装配时做好装配记录。按模具零件名称和装配顺序记录装配原始数据，记录零件是否缺少，零件形状、尺寸公差等是否超差，零件装配后的装配基准误差数据、累积误差数据和实际装配修正数据等，以便于和相关部门联络，也有利于试模后做进一步的装配、修正、调整和总结。

(3) 注塑模具装配的精度要求

① 相关零件的位置精度。例如，定位销孔之间的位置精度，相对位移必须小于0.01mm；上、下模之间，定、动模之间的位置精度误差，必须控制在0.02mm以内；型腔与型芯之间的位置精度误差，必须控制在0.02mm以内。

② 相关零件的运动精度。包括直线运动精度、圆周运动精度及传动精度。例如，导柱和导套之间的配合状态，要定位配合可靠，运动平稳灵活，保证导向精度；顶杆和推件装置的运动应灵活，推出复位机构精度准确、可靠。

③ 相关零件的配合精度。指注塑模具相互配合零件之间的间

隙和过盈程度是否符合技术要求。例如，导柱、导套与模板之间的配合过盈量要适中；推件杆与模板之间的配合间隙要在保证运动灵活的前提下，尽可能取小值，防止溢料。

④ 相关零件的接触精度。例如，模具分型面的接触状态要良好，相对接触间隙应尽可能小，研磨后接触面积要大而均匀，方能保证注塑成型时无溢边或少溢边。

第二节　注塑模具装配的工艺方法

注塑模的装配基准常分成两种：

一是以注塑模中的主要零件如定模、动模的型腔、型芯为装配基准。定模和动模的导柱和导套孔先不加工，先将型腔和型芯镶块加工好，然后装入定模和动模内，将型腔和型芯之间以垫片法或工艺定位器法保证有均匀的间隙（制件壁厚），动模和定模合模后用平行夹板夹紧固定，镗制导柱孔和导套孔，最后安装动模和定模上的其他零件，这种情况多适用于大中型注塑模具。

二是已配有导柱、导套、模架的注塑模具，以模板相邻侧面作为装配基准。将已配有导向机构的动模和定模合模后，磨削模板相邻两侧面呈 90°垂直面，然后以侧面为基准分别安装定模和动模上的其他零件。

在模具装配之前，可通过对模具装配结构的分析，根据模具零件精度的尺寸标注与实际检测结果，结合装配结构位置和装配尺寸链，分析各零件间尺寸链的关系，按装配尺寸链公式进行正确计算，了解模具零件装配后的理想精度是否符合装配要求，如果不符合要求，可在实际装配前采取相应的修配措施，保证模具装配精度达到要求。

(1) 装配尺寸链　注塑模具的装配结构或简单或复杂，但均由若干零、部件组装而成。为使模具装配后达到设计功能要求，必须在保证各个模具零件加工质量的同时，通过装配尺寸链计算，制定模具装配工艺，以保证这些零、部件之间的相互位置精度达到要求。

在零件的装配关系中，由相关零件的尺寸（表面或轴线间的距离）或相互位置关系（同轴度、平行度、垂直度等）所组成的尺寸链，称为装配尺寸链。其特征是封闭性，即组成尺寸链的有关尺寸按一定顺序首尾相连成封闭图形，没有开口，如图 6-1 所示。组成装配尺寸链的每一个尺寸称为装配尺寸链环，图 6-1 中共有 5 个尺寸链环。尺寸链环可分为封闭环和组成环两大类。

装配尺寸链的封闭环就是装配后的精度和技术要求。这种要求是通过将零件、部件等装配好以后才最后形成和保证的，是一个结果尺寸或位置关系。在装配关系中，与装配精度要求发生直接影响的那些零件、部件的尺寸和位置关系，是装配尺寸链的组成环，组成环分为增环和减环。

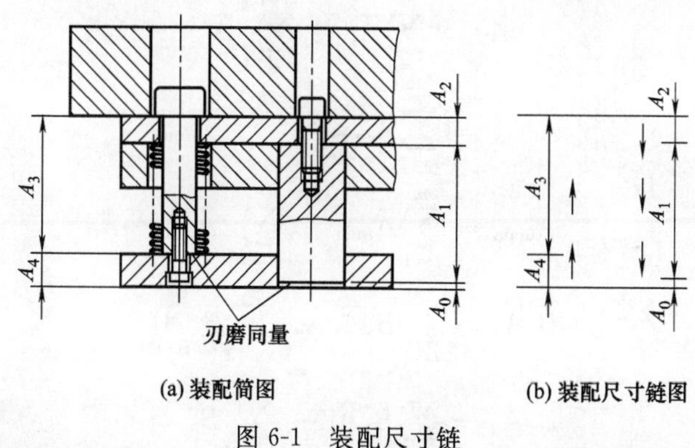

(a) 装配简图　(b) 装配尺寸链图

图 6-1　装配尺寸链

① 封闭环的确定。在装配过程中，间接得到的尺寸称为封闭环，它往往是有装配精度要求或是有技术条件要求的尺寸，用 A_0 表示。在尺寸链的建立中，首先要正确地确定封闭环，封闭环找错了，整个尺寸链的解也就错了。

② 组成环的查找。在装配尺寸链中，直接得到的尺寸称为组成环，用 A_i 表示，如图 6-1 中的 A_1、A_2、A_3、A_4。由于尺寸链是由一个封闭环和若干个组成环所组成的封闭图形，故尺寸链中组成环的尺寸变化必然引起封闭环的尺寸变化。当某个组成环尺寸增

大（其他组成环尺寸不变），封闭环尺寸也随之增大时，则该组成环称为增环，以$\vec{A}_i$表示，如图 6-1 中的 A_3、A_4。当某个组成环尺寸增大（其他组成环不变），封闭环尺寸随之减小时，则该组成环称为减环，用$\overleftarrow{A}_i$表示，如图 6-1 中的 A_1、A_2。

为了快速确定组成环的性质，可先在尺寸链图上平行于封闭环，沿任意方向画一箭头，然后沿此箭头方向环绕尺寸链一周，平行于每一个组成环尺寸依次画出箭头，箭头指向与封闭环相反的组成环为增环，箭头指向与封闭环相同的为减环，如图 6-1（b）所示。

（2）装配尺寸链计算的基本公式 计算装配尺寸链的目的是要求出装配尺寸链中某些环的基本尺寸及其上、下偏差。生产中一般采用极值法，其基本公式如下。

$$A_0 = \sum_{i=1}^{m}\vec{A}_i - \sum_{i=m+1}^{n-1}\overleftarrow{A}_i \tag{6-1}$$

$$A_{0\max} = \sum_{i=1}^{m}\vec{A}_{i\max} - \sum_{i=m+1}^{n-1}\overleftarrow{A}_{i\min} \tag{6-2}$$

$$A_{0\min} = \sum_{i=1}^{m}\vec{A}_{i\min} - \sum_{i=m+1}^{n-1}\overleftarrow{A}_{i\max} \tag{6-3}$$

$$B_{\mathrm{s}}A_0 = \sum_{i=1}^{m}B_{\mathrm{s}}\vec{A}_i - \sum_{i=m+1}^{n-1}B_{\mathrm{x}}\overleftarrow{A}_i \tag{6-4}$$

$$B_{\mathrm{x}}A_0 = \sum_{i=1}^{m}B_{\mathrm{x}}\vec{A}_i - \sum_{i=m+1}^{n-1}B_{\mathrm{s}}\overleftarrow{A}_i \tag{6-5}$$

$$T_0 = \sum_{i=1}^{n-1}T_i \tag{6-6}$$

$$A_{0\mathrm{m}} = \sum_{i=1}^{m}\vec{A}_{i\mathrm{m}} - \sum_{i=m+1}^{n-1}\overleftarrow{A}_{i\mathrm{m}} \tag{6-7}$$

式中 n——包括封闭环在内的尺寸链总环数；

m——增环的数目；

$n-1$——组成环（包括增环和减环）的数目。

上式中用到的尺寸及偏差或公差符号见表 6-1。

表 6-1 工艺尺寸链的尺寸及偏差符号

环名	符号名称						
	基本尺寸	最大尺寸	最小尺寸	上偏差	下偏差	公差	平均尺寸
封闭环	A_0	$A_{0\max}$	$A_{0\min}$	B_sA_0	B_xA_0	T_0	A_{0m}
增环	$\overrightarrow{A}_i$	$\overrightarrow{A}_{i\max}$	$\overrightarrow{A}_{i\min}$	$B_s\overrightarrow{A}_i$	$B_x\overrightarrow{A}_i$	$\overrightarrow{T}_i$	$\overrightarrow{A}_{im}$
减环	$\overleftarrow{A}_i$	$\overleftarrow{A}_{i\max}$	$\overleftarrow{A}_{i\min}$	$B_s\overleftarrow{A}_i$	$B_x\overleftarrow{A}_i$	$\overleftarrow{T}_i$	$\overleftarrow{A}_{im}$

(3) 注塑模具装配的工艺方法 模具装配的工艺方法有互换装配法和非互换装配法。由于模具生产属单件生产，又具有成套性和装配精度高的特点，所以目前模具装配以非互换法为主，常用的有修配法和调整法。随着模具技术和设备的现代化，模具零件制造精度将逐渐满足互换法的要求，互换法的应用将会越来越广泛。

① 互换法。互换法的实质是利用控制零件制造加工误差来保证装配精度的方法。常应用于模具零件导柱、导套、推杆、复位杆、浇口套、紧固螺钉等同尺寸、同规格的模具零件，现逐步推广应用到标准模架的制造装配过程中。

② 修配法。在单件小批生产中，当注塑模装配精度要求高时，如果采用完全互换法，则使相关零件尺寸精度要求很高，这对降低成本不利，在这种情况下，采用修配法是比较适当的。

修配法是在模具某零件上预留修配量，在装配时根据实际需要修整预修面来达到装配精度的方法。修配法的优点是能够获得很高的装配精度，而零件的制造精度可以放宽。缺点是装配中增加了修配工作量，工时多且不易预测，装配质量依赖于工人技术水平，生产率低。采用修配法时应注意：

a. 正确选择修配对象。应选择那些只与本项装配精度有关，而与其他装配精度无关的零件。通过装配尺寸链计算修配件的尺寸与公差，既要有足够的修配量，又不要使修配量过大。

b. 尽可能考虑用机械加工方法代替手工修配。修配法常用于单型腔或型腔数较少的注塑模的装配过程中。

③ 调整法。调整法的实质与修配法相同，仅具体操作方法不

同。它是利用一个可调整的零件来改变它在模具中的位置，或变化一组定尺寸零件来达到装配精度的方法。

调整法可以放宽零件的制造公差。但装配时同样费工费时，而且要准确计算零件间尺寸链的关系，这就要求工人有较高的技术水平和丰富的模具装配经验。

(4) 注塑模具典型零件的固定方法 注塑模具和其他机械产品一样，各个零件、组件通过定位和固定而连接在一起，确定各自的相互位置，因此零件的固定方法会因具体情况而不同，有时固定不当会影响模具装配工艺路线。

① 型芯、型腔装配固定法

a. 压入固定法。图 6-2 为型芯的组装示意图。图（a）中，正方形型芯的固定孔四角，加工时应留有 $R=0.3\text{mm}$ 的圆角，型芯固定部位的四角则应有 $R_1=0.6\sim0.8\text{mm}$ 的圆角，型芯大端装配后与型芯固定板一起磨平。装配压入时用液压机，垫板要平行，固定模板一定要放置水平位置，打表校平后，才能进行装配。当压入

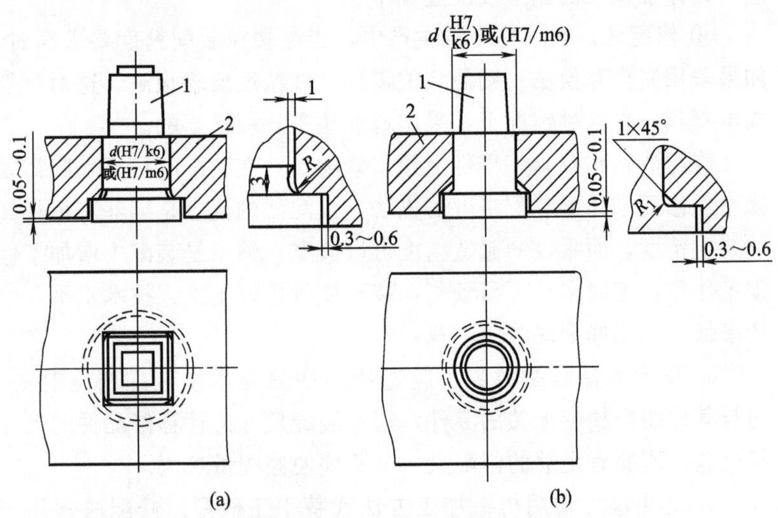

图 6-2 型芯的组装示意图

1—型芯；2—型芯固定板

1/3 后，应校正垂直度，再压入 1/3，再校正一次垂直度，以保证其位置精度。图（b）中，固定台阶孔小孔入口处倒角“1×45°”，以保证装配时台阶面靠平。

如图 6-3 所示，型芯的装配配合面与成型表面形状相同，加工简便，但压入时，成型面通过装配孔后，将成型面表面破坏，这种装配方法不正确。

正确的装配方法应当如图 6-4 所示。图示的成型面有 30′～1°的脱模斜度，其配合部位尺寸应当与成型部位的大端相同或略大 0.1～0.3mm。如与大端尺寸相同，则装配孔下端入口处应有长度为 3～5mm、圆锥半角为 1°的短锥面，这样压入时，成型面不会被擦伤，可保证装配质量（六方型芯如有方向要求，则大端应加工定位销）。

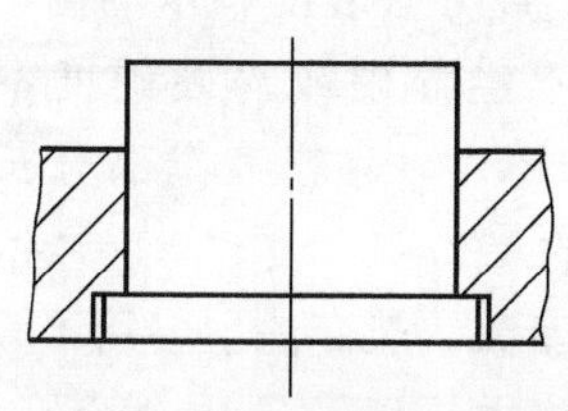

图 6-3　不正确的配合装配

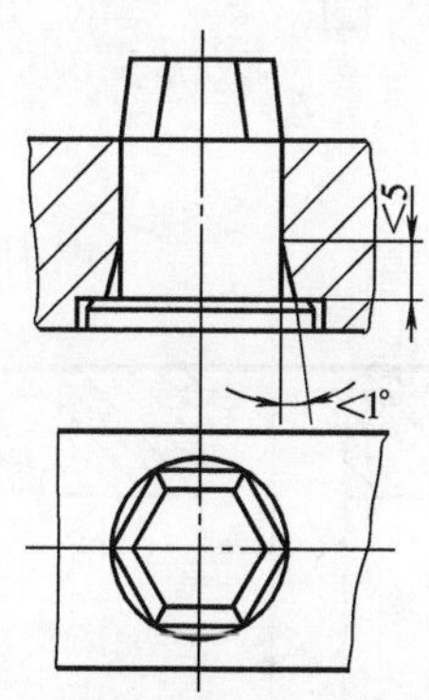

图 6-4　正确的配合装配

b. 螺钉固定法。此方法主要通过定位销和螺钉将零件相互连接，是最常用的零件固定方法。如图 6-5 所示，将型芯直接用螺钉、销钉固定到模座板上，要求牢固，不松动，该方法常用于大中型模具型芯的固定。

对于快换式小型芯、易损坏的型芯常采用侧压螺钉紧固，如图 6-6 所示。

c. 铆接固定法。如图 6-7 所示，型芯尾端被锤和凿子铆接在固

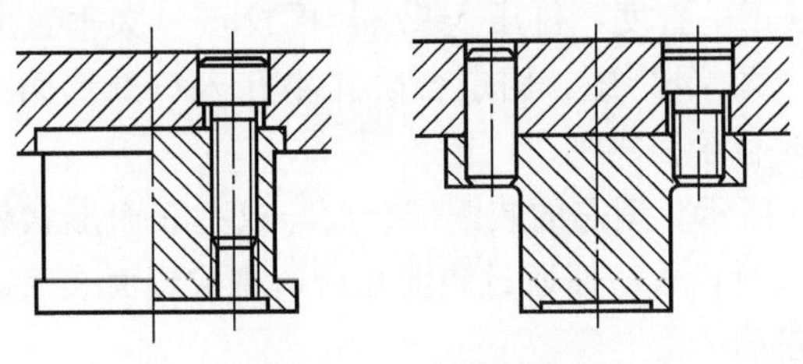

图 6-5　螺钉紧固法

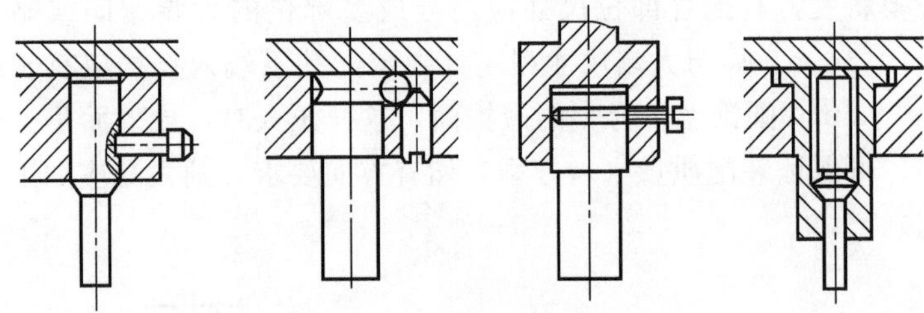

图 6-6　侧压螺钉紧固形式

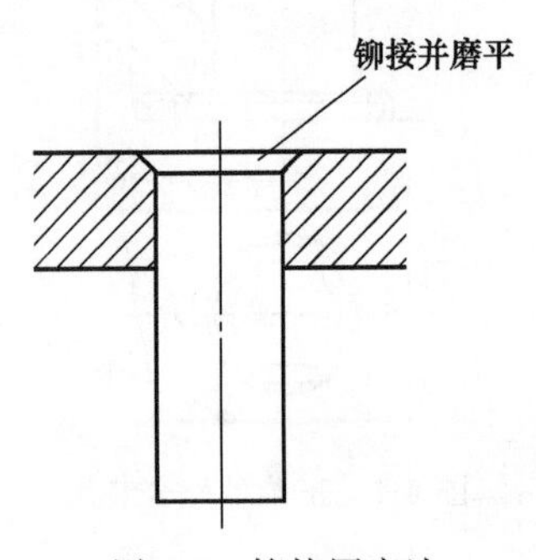

图 6-7　铆接固定法

定板的孔中。这种方法常用于小型芯装配固定。该方法装配精度不高，型芯尾端可不经淬硬或淬硬硬度不高（低于 30HRC）。型芯工作部分长度应是整长的 1/3～1/2。

d. 热套法。热套法主要用于固定型芯和型腔拼块以及硬质合金镶块。对于钢质拼块模具零件一般不预热，只是将模套预热到 300～400℃保持 1h，即可热套。对于硬质合金模块应在 200～250℃预热，模套在 400～450℃预热后热套。一般在热套后应继续进行型孔的精加工，防止热套致使模具零件变形，影响制件成型精度。

e. 焊接法。焊接法主要用于硬质合金模。焊接前要在 700～800℃进行预热，并清理焊接面，再用火焰钎焊或高频钎焊，在

1000℃左右焊接，焊缝为0.2～0.3mm，焊料为黄铜，并加入脱水硼砂。焊后放入木炭中缓冷，最后在200～300℃保温4～6h去应力。

f. 低熔点合金固定。如图6-8所示，是将型芯尾端用低熔点合金浇注在固定板孔中，操作简便，便于调整和维修，被浇注的型芯固定孔及型芯零件配合面加工精度要求较低。该方法常用于复杂、形状特殊、对孔中心距要求高的多凸模注塑模具型芯的固定，可减轻模具装配中各型芯、型腔孔的位置精度和间隙均匀性的调整工作。低熔点合金的配方可参见有关设计手册。

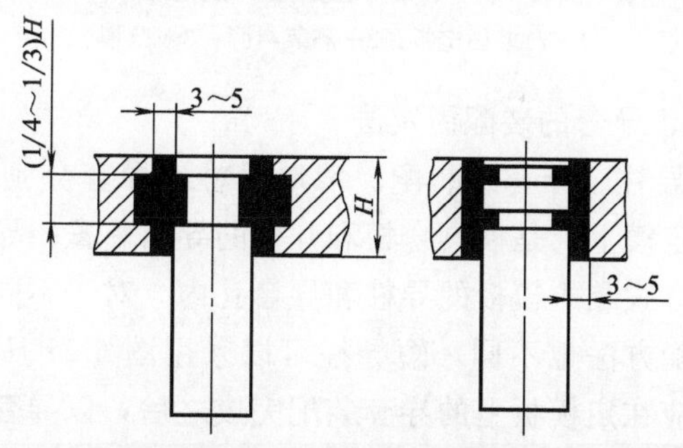

图6-8　低熔点合金固定形式

低熔点合金装配固定型芯、型腔时，必须首先定位其中一件，定位时必须配备辅助定位导向装置，保证型芯或型腔位置、保证型芯或型腔轴线与导柱轴线平行一致，如图6-9所示。而后装配另一件时，应以第一件为基准，用垫片法保证型芯与型腔间间隙均匀和同轴度的要求。

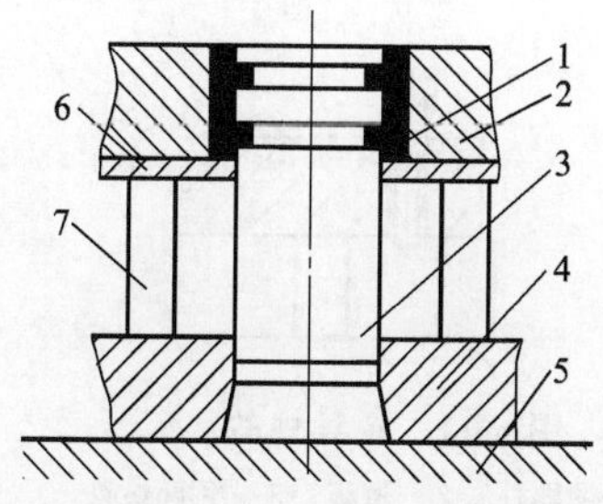

图6-9　低熔点合金固定时定位方法

1—低熔点合金；2—固定板；3—型芯；4—型腔；5—平台；6—挡板；7—等高垫铁

g. 环氧树脂黏结剂固定。如图6-10所示，此方法是将型芯尾端在固定板孔中被环氧树脂固定，具有工艺简单、黏结强度高、不变形的优点，但不宜受较大的冲击，只适用于小型模具型芯的装配。

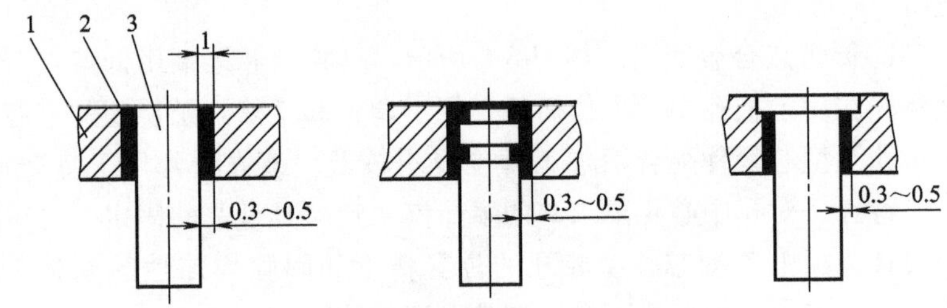

图 6-10　环氧树脂固定凸模的形式

1—凸模固定板；2—环氧树脂；3—凸模

② 导柱、导套的装配固定法

a. 滑动导柱、导套的装配。滑动导柱、导套分别安装在注塑模的动模和定模上，是模具合模和开模的导向装置。导柱、导套一般采用压入方式装入模板的导柱和导套孔内。对于不同结构的导柱所采用的装配方法也不同，短导柱可以采用图 6-11 所示的方法压入。长导柱应在定模板上的导套装配完成之后，以导套导向将导柱压入动模板内，如图 6-12 所示。

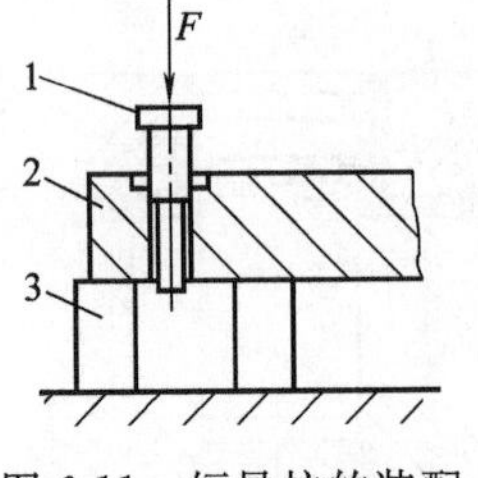

图 6-11　短导柱的装配

1—导柱；2—模板；3—平行垫铁

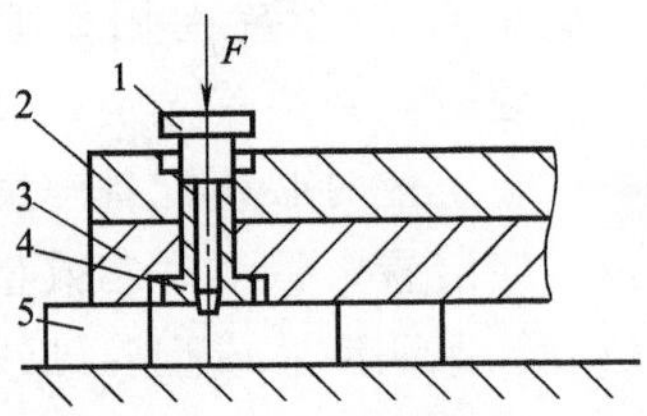

图 6-12　长导柱的装配

1—导柱；2—固定板；3—定模板；4—导套；5—平行垫铁

导柱、导套装配后，应保证动模板在开模和合模时都能灵活滑动，无卡滞现象。因此，加工时除保证导柱、导套和模板等零件间的配合要求外，还应保证动、定模板上导柱和导套安装孔的中心距一致（其误差不大于 0.01mm）。压入前应对导柱、导套进行选配。压入模板后，导柱和导套孔应与模板的安装基面垂直。如果装配后开模和合模不灵活，有卡滞现象，可用红粉涂于导柱表面，往复拉动动模板，观察卡滞部位，分析原因，然后将导柱退出，重新装配。在两根导柱装配合格后再装配第三、第四根导柱。每装入一根导柱均应进行选配。最先装配的应是距离最远的两根导柱。

b. 滚动导柱、导套的装配。滚动导向模架与滑动导向模架的结构基本相同，所以导柱和导套的装配方法也相似。不同点是，在导套和导套之间装有滚珠（柱）和滚珠（柱）夹持器，形成 0.01～0.02mm的过盈配合。滚珠的直径为 ϕ3～5mm，直径公差为 0.003mm。滚珠（柱）夹持器采用黄铜（或含油性工程塑料）制成，装配时它与导柱、导套壁之间各有 0.35～0.5mm 的间隙。

滚珠装配的方法如下。

ⓐ 在夹持器上钻出特定要求的孔，如图 6-13 所示。

ⓑ 装配符合要求的滚珠，选配符合要求的滚珠从夹持器 D 口处装入。

ⓒ 使用专用夹具和专用铆口工具进行封口，要求滚珠转动灵活自如。

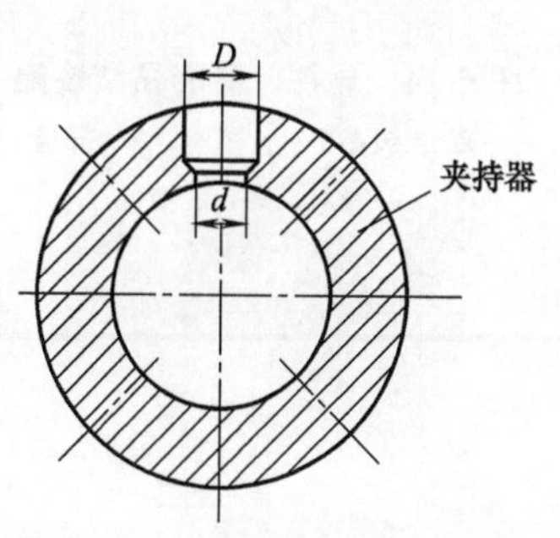

图 6-13　滚珠装配钻孔示意图

c. 导柱、导套的其他装配方法。中小型模架的导柱、导套可采用黏结剂粘接（图 6-14）或采用低熔点合金浇注（图 6-15）的方法进行装配。使用该方法的模架结构简单，便于模具的装配与维修。

d. 斜导柱抽芯机构的装配。注塑模斜导柱抽芯机构如图 6-16 所示。

ⓐ 装配技术要求：闭模后，滑块的上平面与定模平面必须留有 x=0.2～0.8mm 的间隙。这个间隙在机上闭模时被锁模力消除，转移到斜楔和滑块之间。闭模后，斜导柱外侧与滑块斜导柱孔

应留有 y=0.2～0.5mm 的间隙。在机上闭模后锁模力把滑块推向内方，如不留间隙会使斜导柱受侧向弯曲力。

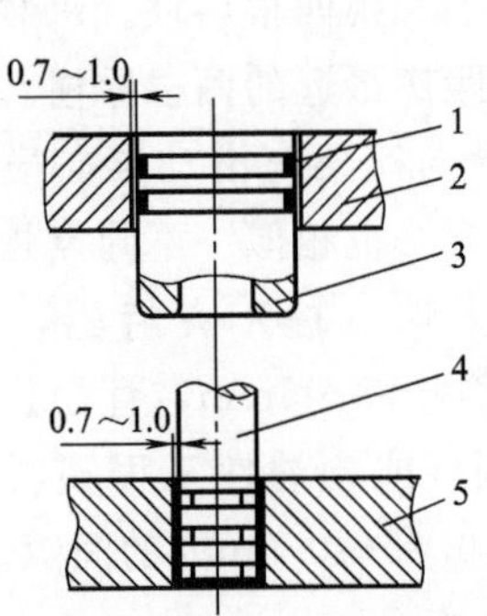

图 6-14　导柱、导套黏结装配

1—黏结剂；2—上模座；3—导套；4—导柱；5—下模座

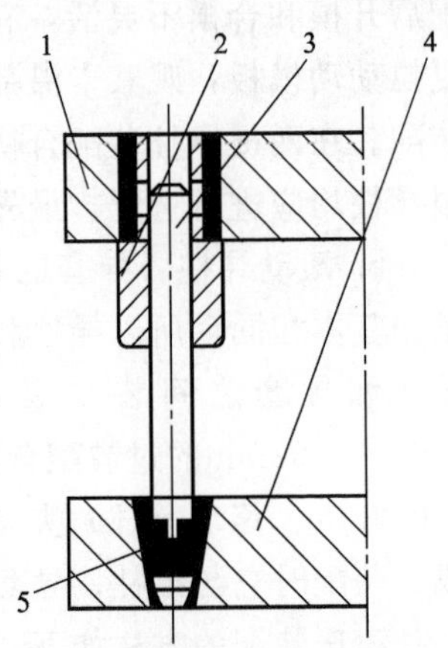

图 6-15　导柱、导套的低熔点合金浇注

1—上模座；2—导套；3—导柱；4—下模座；5—低熔点合金

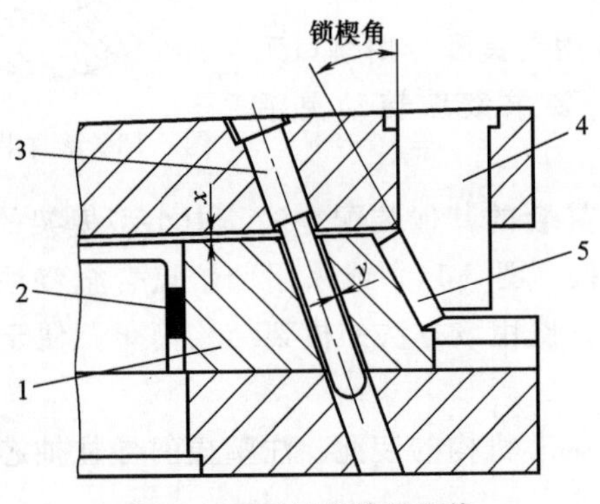

图 6-16　斜导柱抽芯机构

1—滑块；2—侧型芯；3—斜导柱；4—锁楔（楔紧块）；5—耐磨垫片

ⓑ 装配步骤

• 型芯装入型芯固定板成为型芯组件。

• 安装导滑块。按设计要求在固定板上调整滑块和导滑块的位置，待位置确定后，用夹板将其夹紧，钻导滑块安装孔和动模板上的螺孔，安装导滑块。

• 安装定模板锁楔。保证楔紧块斜面与滑块斜面有 70% 以上的面积密贴。如侧型芯不是整体式，在侧型芯位置垫以相当制件壁厚的铝片或钢片。

• 闭模，检查间隙 x 值是否合格。通过修磨和更换滑块尾部垫片保证 x 值。

• 镗导柱孔。将定模板、滑块和型芯组一起用夹板夹紧，在卧式镗床上镗斜导柱孔。

• 松开模具，安装斜导柱。

• 修整滑块上的导柱孔口为圆环状。

• 调整导滑块，使与滑块松紧适应，钻导滑块销孔，安装销。

• 镶侧型芯。

③ 浇口套的装配方法。图 6-17（a）所示为直浇口套的装配示意图。图（b）为点浇口型腔结构，浇口套装入模板后应高出 0.02mm，再压入后端面与模板一起磨削，达到同一平面度要求。

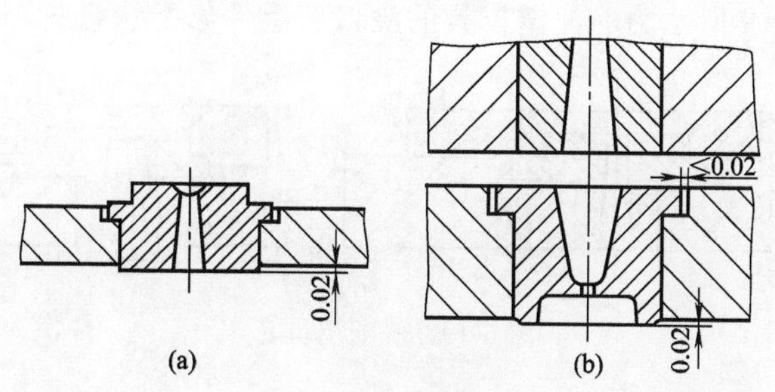

图 6-17　浇口套的装配

图 6-18 所示为斜浇口套的装配关系和位置。

两块模板应首先加工并装以工艺定位钉，然后，采用可调整角度的夹具，在镗床上镗出 dH7 的浇口套装配孔。压入浇口套时，

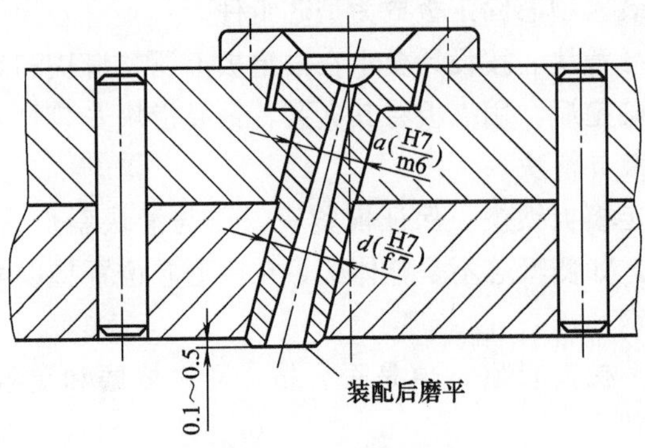

图 6-18 斜浇口套的装配

可选用半径 R 与浇口套喷嘴进料口处的 R 相同的钢珠，用垫板（铜质）将斜浇口套压入到正确装配位置。然后与模板一起将两端面磨平。为便于装配，浇口套小端应加工有倒角或圆角。

使用修配法装配浇口套，是在浇口套预留修配量，装配时根据实际需要修整预修面来达到装配要求。修配法的优点是能够获得很高的装配精度，而零件的制造精度可以放宽。缺点是装配中增加了修配工作量，工时多且不易预先确定，装配质量依赖工人的技术水平，生产效率低。

图 6-19 所示为一注塑模具的浇口套组件修配示意图。

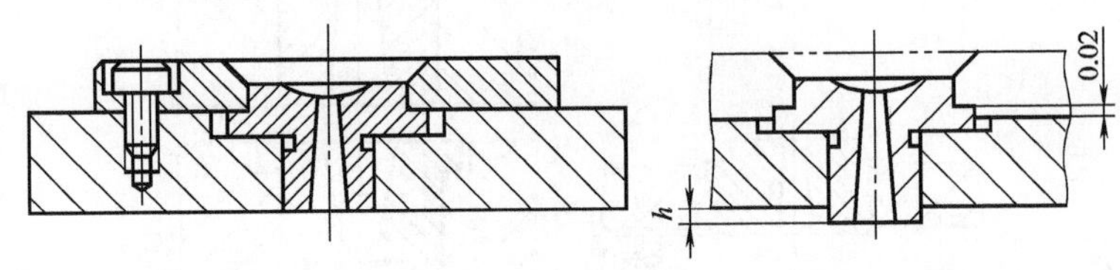

图 6-19 修配浇口套

采用修配法时应注意：

a. 应正确选择修配对象。即选择那些只与本装配精度有关，而与其他装配精度无关的零件作为修配对象。然后再选择其中易于拆装且修配面不大的零件作为修配件。

b. 应通过尺寸链计算。合理确定修配件的尺寸和公差，既要保证有足够的修配量，又不要使修配量过大，增加劳动强度。

c. 应考虑用机械加工方法来代替手工修配，如用手持电动或气动修配工具。

④ 成型镶件的组装

a. 成型镶件固定孔的加工。如图 6-20 所示，*A*、*B* 两成型镶件模板用工艺定位销定位后，用螺钉固定，在加工机床上找正定位后，进行配钻、配镗导柱导套孔，配钻、配镗结束后配入导柱工艺销，防止后续加工模具板料错位移动。在同一装夹工位，配镗 *A*、*B* 板上的成型镶件固定孔。除镗削加工之外，不论固定孔是圆形孔还是矩形孔，只要是通孔，均可采用线切割加工或铣削加工。成型镶件大端的台阶固定孔可以用镗或铣加工而成。

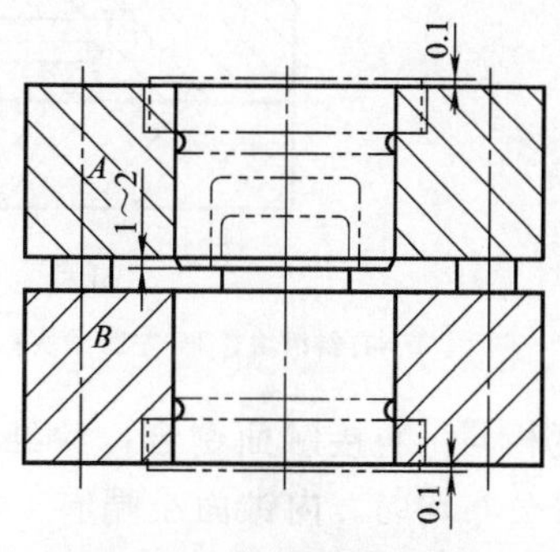

图 6-20 成型镶件的装配

成型镶件孔若为复杂的孔，则通孔用线切割加工或数控铣加工；盲孔则只能用数控铣粗加工、半精加工、电火花成型加工、成型磨精加工等。

A、*B* 板上的成型镶件固定孔在加工之前，应检验其位置精度：成型镶件固定孔与两端面（分型面）的垂直度为 0.01～0.02mm，两孔的同轴度为 0.01～0.02mm。

b. 成型镶件装配。成型镶件在压力机上压入后，大端高出台阶孔 0.1～0.2mm，与模板和导柱、导套一同磨平，如图 6-20 所示。*A* 板上的定模型腔镶件压入后，小端应高出 *A* 板的分型面 1～2mm。如若是多型腔模具，所高出的 1～2mm，应在磨床上一齐磨平，保证等高。

⑤ 斜滑块（哈夫拼合件）的组装。斜滑块（哈夫拼合件）的组装如图 6-21 所示。

a. 斜滑块的固定锥孔的锥面应保证与左、右斜滑块的倾斜角

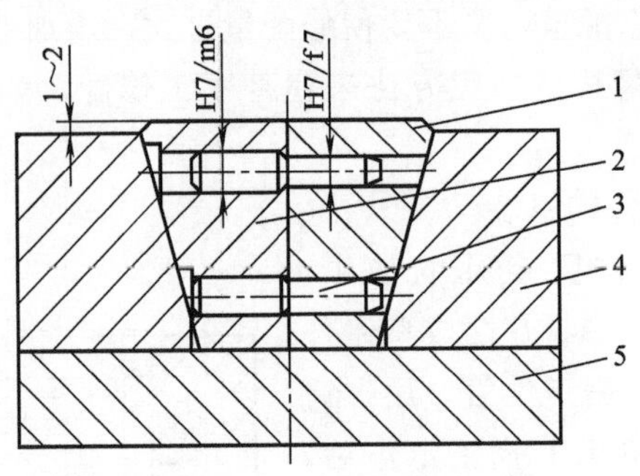

图 6-21　斜滑块装配

1—右斜滑块；2—左斜滑块；3—定位销；4—动模板；5—支承板

度相同，斜接触面密合，涂红丹粉检验应有 85％以上接触面积，且分布均匀。内锥面小端有 2～3mm 高的直孔，防止内外锥面装配干涉。

b. 哈夫镶拼块若为圆锥体，可备以两块料，加工好配合平面，并对配合面进行研磨，使之完全密合。用夹具装夹后钻、铰工艺销孔，通过工艺销定位后，钻孔，加工内螺纹，用螺钉固定哈夫镶拼块坯料件后，则可以采用车削、磨削的方法加工哈夫镶拼块内、外形状。哈夫镶拼块高度上要留有装配后的磨削余量。

c. 哈夫镶拼块若为棱锥件，则用夹具按斜度要求校平后先铣后磨，完成斜面的加工，然后进行定位销孔钻、铰加工，注意高度要留余量。然后利用线切割找正定位，从中割开，一分为二，将切口研平，配入定位销后，选择机床加工哈夫镶拼块型腔。

d. 装配时，哈夫镶拼块大端高出固定孔上端面（即分型面）1～2mm，装配后进行平面磨削。哈夫镶拼块大端可高出固定孔上端面 0.01～0.02mm，作为预紧余量。小端应比固定孔的下平面凹进0.01～0.02mm，留有预紧余量。

e. 采用红丹粉检验。垂直分型面应均匀密合，两锥面与孔应有 85％的接触面积且分布均匀。三瓣合斜滑块的加工、装配工艺和技术要求与哈夫镶拼块完全相同。

⑥ 楔紧块的装配和修磨。

楔紧块的装配方法见表 6-2。

表 6-2　楔紧块的装配方法

<table>
<tr><th>楔紧块形式</th><th>简　图</th><th>装　配　方　法</th></tr>
<tr><td>螺钉、销钉固定式</td><td>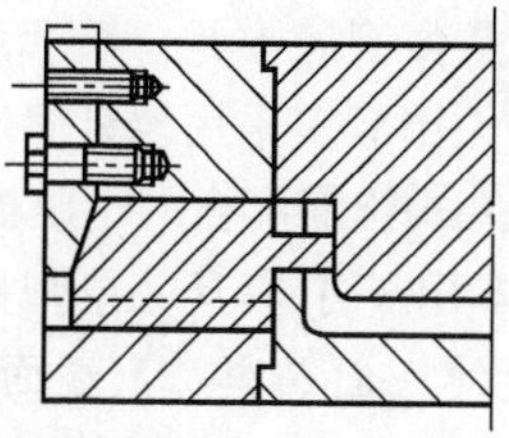</td><td>1. 钻孔、加工内螺纹，用螺钉紧固已加工好的楔紧块
2. 修磨滑块斜面，使楔紧块斜面与滑块斜面接触紧密，修磨后涂红丹粉检验，要求达 80% 以上的接触面积，且分布均匀，留有适量预紧余量
3. 通过楔紧块，对定模板复钻、铰定位销钉孔，然后装入定位销钉
4. 将楔紧块上端面与定模板一起磨平，以利定模板装配和模具板料间平行</td></tr>
<tr><td>镶入式</td><td>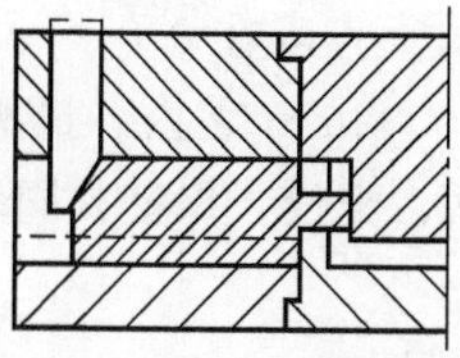</td><td>1. 钳工修配定模板上的楔紧块固定孔，并装入楔紧块，楔紧块长度方向要有足够修磨余量
2. 用预紧法修磨滑块斜面，保证楔紧块斜面与滑块斜面接触良好，钻定位销孔，配定位销定位
3. 楔紧块定位后，端面高出部分与定模板一起磨平，达到螺钉固定同样的要求</td></tr>
<tr><td>整体式</td><td>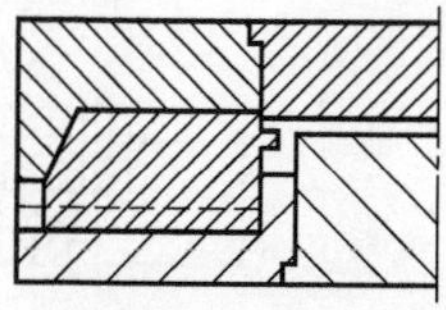</td><td rowspan="2">1. 整体式楔紧块强度高，但楔紧块的修配要求更高，修磨的滑块斜面要有余量，修配时要保证修配精度准确到位，楔紧斜面接触可用红丹粉检验，要求接触良好
2. 整体镶片式与整体式结构相近，增加了耐磨镶片，镶片可先装好，然后修磨滑块斜面，长期使用磨损或修磨失误，可通过调换镶片法来补救
3. 修磨滑块斜面，使滑块与定模板之间具有 0.1mm 间隙预紧余量。两侧均有滑块时，分别逐个予以修配，使两侧滑块斜面与楔紧块斜面均达到设计要求</td></tr>
<tr><td>整体镶片式</td><td>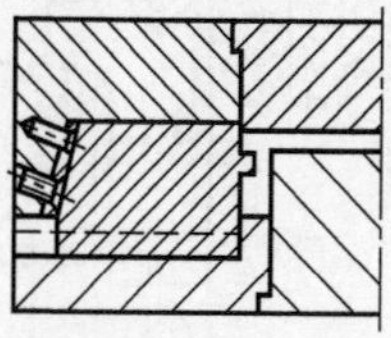</td></tr>
</table>

⑦ 脱模推板的装配。脱模推板一般有两种，一种是注塑制件相对较大或是多型腔，采用整体式大推板进行脱模，其大小与动模

型腔板和支承板相同。这类推板的特点是：推出的制件变形小，其导向定位靠模具四导柱定位，即在推出制件的全过程中，由于模具导柱长度较长，所以脱模推板始终不脱离导柱，脱模推板孔可以与导柱孔组合在一起配作加工。因脱模推板件较大，与制件接触的成型面部分多采用镶套结构，尤其是多型腔模具。镶套用 H7/m6 或 H7/n6 的公差与推板配合装紧，大镶套多采用螺钉固定。

另一类是制件较小，采用镶入式锥面配合的小脱模推板推出制件，如图 6-22 所示，这种结构多用于小模具、单型腔脱模结构。镶入式推板与模板的斜面配合应使底面贴紧，上端面高出 0.02～0.05mm，斜面可有 0.01～0.02mm 的间隙。推板上的型芯孔与型芯固定板上的型芯孔位置一致，加工时可在同一装夹工位进行加工，应保证其对于定位基准底面的垂直度在 0.01～0.02mm 之内，同轴度也同样要求控制在 0.01～0.02mm 之内。推板底面的推杆固定螺孔，按模板上的推杆孔配钻、配铰，保证其同轴度和垂直度要求。

镶入式推板底锥面接触处，可加工 2～3mm 的直圆柱，如图 6-22 所示，加工在圆锥底部或圆锥孔底部均可，方便分合到位。

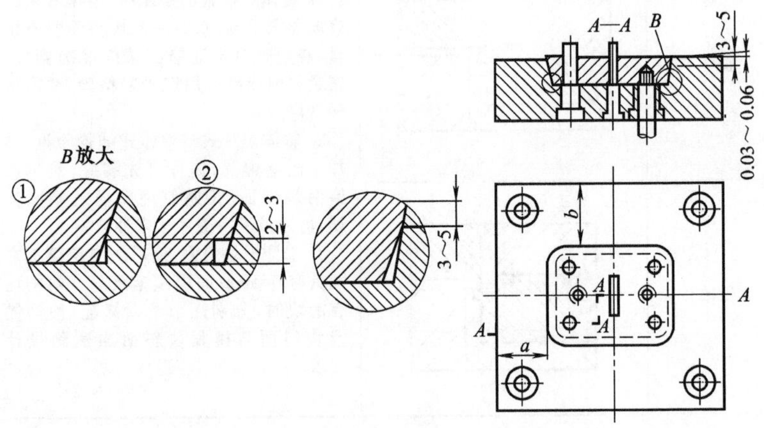

图 6-22　推件板的装配

⑧ 推杆机构的装配与修整。推出结构的作用是推出制件。推件时，推杆应动作灵活、平稳可靠。

a. 推杆的装配应达到如下要求。

ⓐ 推杆的导向段与型腔推杆孔的配合间隙要正确，一般为H8/f8，注意防止间隙太大导致漏料；

ⓑ 推杆在推杆孔中往复运动应平稳，无卡滞现象：

ⓒ 推杆和复位杆端面应分别与型腔表面和分型面齐平。

b. 推杆固定板的装配（图 6-23）。为了保证制作的顺利脱模，各推出元件应运动灵活，复位可靠，推杆固定板与推板需要导向装置和复位支承。其结构形式有：用导柱导向的结构、用复位杆导向的结构和用模脚作推杆固定板支承的结构。

为使推杆在推杆孔中往复平稳，推杆在推杆固定板孔中应可浮动，推杆与推杆固定孔的装配部分每边应留有 0.5mm 的间隙。所以推杆固定孔的位置通过型腔镶块上的推杆孔配钻而得。其配钻过程为：

ⓐ 先将型腔镶块 11 上的推杆孔配钻到支承板 9 上，配钻时用动模板 10 和支承板 9 上原有的螺钉与销钉作定位和紧固。

ⓑ 再通过支承板上的孔配钻到推杆固定板 7 上。两者之间可利用已装配好的导柱 5、导套 4 定位，用平行夹头夹紧。

在上述配钻过程中，还可以配钻固定板上其他孔，如复位杆和拉料杆的固定孔。

c. 推杆的装配与修磨

ⓐ 将推杆孔入口处和推杆顶端倒成小圆角或斜度。

ⓑ 修磨推杆尾部台阶厚度，使台阶厚度比推杆固定板沉孔的深度小 0.05mm 左右。

ⓒ 装配推杆时将导套 4、推杆固定板 7 套在导柱 5 上，然后将推杆 8、复位杆 2 穿入推杆固定板、支承板和型腔镶块推杆孔，而后盖上推板 6，并用螺钉紧固。

ⓓ 将导柱台阶尺寸修磨到正确尺寸。由于模具闭合后，推杆和复位杆的极限位置决定于导柱的台阶尺寸。因此在修磨推杆端面

之前，先将推板复位到极限位置，如果推杆低于型面，则应修磨导柱台阶；如推杆高出型面，则可修磨推板 6 的底平面。

ⓔ 修磨推杆和复位杆的顶端面时，先将推板复位到极限位置，然后分别测量出推杆和复位杆高出型面与分型面的尺寸，确定磨修量。修磨后，推杆端面应与型面平齐，也可高出 0.05～0.10mm；复位杆与分型面平齐，也可低 0.02～0.05mm。

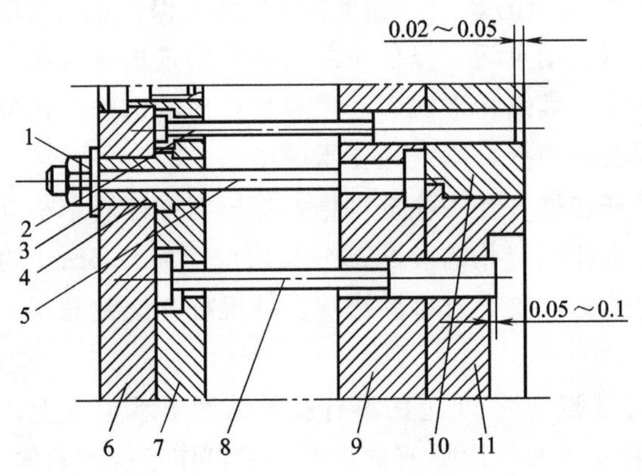

图 6-23 推杆、推杆固定板的装配

1—螺母；2—复位杆；3—垫圈；4—导套；5—导柱；6—推板；7—推杆固定板；8—推杆；9—支承板；10—动模板；11—型腔镶块

当推杆数量较多时，装配应注意两个问题：一是应将推杆与推杆孔进行选配，防止组装后，出现推杆动作不灵活、卡紧现象；二是必须使各推杆端面与制件相吻合，防止顶出点偏斜，推力不均匀，使制件脱模时变形。钻、铰推杆固定孔时，为了滑动灵活应根据推杆尺寸，合理选择钻头和铰刀，如图 6-24 所示，以件 1 或件 2 导钻时，导钻的底孔应小于配钻的钻头直径 1～2mm，保证导钻时有一定的钻削和铰削余量，铰孔时也需在同一装夹工位进行，这样的组合件孔中心线同轴精度高，导滑灵活。

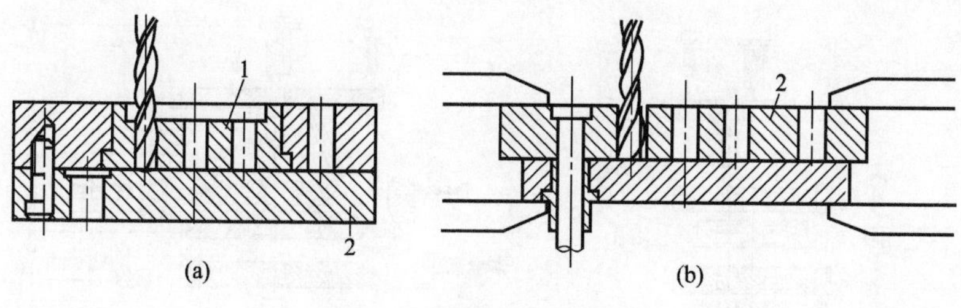

图 6-24　推杆固定孔的加工
1,2—件

第三节　注塑模具装配实例

(1) 水配件注塑模具的主要装配精度　图 6-25 所示为水配件注塑模具零件装配简图，该模具零件装配要点如下。

① 型芯安装轴线与型腔轴线同轴，型芯固定可靠。

② 分型滑块与导滑槽导向定位间隙较小，表面粗糙度较小，导滑精度可靠，稳定灵活。

③ 导柱、导套装配位置精度较高，分合阻力小。

④ 楔紧块装配后，楔紧斜面与分型滑块斜面接触面大，楔紧力可靠。

⑤ 推杆、复位杆、拉料杆装配后，长短符合功能要求，运动灵活，配合间隙较小。

⑥ 模具紧固螺钉装配，锁紧力得当、可靠。

⑦ 定位销装配，在需定位零件相对调整达到要求的前提下，钻铰销定位。

⑧ 模具总装配结束前，需检查模具上下表面是否平行，如有误差，可进行磨削精加工。

(2) 注塑模具型芯装配工艺过程

① 型芯 1 装配过程。如图 6-26 所示，装配工艺过程如下。

a. 准备型芯固定板和型芯，去毛刺，检查精度，将型芯固定

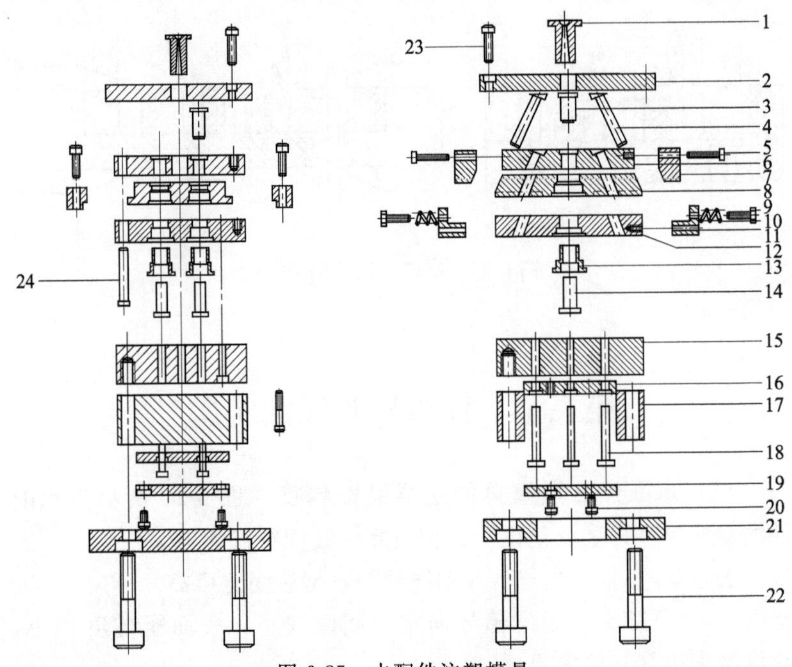

图 6-25　水配件注塑模具

1—浇口套；2—定模板；3—型芯 1；4—斜导柱；5,9,20,22,23—螺钉；6—定模型芯固定板；7—楔紧块；8—分型滑块；10—弹簧；11—调节支架；12—动模型芯固定板；13—型芯 2；14—推杆；15—动模板；16—推杆/复位杆固定板；17—支承板；18—推杆/复位杆；19—固定垫板；21—动模固定板；24—导柱

板放在平行垫铁上。

b. 将型芯 1 垂直放入型芯孔内。

c. 用手锤轻击并检查垂直度，待过盈量较大时，移入压力机中心，垂直压入型芯。

d. 检查型芯台阶上表面与型芯固定板上表面是否在同一平面，如有误差可磨削加工。

② 型芯 2 装配过程。如图 6-27 所示，装配工艺过程如下。

a. 准备型芯 2 和动模型芯固定板，去毛刺，检查精度，并将动模型芯固定板放在平行垫铁上。

b. 型芯 2 与型芯 1 外形不同，型芯 2 是空心的，而且壁厚较

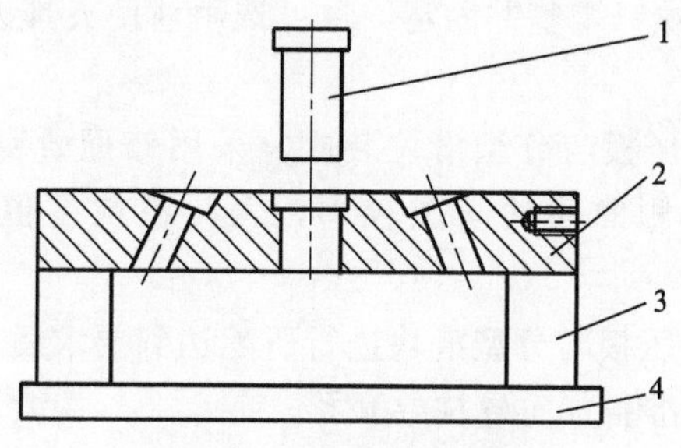

图 6-26　型芯 1 的装配

1—型芯 1；2—型芯固定板；3—平行垫铁；4—平板

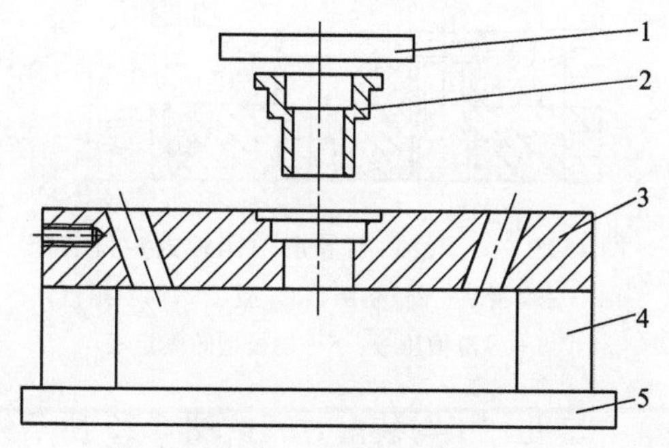

图 6-27　型芯 2 的装配

1—平垫；2—型芯 2；3—动模型芯固定板；4—平行垫铁；5—平板

薄，若采用与型芯 1 同样的装配方法，型芯 2 容易受损变形。因此在装配时，要在型芯 2 上端，放置较厚的平垫，然后用手锤轻击，检查垂直度，然后再用压力机压入。

c. 磨削装配后的模板上表面，使之成为同一平面。

③ 分型滑块与导滑槽压板定位装配过程。如图 6-28 所示，装配工艺过程如下。

a. 准备分型滑块和导滑槽压板等配件，去毛刺，擦拭干净，检查配件精度。

b. 根据型芯与型腔的实际间隙值，选择合适垫圈垫入定位，保证型芯与型腔轴线同轴，为防止相对位移松动，可钻孔、攻螺纹，采用工艺螺钉调整并固定，也可选用辅助夹具夹紧固定，保证定位精度可靠。

c. 导滑槽压板与分型滑块装配。采用修配研刮或研磨两种方法，保证接触侧面间的间隙较小，表面粗糙度值较小，导滑灵活等。

d. 导滑槽压板与分型滑块进行研配达到要求后，用螺钉固定。

e. 检验，准备加工导柱导套孔。

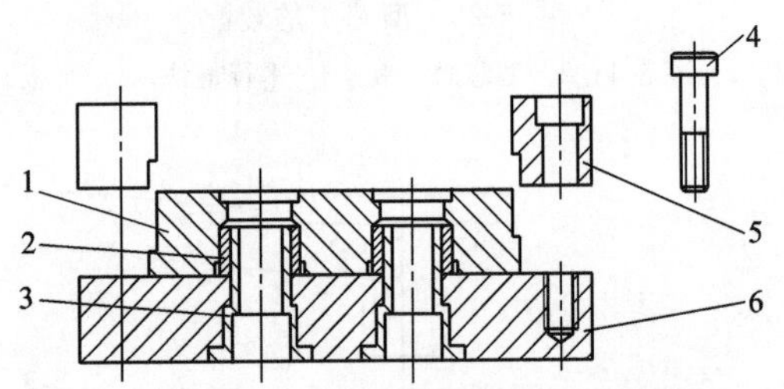

图 6-28　分型滑块与导滑槽压板的定位装配

1—分型滑块；2—垫圈；3—型芯 2；4—螺钉；5—导滑槽压板；6—动模型芯固定板

④ 导柱、导套孔加工与装配过程。图 6-29 所示为直导柱、导套孔的加工装配示意图。

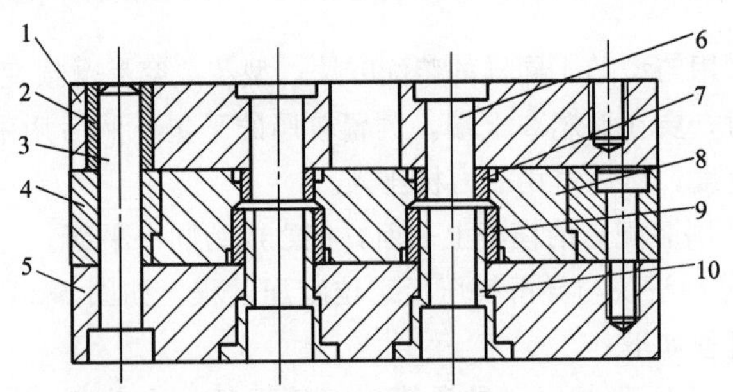

图 6-29　导柱、导套孔的加工与装配

1—型芯固定板；2—导套；3—导柱；4—导滑槽压板；5—动模型芯固定板；6—型芯 1；7—垫圈；8—分型滑块；9—垫圈；10—型芯 2

a. 准备装配好的分型滑块与导滑槽压板组件（装配过程③）和型芯1装配组件（装配过程①），去毛刺，擦拭干净，检查相关精度。

b. 按型芯1与型腔之间实际间隙值，选择合适垫圈垫入定位，并用辅助夹具夹紧图6-28所示组件，防止相对移动。

c. 按导柱导套孔位置要求和导柱导套孔径尺寸，钻、铰加工导柱导套孔，工序是钻孔→铰孔→配入导柱导套。再按工序要求加工其他各孔。也可以按基准找正后，数控铣削加工导柱导套孔，工序是钻孔→铣扩→配入导柱导套，再按工序要求加工其余各孔。

该工序主要工艺过程是加工导柱导套孔和配入导柱导套，其特点是：加工导柱导套孔和配入导柱导套是控制制件精度的关键，定位精度高；分型滑块与导滑槽研刮配合，间隙小，表面精度高；导柱导套孔的加工和导柱导套的装配，均在模具主要零部件处在最佳状态下进行，为保证制件精度奠定了基础。

d. 检测待加工斜导柱导套孔与装配斜导柱导套。

以上装配过程，也可采用以基准找正定位，导柱导套孔与分型滑块的型腔及其他相关的模具零件可在同一装夹工序中加工，但一般只能选择数控类机床，而且机床精度要求较高，才能保证装配工序顺利，装配精度达到要求。

⑤ 斜导柱装配过程。图6-30所示为注塑模具斜导柱装配示意图。

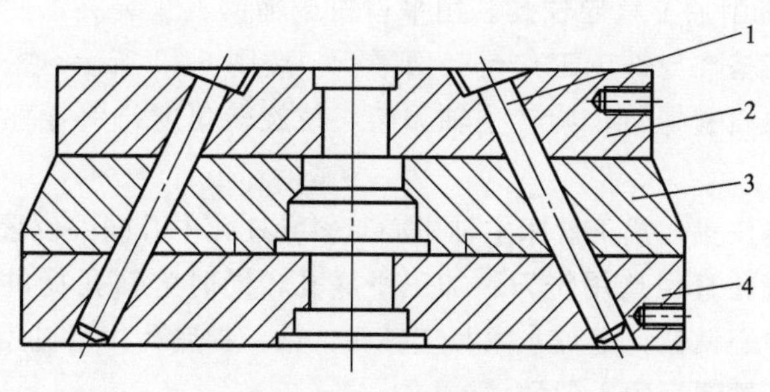

图6-30 斜导柱装配

1—斜导柱；2—型芯固定板；3—分型滑块；4—动模型芯固定板

将直导柱装配结束的注塑模组件，按斜导柱孔的角度要求和加工方法相应装夹加工，然后进行斜导柱的装配。

a. 钳工钻铰加工斜导柱孔。可采用平口钳按图 6-31 所示的装夹方法，用直角尺检查检验线，保证平行精度；或用万能角度尺检查与组件加工基准之间的接触精度，使钻头轴线与斜导柱孔轴线平行。

调整找正钻头中心与斜导柱孔中心的位置精度，使平口钳与工作台相对固定。用中心钻起钻定位，然后钻底孔、铰孔，配入斜导柱。第一斜导柱孔加工结束后，采用前面相应的找正装夹方法，找正第二斜导柱孔加工位置，分别钻铰加工，达到精度要求。

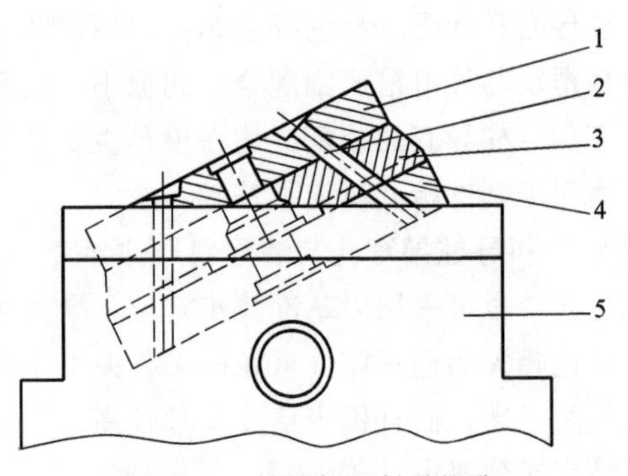

图 6-31 钻铰加工斜导柱孔

1—型芯固定板；2—斜导柱孔；3—分型滑块；4—动模型芯固定板；5—平口钳

b. 铣削加工斜导柱孔。用平口钳或辅助夹具装夹，使组件底平面加工基准与铣床工作台表面平行，按图 6-32 所示，松开铣床主轴刀架锁紧螺钉，旋转主轴刀架，使旋转角度与斜导柱孔斜角一致。

调整位置，找正铣床主轴中心与斜导柱孔中心同一位置，根据台阶平底孔直径选用铣刀，加工平底孔，同时为钻孔提供加工平面。用中心钻钻孔定位，用相应钻头，钻、扩底孔，用机用铰刀铰孔，清理铁屑后配入斜导柱。

待第一斜导柱孔加工结束后，反向调整铣床主轴刀架角度，找正钻孔中心位置，用同样的方法钻、扩、铰加工第二个斜导柱孔，清理铁屑后配入斜导柱。

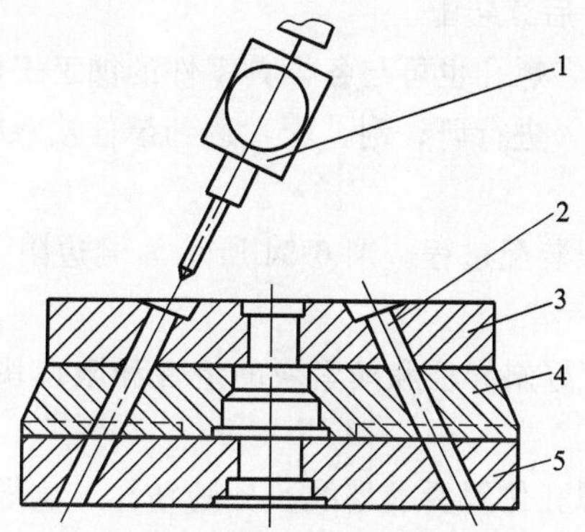

图 6-32　铣削加工斜导柱孔

1—铣床刀具主轴；2—斜导柱孔；3—型芯固定板；4—分型滑块；5—动模型芯固定板

⑥ 楔紧块装配过程。图 6-33 为楔紧块装配示意图。

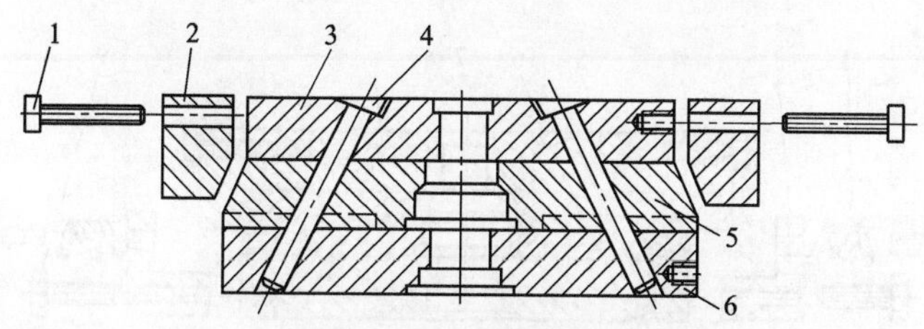

图 6-33　楔紧块的装配

1—螺钉；2—楔紧块；3—型芯固定板；4—斜导柱；5—分型滑块；6—动模型芯固定板

a. 取斜导柱装配结束后的组件和楔紧块等，检查、清屑。

b. 将红丹粉显示剂涂于楔紧块与模具型腔滑块组件结合面，均匀推研，按显示点接触状态判断结合面接触情况，修配研刮接触部位，达到接触显点均匀的要求，并稍留楔紧力余量，防止分型面注射成型时产生溢边。

c. 按装配位置要求划线，配钻通孔、攻内螺纹，用螺钉锁紧固定，再加工其他螺孔，分别锁紧固定。

d. 检测、待后续装配。

该装配工序，螺孔也可与各模具零件的加工工序同步加工，但都必须留有余量，进行研、刮、配，达到最佳接触状态。保证足够的楔紧力。

⑦ 限位支架装配过程。图 6-34 所示为侧边限位支架的装配示意图。

a. 取已装配好斜导柱和楔紧块的组件和限位块等配件，检测、去毛刺、擦拭干净。

b. 按装配螺孔位置要求划线，分别钻孔、攻螺纹，配装螺钉，将限位支架与动模型芯固定板，按要求定位固定。

c. 以限位支架孔位配钻分型滑块上的螺钉孔。

d. 安装调节螺钉，并调节弹簧有足够的预拉力，辅助斜导柱完成分型功能，同时限制分型滑块运动超程。

e. 检测，待后续装配。

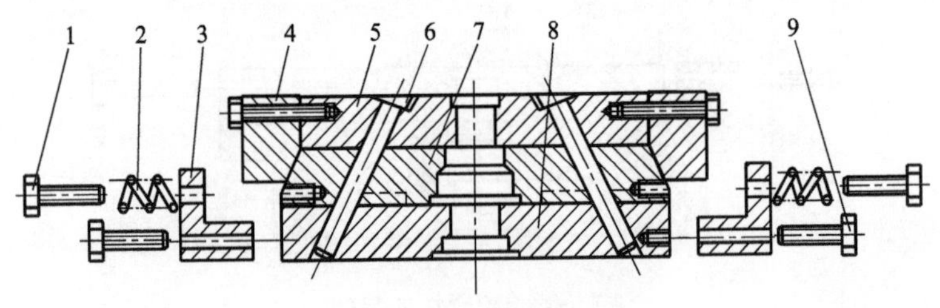

图 6-34 限位支架装配

1—调节螺钉；2—弹簧；3—限位支架；4—楔紧块；5—型芯固定板；6—斜导柱；7—分型滑块；8—动模型芯固定板；9—螺钉

⑧ 推杆、复位杆、拉料杆装配过程。图 6-35 所示为推杆、复位杆和拉料杆的装配示意图。

a. 准备注塑模具的动模型芯固定板、动模板、推杆、复位杆、拉料杆及推杆复位杆固定板和固定垫板等零件，清理、去毛刺，检

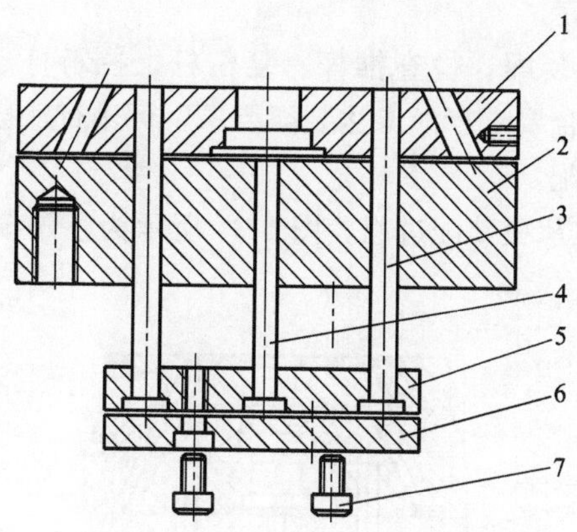

图 6-35　推杆、复位杆、拉料杆装配

1—动模型芯固定板；2—动模板；3—推杆/复位杆；4—拉料杆；5—推杆/复位杆固定板；6—固定垫板；7—螺钉

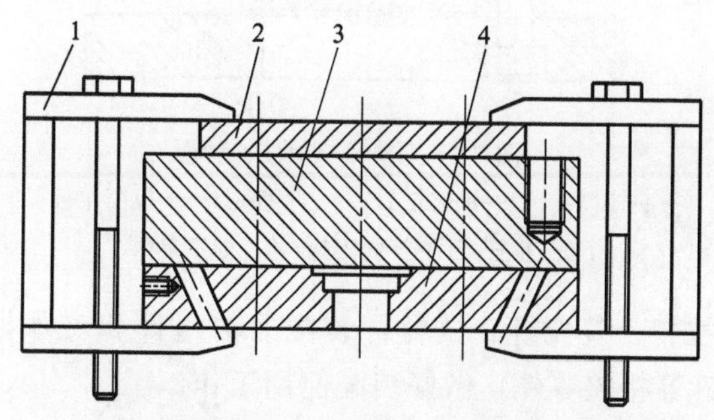

图 6-36　推杆、复位杆、拉料杆的装配

1—平行夹板；2—推杆/复位杆固定板；3—动模板；4—动模型芯固定板

查相关精度。

b. 调整零件间相互位置，如图 6-36 所示，用夹具夹紧，划出各孔加工位置。

c. 按各孔加工位置和孔径尺寸，分别钻孔、铰孔、配销。

d. 卸下夹具，取推杆、复位杆固定板，钻、扩台阶平底孔。

e. 按尺寸要求，钻孔、攻螺纹，使推杆、复位杆固定板与垫板之间锁紧固定。

f. 按顺序装配，检查推杆、复位杆、拉料杆运动是否灵活，各功能是否符合要求。如未达装配要求，可进行适当调整。最后检查，待后续装配。

⑨ 模架支承板装配过程。图 6-37 所示为注塑模的模架支承板装配示意图。

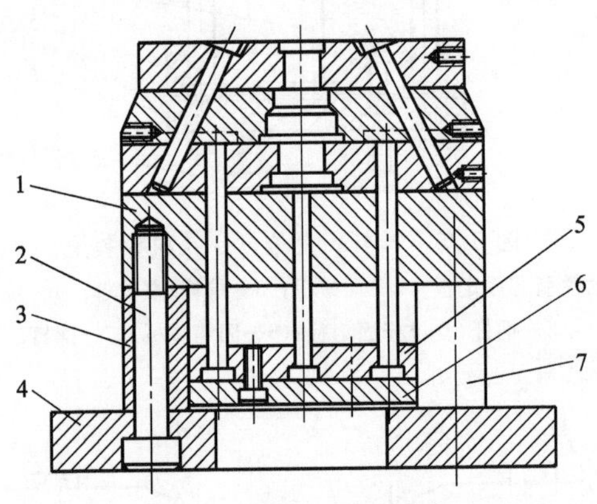

图 6-37 模架支承板装配

1—动模板；2—螺钉；3,7—支承板；4—动模固定板；5—推杆/复位杆固定板；6—固定垫板

a. 取推杆、复位杆、拉料杆装配后的组件和支承板、动模固定板、螺钉等相关零件，做好装配前期工作。

b. 检查支承板高度与推杆、复位杆功能长度是否匹配。

c. 按图样要求划线，确定紧固螺钉孔位置。

d. 钻孔、攻螺纹，用螺钉紧固。

e. 复查支承板高度与推杆、复位杆功能长度是否匹配，进行相应调整。

f. 检验，待后续装配。

⑩ 浇口套装配过程。图 6-38 所示为浇口套（主流道）的装配示意图。

a. 按图 6-38 所示装配结构，将定模固定板放置于已装配结束的注塑模具组件上，插入浇口套，并以浇口套为定位基准，调整定模固定板与模具组件的位置要求。

b. 按紧固螺钉孔位置，钻孔、攻螺纹，安装螺钉。

c. 检查调整位置，螺钉紧固，钻孔、铰孔，配入定位销。

d. 卸下浇口套，检查模具整体上下表面是否平行，如误差超过 0.04mm，可用平面磨削加工等方法修正。

e. 装入浇口套，钻孔、攻螺纹，螺钉固定。

至此，一副完整的水配件注塑模具装配完毕。

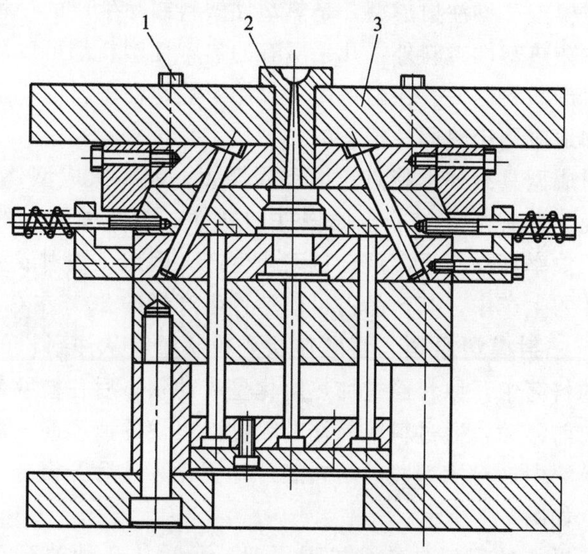

图 6-38 浇口套装配

1—螺钉；2—浇口套；3—定模板

第七章　注塑模具试模与调整

第一节　常见塑料注射机的分类与模具特点

注射模塑又称注射成型，是热塑性塑料制品生产的一种重要方法。除少数热塑性塑料外，几乎所有的热塑性塑料都可以用注射成型方法生产塑料制件。注射模塑不仅用于热塑性塑料的成型，而且已经成功地应用于热固性塑料的成型。

注射成型具有如下特点：成型周期短；能一次成型外形复杂、尺寸精确、带有金属或非金属嵌件的塑件；对各种塑料的适应性强、生产效率高；易于实现全自动化生产。因此，注射成型广泛地用于塑件的生产中，其产品占目前塑件生产量的30%左右。

(1) 注射模塑原理　将颗粒状或粉状塑料从注射机的料斗送进加热的料筒中，原料经过加热熔化呈流动状态后在柱塞或螺杆的推动下向前移动，通过料筒前端的喷嘴以很快的速度注入温度较低的闭合模腔中，充满型腔的熔料经冷却固化，然后开模分型获得成型塑件，如图 7-1 所示。

以上操作过程就是一个成型周期，通常从几秒钟至几分钟不等，时间的长短取决于塑件的大小、形状和厚度、模具的结构、注射机类型、塑料的品种和成型工艺条件等因素。

(2) 注射机的种类和特点　注射机的类型和规格较多，分类的方法也不同，常见的分类方法如下。

① 按注射机的外形可分为卧式、立式和角式注射机，如图7-2所示。

② 按传动动作方式可分为机械式、液压式和机械液压联合作用式。

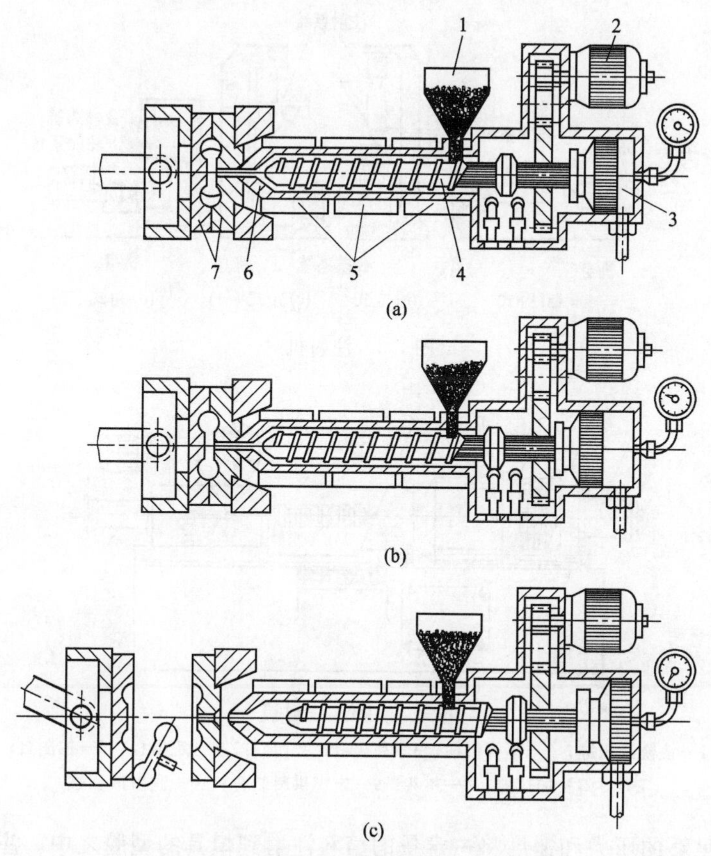

图 7-1　螺杆式注射机注射模塑原理图

1—料斗；2—螺杆传动装置；3—注射液压缸；4—螺杆；
5—加热器；6—喷嘴；7—模具

③ 按用途可分为通用注射机和专用注射机。

通常都是按其外形来分类，其中应用较广的是卧式注射机，如图 7-3 所示。

(3) 注射机的结构组成及作用　通用型注射机主要包括注射装置、合模装置、液压系统和电气控制系统四个组成部分。

① 注射装置。注射装置的主要作用是将塑料均匀地塑化，并

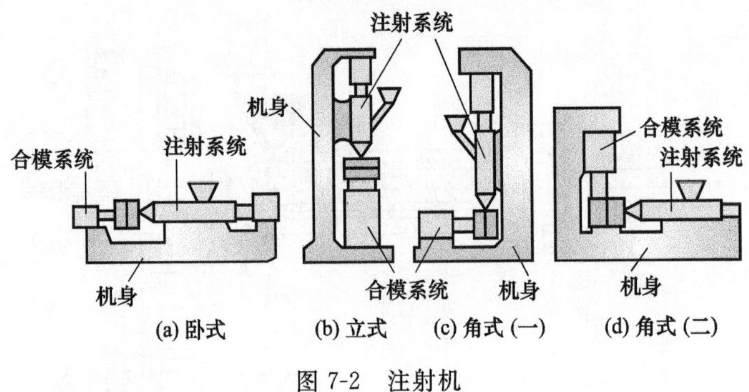

图 7-2 注射机

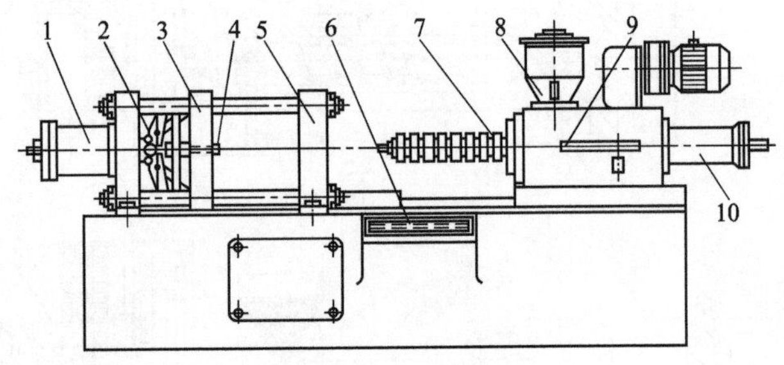

图 7-3 卧式注射机

1—锁模液压缸；2—锁模机构；3—动模板；4—顶杆；5—定模板；6—控制台；
7—料筒及加热器；8—料斗；9—定模供料装置；10—注射液压缸

以足够的压力和速度将一定量的熔料注射到模具的型腔之中。注射装置主要由螺杆、料筒和喷嘴所组成的塑化部件以及料斗、计量装置、传动装置、注射和移动油缸等组成。

② 合模装置。合模装置的作用是实现模具的启闭，在注射时保证成型模具可靠地合紧及脱出制品。合模装置主要由前后固定模板、移动模板、连接前后固定模板用的拉杆、合模油缸、移模油缸连杆机构、调模装置以及塑件顶出装置等组成。

③ 液压系统和电气控制系统。液压系统和电气控制系统的作用是保证注射机按工艺过程预定的要求（压力、速度、温度、时间）和动作程序准确有效地工作。注射机的液压系统主要由各种液

压元件和回路及其他附属设备组成。电气控制系统则主要由各种电器和仪表等组成。液压系统和电气控制系统有机地组织在一起，为注射机提供动力和实现控制。

(4) 通用注射机的特点

① 卧式注射机。柱塞（或螺杆）与合模机构均沿水平方向布置的注射机称为卧式注射机。大中型注射机一般均采用这种形式。这类注射机重心低、加料稳定、操作及维修均很方便，塑件推出后可自行脱落，便于实现自动化生产。

它的缺点是：模具安装较麻烦；嵌件放入模具有倾斜和落下的可能；机床占地面积较大。

常用的卧式注射机有：XS-Z-30 型、XS-ZY-60 型、XS-ZY-125 型、XS-ZY-500 型、XS-ZY-1000 型等。其中，XS 表示塑料成型机；Z 表示注射机；Y 表示螺杆式；30，60，125 表示注射机的最大注射量。

② 立式注射机。立式注射机的柱塞（或螺杆）与合模机构是垂直于地面安装的。

其主要优点是占地面积小，安装和拆卸模具方便，安放嵌件较容易。

缺点是重心高、不稳定，加料较困难，推出的塑件要人工取出，不易实现自动化生产。这种机型的最大注射量在 60g 以下，常用的有 SYS-30 型、SYS-45 型等。

③ 角式注射机。该类机型的注射柱塞（或螺杆）与合模机构运动方向相互垂直，故称为角式注射机。目前国内使用最多的角式注射机系采用沿水平方向合模，沿垂直方向注射，合模采用开合模丝杠传动，注射部分有采用齿条传动的，也有采用液压传动的。

它的主要优点是结构简单，便于自制。

主要缺点是机械传动无准确可靠的注射和保压压力及锁模力，模具受冲击的振动较大。常见的角式注射机有 SYS-45 型等。

(5) 国产注射机的规格和主要技术参数　我国注射机的规格是以公称注射量来表示的，它是以聚苯乙烯为标准，用注射出熔料的最大容积（cm^3）表示。

注射机的主要技术参数有公称注射量、注射压力、注射速率、塑化能力、锁模力、合模装置的基本尺寸、开合模速度、空循环时间等。这些参数是模具设计、选择和使用注射机的依据。其中合模装置的基本尺寸对于模具尺寸的确定非常重要，图 7-4、图 7-5 为 XS-Z-60 型和 XS-ZY-125 型塑料注射成型机合模部分的基本参数。

部分国产注射机规格和主要技术参数可参阅相关模具手册。

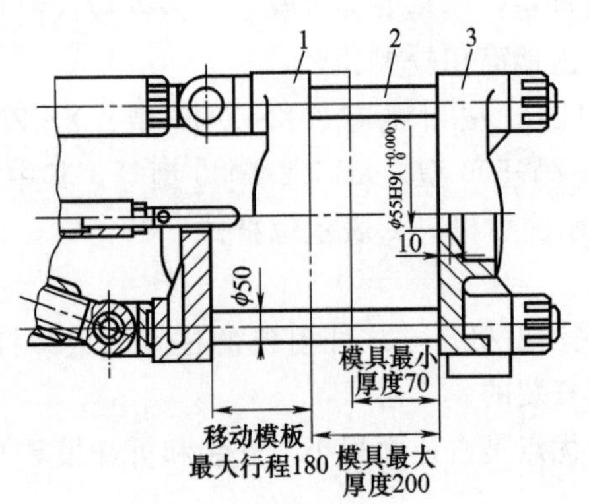

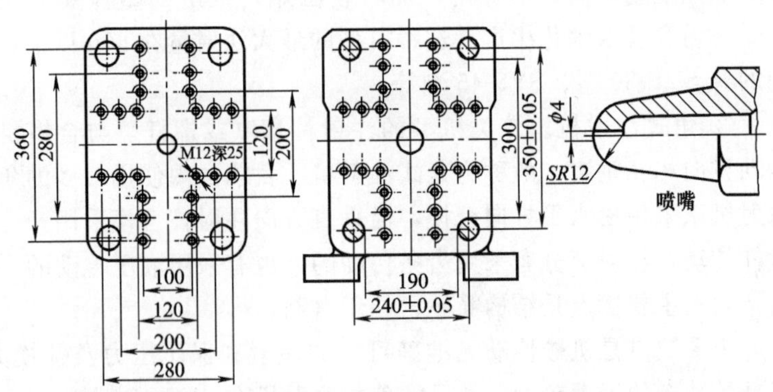

图 7-4　XS-Z-60 型塑料注射机合模部分

1—移动模板；2—拉杆；3—固定模板

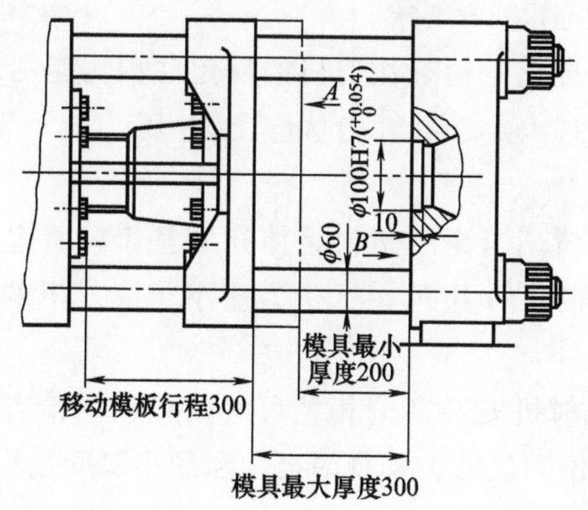

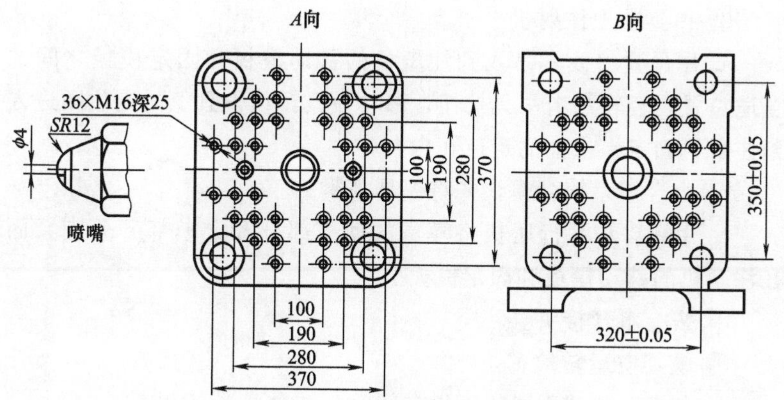

图 7-5　XS-ZY-125 型塑料注射机合模部分

第二节　注塑模具装模要求与方法

(1) 注塑模的安装

① 注塑模具安装前的准备工作

a. 最大注射量的校核。检查成型塑件所需的总注射量是否小于所选注射机的最大注射量。如总注射量小于所选注射机的最大注射量，则所选注射机符合最大注射量的校核。否则，产品不能完全成型，所选注射机不符合要求。

b. 注射压力校核。检查注射机的额定注射力是否大于成型时所需的注射压力。额定注射力大于注射压力，产品才能完全成型。

c. 锁模力校核。当高压塑料熔体充满整个模具型腔时，会产生使模具分型面胀开的力 F_z，这个力应小于注射机的额定锁模力 F_p，即 $F_z<F_p$。

d. 模具与注射机安装部分相关尺寸的校核。检查模具的浇口套喷嘴尺寸、定位圈尺寸、模具的最大和最小厚度及模板上安装螺孔尺寸是否与注射机相匹配。

② 模具装上注射机

a. 用吊具将模具吊入到注塑机的移动模板和固定模板之间的合适位置，轻轻点击吊具按钮，移动模具，使模具上的定位圈进入到注射机固定模板上的定位孔内。

b. 由合模系统合模，并将模具锁紧。

c. 用螺钉和平行压板将模具的动模部分和定模部分分别紧固在注塑机的移动模板和固定模板上。

d. 按上水管接头。

③ 模具空运转检查

a. 合模后分型面之间不得有间隙，结合要严密。

b. 活动型芯、顶出及导向机构运动及滑动要平稳，动作要灵活，定位导向要准确。

c. 开模时，顶出部分应保证顺利脱模，以方便取出塑件及浇注系统凝料。

d. 冷却水要通畅、不漏水。

④ 注塑模的调整。图 7-6 为注塑模的注射成型工艺过程示意图。

根据试制出的制件是否符合设计要求对注塑模进行调整。

注塑模调整项目及要点见表 7-1。

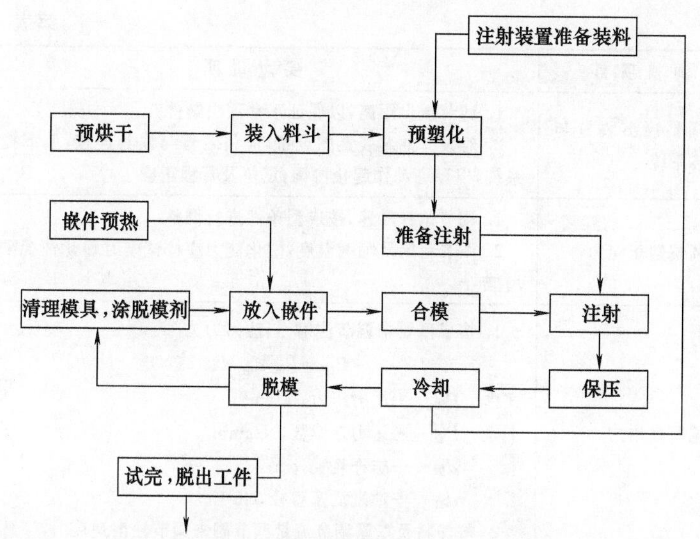

图 7-6　注塑模注射工艺

表 7-1　注塑模调整项目及要点

调整项目	要点说明
选择螺杆及喷嘴	1. 按设备要求根据不同塑料选用螺杆 2. 按成型工艺要求及塑料品种选用喷嘴
调节加料量，确定加料方式	1. 按塑件重量（包括浇注系统耗用量，但不计嵌件）决定加料量，并调节定量加料装置，最后以试模为准 2. 按成型要求，调节加料方式 （1）固定加料法。在整个成型周期中，喷嘴与模具一直保持接触状态，适于一般塑料 （2）前加料法。每次注射后，塑化达到要求注射的容量时，注射座后退，直至下一个循环开始时再前进，使模具与喷嘴接触进行注射 （3）后加料法。注射后注射座后退，进行预塑化工作。待下一个循环开始，再进行注射，用于结晶性塑料 3. 注射座要来回移动者，则应调节定位螺钉，以保证每次正确复位。喷嘴与模具要紧密配合
调节锁模系统	装上模具后，按模具的闭合高度、开模距离调节锁模系统及缓冲装置，应保证开模距离要求。锁模力松紧要适当，开闭模具时，要平稳缓慢

续表

调整项目	要点说明
调整顶出装置与抽芯系统	1. 调节顶出距离,以保证正常顶出塑件 2. 对设有抽芯装置的设备,应将装置与模具连接,调节控制系统,以保证动作起止协调,定位及行程正确
调整塑化能力	1. 调节螺杆转速,按成型条件进行调整 2. 调节料筒及喷嘴温度,塑化能力应按试模时塑化情况酌情增减
调节注射力	1. 按成型要求调节注射力,注射力为 $P_{注}=P_{表}\ d_{缸}^2\ d_{螺}^2$ (N) 式中 $P_{注}$——注射压力,N/cm²; $P_{表}$——压力表读数,N/cm²; $d_{螺}$——螺杆直径,cm; $d_{缸}$——油缸活塞直径,cm 2. 按塑料及壁厚调节流量调节阀来调节注射速度
调节成型时间	按成型要求来控制注射、保压、冷却时间及整个成型周期。试模时,应手动控制,酌情调整各程序时间,也可以调节时间继电器自动控制各成型时间
调节模温及水冷系统	1. 按成型条件调节流水量和电加热器电压,以控制模温及冷却速度 2. 开机前,应打开油泵、料斗及各部位冷却水系统
确定操作次序	装料、注射、闭模、开模等工序应按成型要求调节。试模时用人工控制,生产时用自动及半自动控制

(2) 试模注意点 注塑模具装配完成以后，在交付生产之前，应进行试模，试模的目的有二：一是检查模具在制造上存在的缺陷，并查明原因加以排除；二是可以对模具设计的合理性进行评定并对成型工艺条件进行探索，这将有益于模具设计和成型工艺水平的提高。试模应按顺序进行并注意以下事项。

① 装模注意事项。在模具装上注射机之前，应按设计图样对模具进行检验，以便及时发现问题，进行修理，减少不必要的重复安装和拆卸。在对模具的固定部分和活动部分进行分开检查时，要注意方向记号，以免合拢时搞错。

模具尽可能整体安装，吊装时要注意安全，操作者要协调一致、密切配合。当模具定位圈装入注射机上定模板的定位圈座后，可以极慢的速度合模，由动模板将模具轻轻压紧，然后装上压板。通过调节螺钉，将压板调整到与模具的安装基面基本平行后压紧，如图 7-7 所示。压板位置不允许如图中双点画线所示。压板的数量根据模具的大小进行选择，一般为 4～8 块。

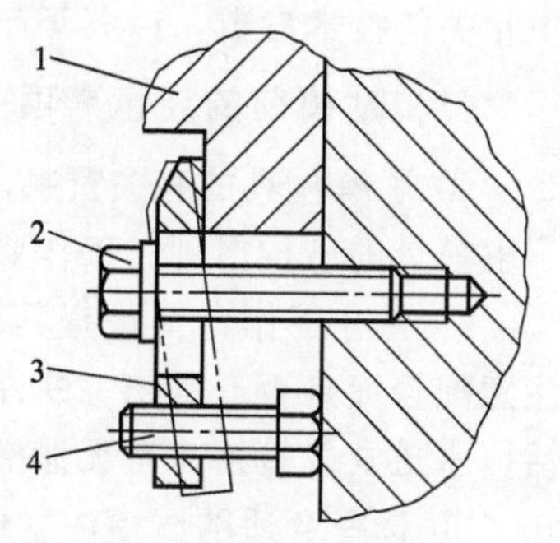

图 7-7　模具的紧固
1—模座板；2—压紧螺栓；3—压板；4—调节螺钉

② 模具调整注意事项。在模具被紧固后可慢慢开模，直到动模部分停止后退，这时应调节机床的顶杆使模具上的推杆固定板和动模支承板之间的距离不小于 5mm，以防止顶坏模具。

为了防止制件溢边，又保证型腔能适当排气，合模的松紧程度很重要。由于目前还没有锁模力的测量装置，因此对注射机的液压柱塞-肘节锁模机构，主要是凭目测和经验调节，即在合模时，肘节先快后慢，既不很自然，也不太勉强地伸直时，合模的松紧程度就正好合适。对于需要加热的模具，应在模具达到规定温度后再校正合模的松紧程度。

最后，接通冷却水管或加热线路。对于采用液压或气压分型的模具也应分别进行接通和检验。

第三节　试　模

注塑模具总装结束，交付使用之前必须进行模具的试生产，以检验塑料制件是否达到规定要求，所以试模这一过程是模具制造时必不可少的环节。试模结果的好坏将直接影响工厂的后续生产是否顺畅。因此在试模过程中必须遵循合理的操作步骤和记录试模过程中相关的技术参数，以利于产品的批量生产。

(1) 试模前的注意事项

① 了解模具的有关资料。操作人员必须熟悉模具的总装配图，了解模具的结构原理、工作要求等。

② 先在工作台上检查其机械连接、配合运动情况。检查中要注意配合面是否有刮伤、缺件及松动等现象，导向滑板动作是否灵活，水道及气管接头有无泄漏，模具行程是否合理等。

③ 选择合适的试模注射机，在选择时应注意：

a. 注塑机台的最大射出量；

b. 拉杆内的距离是否放得下模具；

c. 活动模板最大的移动行程是否符合要求；

d. 其他相关试模用工具及配件是否准备齐全。

④ 装模安全技术要求。一切都确认没有问题后则吊挂模具，吊挂时应注意在锁上所有夹模板及开模之前吊钩不要取下，以免夹模板松动或断裂导致模具掉落。模具装妥后应再仔细检查模具各部分的机械动作，如滑板、顶针、限制开关等的动作是否可靠。并注意注射嘴与进料口是否对准。下一步则是注意合模动作，此时应将闭模压力调低，在手动及低速的合模动作中注意观察并仔细听是否有任何不顺畅动作、异声等。吊装模具过程比较简单，特别要注意的地方是模具浇口与注射嘴的校中心，通常可以采用试纸的方式调校中心。

⑤ 提高模具温度。依据成品所用原料性能及模具大小，选用适当的模温控制机，将模具温度提高至生产所需的温度。等模温提高之后，再次检查各部分的动作，因为钢材因热膨胀之后可能会引起卡模现象，因此须注意各部的滑动，以免有拉伤、颤动的产生。

⑥ 对所采用的原料做适度烘烤。

⑦ 试模与将来生产用料尽可能一样。

⑧ 内应力等问题经常影响二次加工，试模待成品稳定后即可二次加工，模具在慢速合上之后，要调好闭模压力，并动作几次，看有无合模压力不均等现象，以免成品产生毛边及模具变形。以上

步骤都检查过后再将闭模速度及闭模压力调低，且将安全扣杆及顶出行程调好，然后将闭模压力和闭模速度调到规定值。如果涉及最大行程的限制开关时，应把开模行程调短些，而在调开模最大行程之前切掉高速开模动作。

⑨ 在第一模射出前再查对：加料行程是否过长或不足；压力是否太高或太低；充模速度是否太快或太慢；加工周期是否太长或太短，以防止成品短射、断裂、变形、毛边甚至伤及模具。若加工周期太短，顶针将顶穿成品或剥坏挤伤成品，造成脱模困难。若加工周期太长，则模芯的细弱部位可能因塑料缩紧而断掉。

(2) 试模的主要步骤

① 查看料筒内的塑料原料是否正确无误，是否依规定烘烤。

② 料管的清理务求彻底，以防劣质胶料或杂料射入模内，因为劣质胶料及杂料可能会将模具卡死。检查料管的温度及模具的温度是否适合于原料加工。

③ 调整压力及射出量以求生产出外观令人满意的成品。

④ 要耐心等到机器及模具的条件稳定下来（即使是中型机器可能也要等 30min 以上），可利用这段时间来查看成品可能发生的问题。

⑤ 螺杆前进的时间不可短于闸口塑料凝固的时间，否则成品重量会降低而损及成品的性能。当模具被加热时螺杆前进时间亦需酌情加长以便熔料充满型腔。

⑥ 合理调整，降低总加工周期。

⑦ 测量并记录样品的重要尺寸（应等样品冷却至室温时再量）。

⑧ 把每模样品量得的尺寸进行比较，注意：

a. 制品尺寸是否稳定。

b. 是否某些尺寸有增加或降低的趋势而显示机器加工条件仍在变化，如不良的温度控制或油压控制。

c. 尺寸的变动是否在公差范围之内。

⑨ 如果成品尺寸变动不大而加工的条件正常，则需观察是否

每一型腔的成品质量都达到要求，其尺寸都在允许公差之内。把量出连续或大或小于平均值的型腔号记下，以便检查模具的尺寸是否正确。

(3) 记录试模过程中所得到的数据 试模过程中须记录且分析数据以作为修改模具及生产条件的数据，作为将来批量生产时的参考依据。

① 使加工运转时间长些，以稳定熔体温度及液压油温度。

② 按所有成品尺寸的过大或过小作为调整机器条件。

③ 各型腔尺寸的过大或过小予以修正，若型腔与流道尺寸正确，那么就应试改机器条件，如充模速率、模具温度及各部压力等，并检视某些型腔是否充模较慢。

④ 依各型腔成品的配合情况或模芯移位，予以个别修正。

⑤ 检查及修改注射机的故障，如油泵、油阀、温度控制器等的不良都会引起加工条件的变动。

妥善保存在试模过程中样品检验的记录，包括加工周期各种压力、熔体及模具温度、料管温度、射出动作时间、螺杆加料时间等，用于建立相同加工条件的数据，以便获得符合质量标准的产品。

目前工厂试模时往往忽略模具温度，而在短时试模及以后批量生产时模具温度最不易掌握，而不正确的模温足以影响塑件的尺寸、粗糙度、缩水、流纹及欠料等现象。

第四节 制件质量分析与模具调整

注塑模具制造包括模具结构设计、模具零件的加工、模具零部件的装配、试模分析、修正调整等过程。模具装配结束以后，要取得合格制件，试模调整就显得十分重要，因为模具设计、加工、装配等是否达到功能要求，都必须通过试模来检验，以注塑出合格制件为最终目标。生产实际中试模是一个系统工程，试模过程中所遇到的问题也多种多样，因此试模操作工技术要全面，要掌握多方面的知识，并要在实践中多累积经验，做到不但能分析问题，更能针对问题采取相应的修正措施，试制出合格制件，完成试模工作。

注塑模具试模过程中，常见的问题和采取的措施如下。

(1) 注塑成型制件尺寸未达到设计精度要求 制造注塑模具的目的是利用注塑模具批量生产出合格的注塑制件，达到设计使用功能。如生产出的制件达不到相应的尺寸精度要求，将无法实现其实际使用功能，也就不会取得应有的经济效益。影响注塑成型制件尺寸精度的因素如下。

① 模具。注塑模具结构设计不合理、模具零件尺寸计算不正确、模具零件加工达不到精度要求、模具装配修调精度差，都会造成注塑成型制件尺寸达不到设计精度要求，而且这类模具自身缺陷试模后进行相应修调的难度均较大，严重时甚至会使模具报废。因此要认真按试模制件分析，找出影响尺寸精度的主要因素，对部分模具零件进行调整或修磨，对无法修磨的模具零件可调换，直到达到要求为止。

② 成型收缩率。一方面，塑料原料的合成树脂和填料成分等的不同，其使用性能和收缩率等相应不同，就是同一种塑料虽成分相同，其成型收缩率也是在一定范围内的变化值，不是一个定值。另一方面，成型收缩率与制件的壁厚和形状、成型注塑温度、成型注塑压力、模具的型腔数目和分布等有关。因此确定成型收缩率时，应根据多种因素综合考虑，一般首先取成型收缩率范围的中值，再结合制件形状等其他因素适当调整。如果制件尺寸达不到精度要求，在模具设计合理和成型收缩率计算准确的前提下，应先考虑成型温度的影响，成型温度越高，收缩率越大；再考虑注射压力及保压时间的影响。试模过程中可反复分析对比，找出影响尺寸精度的真实因素，最后再考虑模具零件局部修正。

③ 注塑压力与保压时间。同样的注塑模具、同样成分的塑料原料、同样的注塑温度、同样的成型周期，如果注塑压力不同，制件的尺寸也会不同。就是注射压力相同，保压时间不足，注塑成型时型腔也不易填实，成型收缩率也就大，同样会导致制件尺寸达不

到要求。因此试模时要注意注射压力，尤其是保压时间。

④ 注塑机锁模力。如果注塑压力与保压时间足够，注塑锁模力达不到要求，注塑时就会胀模，产生溢边等，致使注塑制件单向尺寸增大，影响制件尺寸精度。因此制件出现单向尺寸增大时，应首先检查注塑锁模力和注塑制件溢边情况，采取相应的措施，确保制件尺寸精度达到要求。

(2) 注塑制件充填不足 注塑制件充填不足就是注塑时型腔没有充满，注塑制件没有完全成型，达不到制件使用要求，也就是说实际生产的注塑制件是废品。导致这种缺陷有以下几方面原因。

① 注塑机塑化容量小。注射系统是注塑机的心脏部分，其作用是保证定时、定量地把物料加热塑化，然后以一定的压力和速度把相当于一定量的熔融塑料注入模腔内，注射完毕还要有一段保压时间以向模腔内补充因冷却而收缩的熔料，使制品密实和防止模腔内物料反流。因此，注射装置必须保证塑料均匀塑化，并有足够的注射压力和保压压力。当注塑制件质量超过注塑机实际最大注射量时，显然会出现供料量不足，满足不了型腔填充的实际需求量，二次注射就有一个塑化不够充分的问题，再者第一次注射填充的熔料在模具内已固化，根本无法进行二次填充，这种情况只有更换容量大的注塑机才能解决问题。有些塑料熔融范围窄，比热容较大，需用塑化容量大的注塑机才能保证熔料的供应，一次充满型腔。

② 温度计显示的温度不真实，明高实低，造成料温过低。这是由于温控装置如热电偶及其线路或温差毫伏计失灵，或者是由于远离测温点的电热圈老化或烧毁，加温失效而又未曾发现或没有及时修复更换，料温过低，造成注塑制件充填不足。

③ 喷嘴内孔直径太大或太小。注射机喷嘴内孔直径太小时，由于流通直径小，料条的比体积增大，容易堵塞进料通道或消耗注射压力；注射机喷嘴内孔直径太大，则流通截面积大，塑料进模的单位面积压力低、成型注射力小等状况，同时有些塑料如 ABS 黏度下降，也会造成充模困难。

④ 喷嘴与主流道入口配合不良。喷嘴球径比主流道入口处球

径大，接触边缘出现间隙，在溢料挤压下逐渐增大喷嘴轴向推开力，造成模外溢料、模内填充不满的现象；喷嘴本身流动阻力很大或有异物、塑料炭化沉积物等堵塞；喷嘴或主流道入口球面损伤、变形；注塑机械故障或偏差，使喷嘴与主流道轴心产生位移或轴向压紧面脱离，造成注塑制件充填不足。

⑤ 塑料熔块堵塞加料通道。由于塑料在料斗干燥器内局部熔化结块，或机筒进料段温度过高，或塑料等级选择不当，或塑料内含的润滑剂过多都会使塑料在进入进料口缩颈位置或螺杆起螺端深槽内过早地熔化，粒料与熔料互相黏结形成“过桥”，堵塞通道或包住螺杆，随同螺杆旋转做圆周滑动，不能前移，造成供料中断或无规则波动。出现这种情况只有凿通通道、排除料块才能得到根本解决。

⑥ 喷嘴冷料入模。注塑机通常都因顾及压力损失而只装直通式喷嘴。但是如果机筒前端和喷嘴温度过高，或在高压状态下机筒前端储料过多，产生“流涎”，使塑料在未开始注射而模具敞开的情况下，或模具虽在合模状态，“流涎”的熔料在无高压注射力时，意外地抢先进入主流道入口并在模板的冷却作用下变硬，而妨碍熔料顺畅地进入型腔。这时，应降低机筒前端和喷嘴的温度并减少机筒的储料量、减低背压压力，避免机筒前端熔料密度过大。

⑦ 注塑周期过短。由于周期短，塑料熔融不足，也会造成缺料，在电压波动大时尤其明显。出现这种情况要根据供电电压对注塑周期进行相应调整，调整时一般不考虑注射和保压时间，主要考虑调整从保压完毕到螺杆退回的那段时间，既不影响充模成型条件，又可延长或缩短料粒在机筒内的预热时间。

⑧ 模具结构排气不畅。其原因：一是模具本身结构复杂，浇口数目不足或形式不当；二是模腔内排气措施不力，导致注塑制件不能充满。为消除这种缺陷，可开设有效的排气孔道，选择合理的浇口位置使空气容易排出，必要时可将型腔固气区域的某个局部制成镶件，使空气从镶件缝隙中逸出。

⑨ 模具温度。熔融的塑料充满型腔，需要一定的模具温度，

特别是流动性较差的塑料更是如此。对流动性较好的塑料，试模时可用反复充模的方法，提高模具温度。对流动性较差的塑料，模具结构中必须增加加热装置，保证注塑时模具型腔能充满、充实，使制件达到精度要求。

(3) 溢边 溢边又称飞边、毛刺等，大多发生在模具的分合位置上，导致该缺陷的主要原因有：

① 模具精度。模具分型面精度差，分型面平面度达不到要求，模具上粘有凸出异物、活动模板变形翘曲，模具装配上、下组合表面不平行，模具本身安装平行度不好，模具流道设计不合理或流道阻力大等，都会造成溢边，使制件尺寸达不到要求。因此要根据试模中实际出现的问题，合理分析，采取相应措施，对症解决。

② 模具设计和入料配置不合理。纠正的方法：在不影响制件完整性的前提下，把流道设置到塑件的质量对称中心上，避免出现熔料偏向性流动；提高模具中配合面的设计制造精度，使塑料在熔融状态下不易进入活动的或固定的缝隙。

③ 注射机的锁模力不足。注射成型时，由于机器的缺陷导致实际的锁模力不足或不恒定、锁模压力中心不对称等，都会导致锁模不紧密而产生飞边，试模中如发现锁模力不足，可调换锁模力大的注塑机。如果是锁模压力中心不对称，可对装模位置进行适当调整。

④ 注射工艺条件不良。出现这种现象的原因有：塑料充模过分剧烈；预塑量调得不准确，料斗和料筒的进料量不一致；注射成型温度过高。因此试模时要合理确定注射成型工艺参数，减少或杜绝溢边，保证注塑制件精度。

(4) 翘曲变形 塑料制品的变形形式主要有收缩变形和翘曲变形。其中翘曲变形是指塑料制品的形状偏离模具型腔的形状，影响塑料制品的外观质量及其力学性能，甚至会造成产品报废。在注塑过程中，翘曲变形主要是由制品的收缩差异造成的。收缩差异可表现为：制品不同部位平行和垂直方向的收缩率不同；沿制品厚度方向收缩率不同；制件结构距浇口位置远近的收缩率不同。影响翘曲变形的主要因素有：

① 冷却不均使制品沿厚度方向的收缩不均匀。这主要是由于模腔表面温度不均、温度沿厚度方向变化和模具的热性质不同造成的。

② 收缩不均（又称区域性收缩）。这是由整个塑件收缩分布不均匀造成的，主要影响因素有制件厚度不均，浇口位置、冷却系统的设计不合理或冷却参数、成型条件不同等。

③ 分子方向性效应造成熔体流动沿平行及垂直方向收缩量不同。主要原因有分子方向性，玻璃纤维配向，浇口位置、冷却系统的设计不合理或冷却参数、成型条件不同等。

④ 顶出装置设计不合理。注射成型后的制件，都需要采用顶出装置推出，保证后续注射成型。如果顶出设计不合理，如薄壳成型件用细顶杆推出，顶出装置顶出位置不当等，都会造成制件翘曲变形。因此模具设计应规范，试模时可根据问题实质，对顶出装置进行修调。

⑤ 模具温度偏高。注塑成型时由于塑料原料各自性能不同，所需的模具温度也不相同，流动性差的塑料注射成型时需要较高的模具温度，以利注射成型时充满型腔，流动性较好的塑料注射成型时，考虑的是加速冷却固化，缩短成型周期。模具温度偏高，模具水路配置不合理，冷却效果太差，是注塑制件翘曲变形的主要因素，试模过程中应多加考虑，尤其是处于正常生产阶段更是如此。

(5) 脱模困难（浇口或塑件紧缩在模具内）

① 模具制造精度差。模具结构设计不合理，分型面确定不当，会造成脱模困难或无法脱模；模具设计的推出装置选择不够完善或分布位置不均，会造成注塑制件顶推困难；模具型芯、型腔所选脱模斜度不够，会造成注塑制件紧紧地包在模具成型零件上，无法进行脱模；模具零件加工时成型部位表面粗糙度值太大，增加了脱模阻力，使脱模难度加大；模具成型部位有倒钩、错位或毛刺，脱模时受阻，脱模困难；由于注塑制件的结构特殊，模具设计时有时需要采用分时脱模方式，如果分时机构动作不协调，会造成脱模困难

或无法脱模；模具排气不良或无排气槽，也会增加脱模难度。因此试模时要根据试模过程中出现的问题，找准原因，加以修正，保证合格制件的正常推出。

② 注塑成型工艺参数不准确。模具设计结构等均符合要求，调节模具温度，使成型制件冷却收缩，对防止脱模不顺有一定效果。但是，如果冷却收缩过度，则制件包在动模型芯上不易脱模，所以，必须保持最佳模温。一般，动模模温要比定模模温高5～10℃。机筒温度太高，使塑料原料在机筒内受温过高聚化分解，性能变脆，脱模推杆顶出塑件时易破损，会造成脱模困难。注射量太多，注射压力太高或保压及冷却时间过长，同样会增加脱模困难。因此要视实际试模状况分析，采取调整措施以使成型制件形状稳定且便于脱模。

③ 注塑制件结构造型不当。注塑制件结构不当、壁厚不均、尺寸变化突然或壁厚尺寸过小，都会造成制件脱模困难。因此模具设计时应考虑诸多因素，如果试模中仍存在上述因素，可找准位置，对成型零件局部增加脱模斜度和进行表面抛光加工，并适当加以润滑，确保制件脱模顺利。

④ 装模不正确。装模时喷嘴与浇口的中心如果对不准，会增加脱模难度；喷嘴孔偏移或喷嘴孔径大于浇道孔径，也会造成脱模不顺。因此在试模过程脱模困难时，可进行针对性调整，确保脱模方便。

(6) 熔接痕 熔接痕是注塑熔料在合流处产生的细小的线或接痕，这是由于熔料在交汇处没完全融合而产生的。产生熔接痕时，成品正、反面都在同一部位上出现细线痕，如果模具的一方温度高，则与其接触的制件表面出现的熔接痕线会比另一方浅。在实际生产中，提高注塑制件精度，防止熔接痕出现的措施如下。

① 提高熔料温度，增加注射速度。

② 提高模具温度，增加注塑熔料在模具内的流动性，使熔料在模具型腔内会合时的温度较高。

③ 模具型腔中间有油或其他不易挥发成分，则它们集中在熔料结合处使熔料融合不充分而形成熔接痕线，因此试模前应将模具内部清理干净。

④ 模具型腔内排气不良，也是形成熔接痕线的原因之一。因此设计模具时要考虑排气位置，排气要求不高时，模具型腔结构采用镶拼式，利用镶拼件间细小间隙进行排气，减小熔接痕，保证注塑制件精度。

(7) 气泡　注塑制件壁厚处的内部所产生的空隙称为气泡。尤其注塑制件壁厚处较为明显，壁厚处的中心是冷却最慢的地方，壁薄的部位迅速冷却，快速收缩的表面会将熔料拉引起来产生空隙而形成气泡。防止气泡产生的措施如下。

① 射出压力尽可能高，适当增加保压时间，减少熔料收缩。

② 注塑制件上壁厚变化急剧时，各部分冷却速度不同，容易产生气泡，在不影响注塑制件使用性能的前提下，制件厚薄变化明显处可采用圆弧或斜面过渡连接，减小制件冷却不均现象，降低气泡产生的可能性。

③ 注塑原料水分大，加热时产生气体与熔料一起，被高压注射入型腔内而产生气泡。因此注塑成型前，塑料原料均要进烘箱进行烘干，待塑料原料达到干燥要求后，方能进行注塑生产。

(8) 起疮（银色条纹）　成型出的制件上有很多银白色的条痕，基本上是顺着原料的流动方向产生的，这种现象是许多不良条件累积后发生的，有可能由以下几方面引起。

① 塑料原料中如果有水分或其他挥发成分，未充分烘干，注射时分解，则表面上就会产生很多银条。

② 塑料原料中偶然混入其他成分的原料时，也会形成起疮，其形状呈云母状或针点状，这与其他原因造成的起疮有明显的分别。

③ 塑料原料或加热料管不清洁。换不同塑料原料进行加工时，加热料管必须挤排清洗干净，否则容易发生银色条纹现象。

④ 注射时间长，初期射入到模穴内的原料温度降低、固化，

使挥发成分不能排出，尤其是对温度敏感的原料，常会出现这种状况。

⑤ 如果模温较低，则原料固化快，也容易使挥发成分不易排出，从而产生银色条纹。

⑥ 模具排气不良，熔料进入时气体不易排除，会产生起疮，这种状况，成品顶部往往会有烧黑现象。

⑦ 模具上如果附着水分，则充填原料带来的热将其蒸发，与熔融的原料融合，形成起疮，这种情况条纹呈蛋白色雾状。

⑧ 浇道冷料穴有冷料或者冷料穴较小以及模具温度较低，注射时，冷却的原料带入模穴内，一部分会迅速固化形成薄层，又被后面的原料融化分解，造成冷热悬殊，形成白色或污痕状，这种缺陷多见于薄壳产品。

⑨ 注射充填时，熔料成乱流状态，使熔料流经路线延长，并受模穴内结构的影响产生摩擦，加之充填速度比熔料冷却速度快，使制件厚薄急剧变化的地方产生起疮。

⑩ 塑料原料在加热料管中停留时间过久，造成部分过热分解，也容易出现起疮。

试模过程中，应根据所出现的银色条纹现象进行分析，查找原因，采取相应措施，避免缺陷出现，保证注塑制件表面美观，产品质量符合要求。

(9) 变色的缺陷分析　造成注塑制件局部变色的原因也是多方面的，主要有：

① 设备方面

a. 注塑设备料筒内有其他成分残余原料、灰尘或其他粉尘沉积料斗使注塑原料受污染而变色；料筒内障碍物促使塑料受热降解。要注意设备干净，防止原料污染。

b. 热电偶、温控器或加热系统失调，造成温控装置失灵。此种问题应及时修理。

② 模具方面

a. 模具排气不良，塑料在高温高压下与残留氧气剧烈反应，分解烧伤塑料。应注意模具排气，并控制注塑温度。

b. 喷嘴孔、模具主流道及分流道尺寸太小，浇口表面粗糙等，会加速熔料剧变。应修整浇口，降低浇口表面粗糙度。

c. 模具内润滑剂、脱模剂太多。应注意添加时要适量。

③ 工艺方面

a. 螺杆转速太高、预塑背压太大，会造成注塑制件变色。应按试模实际调整。

b. 注塑设备料筒、喷嘴温度太高，塑料受高温剧烈分解变色。应检查温控装置，调整温度。

c. 注射压力太高、注射时间太长、注射速度太快等，都会造成注塑制件变色。应调整注塑参数，防止注塑制件变色。

④ 注塑原料

a. 注塑原料被污染。

b. 塑料原料水分及挥发物含量高。

c. 着色剂、添加剂受高温分解。

试模过程中，注塑制件出现变色缺陷时，可先检查注塑设备是否清洗干净，因为注塑熔料容易粘在加热料筒内，不易清洗干净，只要有不同成分、不同色素的熔料混杂在一起，就必然使后续加工的注塑制件产生变色的缺陷；其次检查注塑原料，因为注塑原料如果成分不纯、着色不均都会造成变色缺陷；再检查注塑工艺，逐步调整注塑参数；最后检查注塑模具。

(10) 黑斑或黑液缺陷分析　主要从注射设备、模具和注塑原料几方面来进行分析

① 设备方面

a. 注塑机筒中有残余的焦黑材料。

b. 注塑机筒内壁有裂痕，螺杆或柱塞磨损，对熔料产生挤阻力，注塑熔料高温挤阻分解。

c. 注射料斗附近表面不清洁。

② 模具方面

a. 型腔内有添加剂或从顶出装置中渗入油。

b. 型腔内有其他残余杂质。

③ 原料方面

a. 注塑原料不清洁。

b. 润滑剂不足。

试模时，应根据黑斑或黑液缺陷的大小和部位进行分析，首先从注塑设备查找，其次检查注塑原料，最后检查模具，因为模具如果有杂物，一般试注射几模便能清洗干净，不会对后续注射加工带来影响。

(11) 内应力 注射模塑制品的内应力是由于成型加工不当、温度变化、溶剂作用等原因所产生的应力。其本质就是高弹变形被冻结在制品内而形成的。

内应力会影响注塑制品的性能，还会使制品在垂直于流动方向的力学强度降低，造成塑品开裂。

通常认为热塑性塑料注塑制件中主要存在着四种不同形式的内应力：取向应力，体积温度应力，制品脱模时的变形应力，与制件顶出变形有关的内应力。内应力的分散与消除方法如下。

① 高分子取向使制件内存在着未松弛的高弹变形，主要集中在表层和浇口附近，使这些地方存在着较大的取向应力，提高加工温度和模具温度、降低注射压力和注射速度、缩短注射时间和保压时间都能在不同程度上使制件的取向应力减小。

② 体积温度应力是制件冷却时不均匀收缩引起的。因内外收缩不均而产生的体积温度应力主要靠减少制件内外层冷却降温速率的差别来降低。这可以通过提高模具温度、降低加工温度来达到，体积温度应力对注塑制件力学性能影响最小。

③ 与制件体积不平衡有关的应力高分子在模腔内凝固时，甚至在极其缓慢的条件下要使制件在脱模后立即达到其平衡体积，实际上这是不可能的。实验测定表明，注塑制件中这种形式的内应力一般很小。

④ 与制件顶出变形有关的内应力。这种内应力主要与开模条件和模具顶出机构的设计有关。正确选择开模条件使开模前的模腔

压力接近于零，根据制件的结构和形状设计合理的顶出机构，使制件顶出时不致变形，可以将这种形式的内应力减到不会影响制件力学性能的限度以内。

在注射成型过程中，加热熔融的塑料在一定压力下注射入一个精密的模具之中，这既是一个高温加工过程，也是一个高压加工过程。毫无疑问，现有的塑料大都具有优良的加工适应性和稳定性，而且许多品种和牌号都是专门为注射成型而设计配制的。然而，这些塑料像所有高分子聚合物一样，并不是不会受损或破坏的，只有运用合适的成型方法，才能把塑料固有的众多优良性能比较完整地保持在成型制件之中。十分重要的是所使用的注射成型机和模具，在成型加工过程中，足以精确地设定并控制温度、压力、时间三大工艺要素，一方面确保塑料的塑化、充模和成型，另一方面防止塑料的变色、降聚和分解，从而在最适宜的成型条件下，获得高质量的制件。

第五节　注塑模具操作工安全生产技术要求

注塑模具工在模具装模、试模生产过程中，应了解常见的塑料成型设备、模具的安全设施，了解塑料成型安全生产中发生事故的主要原因及其预防措施，熟悉实现塑料成型安全生产的一些简单操作规程，以提高对塑料成型安全生产重要性的认识。

塑料成型生产是一般塑料制品和型材生产的必经环节，在塑料工业中占有重要地位。由于塑料成型都要在加热状态下进行，所使用的一些化工原料（如脱模剂等）和塑料本身会产生挥发性气体（如环氧树脂加热至60℃时将挥发出环氧丙烷等），这些挥发物具有毒性且易引起爆燃，如果处理不当，容易危害操作工人的身体健康和安全。

此外，由于生产过程的需要，操作人员的手或部分身体有时要进入到设备的工作部位，如在移动模具上喷涂脱模剂、安放嵌件和清理模具等，这些工作单一且操作频繁，加之噪声和车间温度的影响，极易使工人疲劳，造成精力分散，稍有不慎，就会酿成事故。因此，在塑料成型生产中，防止发生人身伤亡、设备和模具损坏等事故显得尤其重要。

(1) 事故原因及预防措施 引起塑料成型生产事故的原因有很多，归纳起来一般有操作者、模具、设备和车间环境等方面的原因。

① 操作者的原因。操作者对塑料成型机械的性能和结构缺乏了解，操作时疏忽大意或违反操作规程，极易引发生产事故。为防止发生上述现象，一方面应对操作工人加强安全意识和操作规程的教育，另一方面还应加强安全生产管理。此外，操作工人应了解所使用设备的结构性能，做到正确使用和保养设备。

② 模具的原因。模具引发事故的原因主要是模具结构设计不合理或模具制造不符合要求、模具安装调整不当等。针对这些因素，模具应严格按照国家标准设计、制造和验收，模具安装调整时应仔细正确，使用中随时检查并调整模具。

③ 设备的原因。塑料成型所用设备如果状态不良，使用中造成动作误操作或结构性能老化，动作不可靠或失灵，都可能造成安全事故。所以，平时应加强设备的保养和维修，使设备处于良好的技术状态。此外，加强设备的改造换代，先进的设备配以先进的模具是防止发生事故的重要措施之一。

④ 车间环境的原因。车间的作业环境温度过高，噪声太大，通风条件以及照明设施不好都会造成操作工人疲劳，精力不集中而发生安全事故。为保证操作者有良好的工作环境，尽量降低车间的噪声和环境温度，照明正常，消防设施齐全，特别是一些危险的化工原料应隔离放置，防止爆燃。操作人员必要时应戴手套、眼罩，穿防护服等，操作时宜处于上风口。

(2) 塑料成型设备的安全设施 为防止在注塑成型过程中发生安全事故，除了要求操作人员在特定的生产条件下，严格按照操作规程操作设备外，注塑成型设备本身在设计制造方面也采取了一些安全措施，它包括对操作工的安全保护、机器设备的安全保护、模具保护和电气及液压系统等的保护措施。尽管这些安全设置中，有的还不尽完善可靠，但对安全生产仍起到了积极的作用。现简单介绍如下。

① 人身安全保护。在塑料成型设备如注射机、塑料制品液压机等的操作过程中，操作人员和检修人员身体的一部分有时需要进入机器的工作部位中去，如取出制品、安装或修理模具等，不可避免地要和设备运动部件接触。为了确保安全，在机器的工作部位设置了有保护作用的安全门，其原理如图 7-8 所示。它是一种由电器实现安全保护的装置。只有当安全门完全关闭时，压合了限位开关 SQ 以后，其常开触头 SQ1 闭合，而常闭触头 SQ2 打开时，按动合模按钮 SB1 方能实现合模动作。在安全门开启的情况下，限位开关 SQ 复位，SQ1 触头断开，并自动接通开模触头 SQ2，而自动开模。有的为了可靠，防止限位开关失灵，采用两个限位开关进行安全保护。这样，只有当安全门将两个限位开关都压合后，才能进行合模。

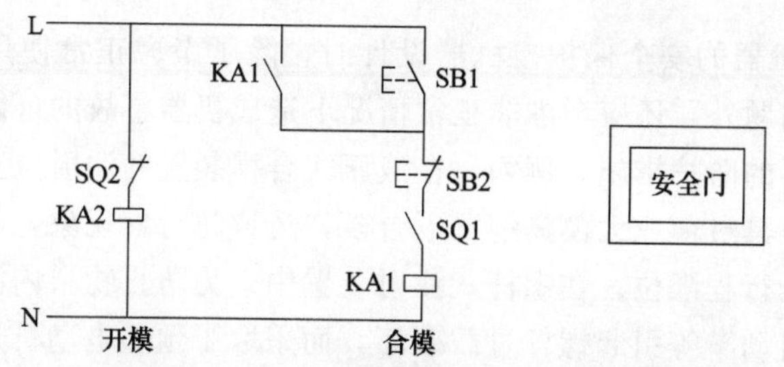

图 7-8　由电器实现保护的安全门原理图

图 7-9 所示的是电器液压双重保护的安全门。它除了电器保护外，在合模的换向液压回路中增设凸轮换向阀。当打开安全门，压下凸轮换向阀 2 时（图示位置），凸轮换向阀的左边控制油路与回路接通，即使按下合模按钮，也不会发生合模动作，这样，即使在电器保护装置失灵的情况下，如果安全门没有关闭，合模动作还是不会进行的。它是双重保护的另一种形式。

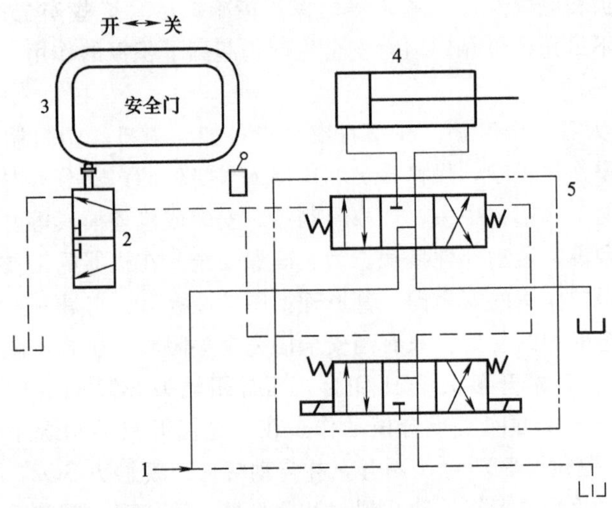

图 7-9 电器液压双重保护的安全门原理图

1—液压源；2—凸轮换向阀；3—安全门；4—合模液压缸；5—三位四通电液换向阀

② 机器的安全保护。机器设计时，除了考虑正常使用情况下出现的问题外，还应考虑非正常情况下造成机器事故的可能性，并采取必要的防护措施。例如，在液压式合模装置的注射机上，为防止由于模具过薄或无模具情况下合模，造成超行程现象，而设置电器或液压行程限位；在螺杆式注射装置中，为防止物料内混入异物或“冷启动”等引起螺杆过载破坏，而采取了预塑电动机过电流保护或机械保护；为防止计量限位开关失灵，螺杆继续旋转后退而造成的事故，一般设置双电器保护，并报警。还有，在合模机构运行部位，设置防护罩，防止人或物进入，而造成人身或设备事故。一般设备还设有紧急停车按钮或安全踏板，以备紧急情况发生时迅速停车之用等，这是不再一一介绍。

③ 模具的安全保护。塑料成型所用模具一般都较精密，制造成本高，周期长，在生产中（尤其在自动化生产中）要充分注意模具的保护问题。当模具内有制品或残留物或嵌镶件安放位置不正确

时，如果进行合模，可能造成损坏模具等事故。目前，模具保护方法主要有光电保护和低压试合模保护。

光电保护是在模具两旁设置许多光电管，若模具内有异物，光源被切断，发出信号使合模动作停止。

低压试模是一种液压保护方法，将合模压力分为二级控制，开始移模时为低压，其推力仅能推动模具前移。当模具完全闭合时，触动微动行程开关才能升压，从而达到锁模力。如果模具内有异物，则低压试合模时不能闭合，不触动微动行程开关，不能升压从而保护模具。

④ 电气及液压的保护。在设备事故中，较多的是由电气或液压方面的故障引起的。所以，经常检查、紧固和修复电气及液压元件是十分必要的。

(3) 注塑模的安全措施 除了在设备上合理采用安全装置外，从模具上解决好安全问题也是很有必要的。因此，在模具设计时，应周密地从各个不同角度考虑安全措施。

① 常见注塑模结构的安全措施。注塑模结构的安全措施主要是指，注塑模各零件的结构和注塑模装配完成以后有关零件的相关尺寸，以及注塑模运动零件的可靠性等方面的安全措施，常见的有：

a. 凡是模具外露非工作部位的棱边或尖角，都应予以倒棱或倒圆，以避免划伤或碰伤操作人员。

b. 立式运作的注塑模（如装在压力机或立式注射机上的模具），应将上模座板的正面制成斜面，以增加安全操作空间。

c. 在压力机上使用的模具，从上模座板下平面至下模座板上平面的最小间距应不小于 50mm。

② 注塑模的其他安全措施

a. 在手工操作中，为防止操作者接触危险区，应将塑料模工作区用防护板或防护罩封闭起来，但不能妨碍观察工作情况。必要时，还应配备安全工具（如夹子、吸取器等），以代替手进入模具工作区，减少危险事故的发生。

b. 给大型模具设置安装块，以便于模具的安装和调整。同时，在模具存放时，还可使工作零件保持一定距离，以防止模具倾斜和碰伤。

c. 大、中型模具均应有起重吊孔、吊环，以方便搬运，且同一套模具中的起重吊孔（或吊环）的类型和规格应尽可能一致。

除以上注塑模的安全措施以外，自动成型模和半自动成型模开模后，模内塑件的自动脱模及排出都属于注塑模的安全保护装置。此外，努力实现塑料成型生产自动化，提高生产技术水平也能防止发生安全事故。

(4) 注塑成型安全操作

① 生产前的检查和准备工作

a. 检查原料是否符合规定的技术要求。

b. 熟悉图样及工艺，包括熟悉塑件产品图；掌握塑料成型特点、塑件特点；熟悉模具结构、动作原理及操作方法；掌握工艺要求、成型条件及正确的操作方法；熟悉各项成型条件的作用及相互关系。

c. 检查模具结构。按图样仔细对模具进行外观检查和空运转检查。如合模后各承压面（分型面）之间不得有间隙，结合要严密；活动型芯、顶出导向部位运动及滑动平稳、灵活，定位导向正确；各镶嵌件、紧固件要安全可靠、无松动现象；冷却水要通畅、不漏水，阀门控制要正常；电加热系统无漏电现象，安全可靠；各气动液压控制机构动作正常；各附件齐全、使用良好等。

d. 熟悉设备使用。包括熟悉设备结构及操作方法、使用保养知识和检查设备成型条件是否符合模具应用条件及能力等。

e. 工具及辅助工艺配件准备。另外应做好操作人员必要的防护准备以及周围作业环境的检查与监测等。

② 生产操作。操作人员在生产进行中必须严格遵守操作规程，注意力集中。工作中发现不正常现象，应立即停机分析原因，设法排除故障。不允许在工作过程中进行检修和调整模具。工作完毕，应切断电源，整理好工具，清扫设备和工作场地，填写运行

记录。

③ 日常安全维护。用于注塑成型生产的设备及模具应定期检查与维护，以保持良好的工作状态和寿命。如对注射机清洁程度、紧固部件的松紧程度、相对运动部件的润滑程度、温控部件的变化情况及其他运动、液压和电器部件（特别是安全门和紧急停车开关）的运行情况，模具安装固定螺钉的情况等要做定期检查。

第八章　注塑模具的使用与维护

第一节　注塑模具的使用维护

注塑模具同其他模具相比，结构更加复杂和精密，对操作和维护产品的要求也就更高，因此在整个生产过程中，正确使用和精心维护、保养注塑模具对维持企业正常生产、提高企业效益具有十分重要的意义。

① 选择合适的成型设备，确定合理的工艺条件。若注塑机太小则满足不了要求，太大又是能源的浪费，并且又会因合模力调节不合适而损坏模具或模板，同时又使效率降低。选择注射机时，应按最大注射量、拉杆有效距离、模板上模具安装尺寸、最大模厚、最小模厚、模板行程、顶出方式、顶出行程、注射压力、合模力等进行核查，满足要求后方可使用。工艺条件的合理确定也是正确使用模具的内容之一，锁模力太大、注射压力太高、注射速率太快、模温过高等都会对模具使用寿命造成损害。

② 模具装上注射机后，要先进行空模运转。空模运转时操作者观察其各部位运行动作是否灵活，是否有不正常现象，顶出行程、开启行程是否到位，合模时分型面是否结合严密，压板螺钉是否拧紧等。

③ 模具使用时，要保持正常温度，不可忽冷忽热，在正常温度下工作，可延长模具使用寿命。

④ 模具上的滑动部件，如导柱、顶针、推杆、型芯等，要随时观察，定时检查，适时擦洗并加注润滑油脂，尤其在夏季温度较高时，每班最少加两次油，以保证这些滑动件运动灵活，防止紧涩咬死。

⑤ 每次锁模前，均应注意型腔内是否清理干净，绝对不准留有残余制品或其他任何异物，清理时严禁使用坚硬工具，以防碰伤型腔表面。

⑥ 型腔表面有特殊要求的模具，表面粗糙度 Ra 小于或等于 0.2μm 的，绝对不能用手抹或棉丝擦，应用压缩空气吹，或用高级餐巾纸或高级脱脂棉蘸上酒精轻轻地擦抹。

⑦ 型腔表面要定期进行清洗。注射模具在成型过程中往往会分解出低分子化合物腐蚀模具型腔，使得光亮的型腔表面逐渐变得暗淡无光而降低制品质量，因此需要定期擦洗，可以使用醇类或酮类制剂擦洗，之后要及时吹干。

⑧ 操作离开需临时停机时，应把模具闭合上。临时停机时不能让型腔和型芯暴露在外，以防意外损伤，停机时间预计超过 24h 的，要在型腔、型芯表面喷上防锈油或脱模剂，尤其在潮湿地区和雨季，时间再短也要做好防锈处理。空气中的水汽会使模腔表面质量降低，制品表面质量下降。模具再次使用时，应将模具上的油去除，擦干净后才可使用，有镜面要求的清洗后用压缩空气吹干，之后再用热风吹干，否则会在成型时使制品出现缺陷。

⑨ 临时停机后开机，打开模具后应检查滑块限位是否移动，未发现异常才能合模。总之，开机前一定要小心谨慎，不可粗心大意。

⑩ 为延长冷却水道的使用寿命，在模具停用时，应立即用压缩空气将冷却水道内的水清除，用少量机油放入口部，再用压缩空气吹，使所有冷却管道附有一层防锈油层。

⑪ 工作中认真检查各控制部件的工作状态，严防辅助系统发生异常，加热、控制系统的保养对热流道模具尤为重要。

在每一个生产周期结束后，都应对棒式加热器、带式加热器、热电偶进行测量，并与模具的技术说明资料相比较，以保证其功能完好。与此同时，控制回路可以通过安装在回路内的电流表测试。抽芯用的液压缸中的油尽可能排空，油嘴密封，以免在储运过程中液压油外泄或污染周围的环境。

⑫ 在生产中听到模具发出异声或出现其他异常情况时，应立即停机检查。模具维修人员对车间内正常运行的模具要进行巡回检查，发现有异常现象时，应及时处理。

⑬ 操作工在交接班时，除了交接生产、工艺等记录外，对模具使用状况也要有详细的交代。

⑭ 当模具完成制品生产数量，要下机更换其他模具时，应将模具型腔内涂上防锈剂，将模具及其附件送交模具保养员，并附最后一件生产合格的制品作为样件一起送交保养员。此外，还应送交一份模具使用清单，详细填写该模具在什么机床上，从某年某月某日，共生产多少数量制品，现在模具是否良好。若模具有问题，要在使用单上填写该模具存在什么问题，提出修改和完善的具体要求，并交一件未处理的样品给保管员，留给模具工修模时参考。

⑮ 应设立模具库，设专人管理，并建立模具档案，有可能的话要对模具实行计算机管理。模具库应选择潮气小通风的地方，湿度应保持在70%以下，若湿度超过70%，则模具很容易生锈，模具应上架存放，注意防腐蚀、防尘等。要标上“需要修理”或“完成修理”、“保养”等的标识。

第二节　注塑模具的故障分析与排除

注塑模具的结构设计、零件的加工质量、模具的装配精度都影响着塑件制品精度和生产效率。在注塑模具试模和生产中，会出现一些常见的模具故障，如导柱损伤、脱模困难等，下面介绍几种常见的模具故障及其解决办法。

(1) 导柱损伤　导柱在注塑模具中主要起导向作用，不能以导柱作为受力件或定位件用。在以下几种情况下，注射时动、定模将产生巨大的侧向偏移力：

① 塑件壁厚要求不均匀时，料流通过厚壁处速率大，在此处产生较大的压力；

② 塑件侧面不对称，如阶梯形分型面的模具，相对的两侧面

所受的反压力不相等；

③ 大型模具，因各向充料速率不同以及在装模时受模具自重的影响，产生动、定模偏移。

在上述几种情况下，注射时侧向偏移力将加在导柱上，开模时导柱表面会拉毛、损伤，严重时造成导柱弯曲或切断，甚至无法开模。为了解决以上问题，在模具分型面上增设高强度的定位键（四面各一个），最简便有效的是采用圆柱键。导柱孔与分模面的垂直度至关重要，在加工时是采用动、定模对准位置夹紧后，在镗床上一次镗完，这样可保证动、定模孔的同心度，并使垂直度误差最小。此外，导柱及导套的热处理硬度务必达到设计要求。

(2) 浇口脱料困难　在注塑过程中，浇口粘在浇口套内，不易脱出。开模时，制品会出现裂纹损伤。此时，操作者必须用铜棒尖端从喷嘴处敲出，使之松动后方可脱模，严重影响生产效率。这种故障主要原因是浇口锥孔光洁度差，内孔圆周方向有刀痕。其次是材料太软，使用一段时间后锥孔小端变形或损伤，以及喷嘴球面弧度太小，致使浇口料在此处产生铆头。浇口套的锥孔较难加工，应尽量采用标准件，如需自行加工，也应自制或购买专用铰刀。锥孔需经过研磨至表面粗糙度 Ra 在 0.4μm 以下。此外，必须设置浇口拉料杆或者浇口顶出机构。

(3) 动模板弯曲　模具在注射时，模腔内熔融塑料产生巨大的反压力，一般在 600～1000kgf/$cm^2$❶。模具制造者有时不重视此问题，往往改变原设计尺寸，或者把动模板用低强度钢板代替，在用顶杆顶料的模具中，由于两侧座跨距大，造成注射时模板下弯。故动模板必须选用优质钢材，要有足够厚度，切不可采用低强度钢板，在必要时，应在动模板下方设置支承柱或支承块，以减小模板厚度，提高承载能力。

(4) 顶杆弯曲，断裂或者漏料　自制的顶杆质量较好，但加工成本太高，现在一般都用标准件，质量差。顶杆与孔的间隙如果

---

❶ 1kgf/cm^2＝98.0665kPa。

太大，则出现漏料，但如果间隙太小，在注射时由于模温升高，顶杆膨胀而卡死。更危险的是，有时顶杆被顶出一般距离就顶不动而折断，结果在下一次合模时这段露出的顶杆不能复位而撞坏凹模。为了解决这个问题，顶杆要重新修磨，在顶杆前端保留 10～15mm 的配合段，中间部分磨小 0.2mm。所有顶杆在装配后，都必须严格检查其配合间隙，一般在 0.05～0.08mm 内，要保证整个顶出机构能进退自如。

(5) 冷却不良或水道漏水 模具的冷却效果直接影响制品的质量和生产效率，如冷却不良、制品收缩大或收缩不均匀而出现翘曲变形等缺陷。另一方面模具整体或局部过热，使模具不能正常成型而停产，严重者使顶杆等活动件热胀卡死而损坏。冷却系统的设计，加工以产品形状而定，不要因为模具结构复杂或加工困难而省去，特别是大中型模具一定要充分考虑冷却问题。

(6) 定距拉紧机构失灵 摆钩、搭扣之类的定距拉紧机构一般用于定模抽芯或一些二次脱模的模具中，因这类机构在模具的两侧面成对设置，其动作要求同步，即合模同时搭扣，开模到一定位置同时脱钩。一旦失去同步，势必造成被拉模具的模板歪斜而损坏，这些机构的零件要有较高的刚度和耐磨性，调整也很困难，机构寿命较短，尽量避免使用，可以改用其他机构。在抽心力比较小的情况下可采用弹簧推出定模的方法，在抽芯力比较大的情况下可采用动模后退时型芯滑动，先完成抽芯动作后再分模的结构，在大型模具上可采用液压油缸抽芯。

(7) 斜销滑块式抽芯机构损坏 这种机构较常出现的毛病大多是加工上不到位以及用料太少，主要有以下两个问题。

① 有些模具因受模板面积限制，导槽长度太小，滑块在抽芯动作完毕后露出导槽外面，这样在抽芯后阶段和合模复位初阶段都容易造成滑块倾斜，特别是在合模时，滑块复位不顺，使滑块损伤，甚至压弯破坏。根据经验，滑块完成抽芯动作后，留在滑槽内的长度不应小于导槽全长的 2/3。

② 斜销倾角较大，其优点是可以在较短的开模行程内产生较

大的抽芯距。但是采取过大的倾角 α，当抽拔力 F 为一定值时，在抽芯过程中斜销受到的弯曲力 $P=F/\cos\alpha$ 也越大，易出现斜销变形和斜孔磨损。同时，斜销对滑块产生向上的推力 $N=F\tan\alpha$ 也越大，此力使滑块对导槽内导向面的正压力增大，从而增加了滑块滑动时的摩擦阻力，易造成滑动不顺，导槽磨损。根据经验，倾角 α 不应大于 25°。

第三节　注塑模具的修理

塑料模具在正常使用过程中，由于正常或意外磨损，以及在注塑过程中出现的各种异常现象，都需通过修模解决。注塑模具的维修分为通用维修和特别维修两种。通用维修是针对热流道、加热器、导柱和顶针、成型镶件等模具组件的维修，特别维修是针对塑料模具型芯或型腔等组件的维修。

(1) 通用维修

① 查看散气孔处是否有预警性的生锈或潮湿现象。如果在热流道排气孔附近发现有生锈或潮湿现象，那就意味着内部有冷凝，或是水管有可能破裂。潮湿现象会引发对加热器致命的短路。如果机器不是全年不停地运行，需要在晚上或是周末关机的话，那么发生这种凝结现象的概率就会增加。

② 记住提醒操作员不要把浇口处的热嘴头“清理”掉。要是操作员碰巧看到模具浇口处有一小片不锈钢，有可能是个点浇口组件。“清理”掉这个看似是阻碍的东西常常会毁掉热嘴头。为了不至于破坏热嘴头，应在采取行动前，确认热流道系统的嘴头类型，并确保所有操作员都训练有素，能识别自己所接触的不同类型的嘴头。

③ 检查滑行止扣。对于全年不停运行的机器，这项工作应当每周进行一次，以给这些零件进行一次例行的润滑保养。

④ 交互校验加热器的电阻值。在刚开始使用加热器的时候，就已经测量它的电阻值，并将所得的数值记录下来用于今后检查该

加热器时的参考数据。在使用中应经常对其测量并进行对比。如果电阻值有±10%的浮动，就应该考虑替换加热器，以保证它不会在生产过程的关键时刻出现故障。

⑤ 查看导柱和导套间是否有磨损的迹象。查看导柱和导套间是否有刮损或擦损等痕迹，这种磨损是由于缺乏润滑造成的，如果痕迹只是刚出现，那么可以通过给导柱和导套加润滑剂来延长其寿命；假若磨损已很严重，那就应该更换新零件了，否则，型腔和型芯部分可能无法很好地贴合，从而导致制件壁薄厚不一。

⑥ 检查水流情况。在水路出口处连接一条软管，让水通过水管流到桶里。如果流出的水不清澈或是有颜色，就可能有生锈现象发生，而水流不通畅则意味着某处堵塞。如果发现这些问题，应将所有水管再次钻穿或是采用水垢清洗剂进行清洗，以保证畅通。

⑦ 清洗顶针。经过一段时间的使用，顶针会由于气体囤积和存在膜状杂质而变得很脏。推荐每隔6～12个月用模具清洗剂仔细清洗一次。清洗干净后，再在顶针上涂上一层润滑剂以防止擦伤或断裂。

⑧ 查看热嘴的半径区域是否有断口。断口是由残留在机器热嘴里的松散变硬的塑料碎片在向前注塑时受到来自料筒组件的夹持力所造成的，也有可能是因为中心线没有对准。在发现断口时，要考虑这些可能性。如果所受的破坏已严重到不能防止出现花瓣状泄漏时（在浇口套和机器的热嘴头间出现的塑料泄漏），就应该及时更换浇口套。

(2) 特别维修

① 模具工接到任务后的准备工作

a. 弄清模具损坏的程度；

b. 读图（有图纸的情况下）：参照模具图纸，分析模具损坏部位，对损坏部件的尺寸进行草图绘制，再针对模具进行校核。

c. 无图纸的情况下：模具工对模具进行维修，在很大程度上是在无图纸条件下进行的，维修的原则为“不影响塑件的结构、尺寸”，这就要求修模技工在涉及尺寸改变时应先“拿好数”再进行下一步工作。

d. 参照修模样板，分析维修方案。

② 装、拆模及注意事项

a. 标示。当修模技工拆下导柱，司筒（孔或轴由于磨损或加工超差，将原位置加大或缩小，再镶一套使之恢复原尺寸，该套称为司筒）、顶针、镶件、压块等，特别是有方向要求的，一定要看清在模坯上的对应标示，以便在装模时对号入座。

在此过程中，须留意：标示符必须唯一，不得重复；没有标示的模具镶件，必须打上标示。

b. 防呆。在易出现错装的零部件上做好防呆工作即保证在装反的情况下装不进去。

c. 摆放。拆出的零部件需摆放整齐，螺钉、弹簧、胶圈等应用胶盒装好。

d. 保护。对型芯、型腔等精密零件要做好防护措施，以防他人不小心碰伤。

③ 维修及注意事项

a. 机台省模（对模具的模仁部分进行抛光处理称为省模）：当胶件有粘模、拖花等需省模时，应保护好有纹面的部位，才可进行维修。机台省模切忌将纹面省光，在无把握时应要求落模维修。

b. 烧焊。若对纹面进行烧焊，必须留意焊条必须与模芯材料一致；焊后需要做好回火工作。

捷利特工件修补机是采用德国、日本领先冷焊技术，通过对工件进行无热堆焊，以保证工件等工件的完好，它利用电火花放电原理，利用电火花放电时的高温及电磁力把电极棒（补材）材料熔渗进塑料模具材料表面。熔渗后的补材和工件表面产生结合度很高的冶金结合强化层，剥离性能高于工件材料。它对球墨铸铁、灰口铸铁、不锈钢等缺陷的修补效果极佳，焊补速度快，焊后无色差或色差极小，适应工厂规模生产的需要。即使是公认的较难修补的机床轨道面的缺陷，它也能较理想地解决。它的特点是：

• 工件无退火和变形。堆焊的瞬间过程中无热输入，因而无变形、咬边和残余应力。不会产生局部退火，修复后不需要重新热处理。

• 熔接强度高。由于充分渗透到工件表面，材料产生极强的结合力，焊后部位可进行各种机械加工，不会出现焊后结合不牢固、脱落等现象；

• 修复精度高。由于小电流的稳定运行，时间的精确控制，焊补的工作点可以是极小、精密的部位，不会对周边产生影响，堆焊厚度从几微米到几毫米，只需打磨，抛光。

• 适用于不同部位的焊补。平面部位的凹陷、孔、洞；细缝、沟槽；棱角、棱线、尖峰等部位均可。

• 一机多用。可进行堆焊、表面强化等。通过调节放电功率和放电频率可获得要求的堆焊和强化的厚度和光洁度。

• 环保性。工作过程中无任何污染。

• 经济性。在现场立刻修复，提高生产效率，节省费用。

• 堆焊层硬度及补材多样性。使用不同的补材可获得不同的硬度，堆焊修补层硬度范围为25～62HRC。

c. 补纹。当模具维修好需出厂补纹时，维修者需用纸皮将纹面保护好，并标示好补纹部位，附带补纹样板。蚀纹回厂时，应认真检查蚀纹面的质量，确认后方可进行装模。若对维修效果把握不大，应先试模确认，方可出厂补纹。

d. 损坏零件的补作。补作零件的精度必须与损坏零件相同，它与模具配合后应满足塑料模具装配图的要求。

④ 修理后的试模

a. 模具零件修理后，所有零件必须清洁、清点，合格后准备装配。

b. 按照塑料模具装配图的要求，进行模具的总装。

c. 试模。

d. 对试模后的塑料产品进行检查，分析修模是否成功，查找原因并解决问题。

e. 上油，入库。

⑤ 塑料模具维修中的安全问题。在维修中要做到：

a. 使用吊环时必须先检查，确保完好无损；

b. 使用设备，特别是有飞屑产生时，一定要戴防护眼镜操作；

c. 烧焊时必须穿防护衣，戴防护眼镜；

d. 严禁在模具底下作业；

e. 机台作业时，必须保证注塑机处于停止状态，并挂好标示牌。

参考文献

[1] 冯炳尧，韩泰荣，蒋文森. 模具设计与制造简明手册. 上海：上海科技出版社，1998.
[2] 胡荆生. 公差配合与技术测量基础. 北京：中国劳动社会保障出版社，2001.
[3] 翁其金. 塑料模塑工艺与塑料模设计. 北京：机械工业出版社，2004.
[4] 李贵胜. 模具机械制图. 北京：电子工业出版社，2005.

欢迎订阅模具专业图书

续表

书　号	书　名	定价/元
05704	金属压铸模具设计——全国高职高专工作过程导向规划教材	26
05707	冷冲压模具设计——全国高职高专工作过程导向规划教材	29
07344	模具材料及热处理技术问答	39
07344	模具材料及热处理技术问答	39
09963	多工位级进模设计手册	138
03605	模具钢选用速查手册	36
02189	模具钳工操作技能	35
05726	模具钳工实训教程	32
03268	模具钳工速查手册	42
03684	模具识图	32
05778	模具识图实训教程	30
05706	模具试模与维修——全国高职高专工作过程导向规划教材	26
01449	模具数控电火花成型加工工艺分析与操作案例	18
01461	模具数控电火花线切割工艺分析与操作案例	18
07480	模具数控加工实训教程(刘国良)	36
01048	模具数控铣削加工工艺分析与操作案例	22
09724	模具设计师手册系列——冲压模具设计师速查手册	98
08025	模具设计师手册系列——冲压模具典型结构图册与动画演示	78
09624	模具设计师手册系列——注塑模具典型结构图册与动画演示	98
08388	模具设计师手册系列——注塑模具设计师速查手册	108
07218	模具数控线切割加工技巧与实例	36
02999	模具制造工艺入门	16

续表

书　号	书　　名	定价/元
04761	模具制造基础与加工技术	38
05703	模具制造技术(刘国良)	39
05431	模具制造技术问答	28
01923	模具专业课程设计指导丛书——冲压模具课程设计指导与范例	32
03267	模具专业课程设计指导丛书——模具制造工艺课程设计指导与范例	22
05132	模具专业课程设计指导丛书——塑料模具课程设计指导与范例	29
05705	塑料成型模具设计——全国高职高专工作过程导向规划教材	28
06685	实用冲模结构设计手册(附光盘)	148
05782	塑料模具技术问答	28
03759	塑料模具设计技术英语	39
06199	塑料模具设计与制造实训教程	29
10554	图解模具专业英语	29
01467	新编工模具钢660种	48
06580	压铸模具简明设计手册	89
05776	中小型模具报价估算方法与实例	28
03486	注塑成型工艺分析及模具设计指导	38
08319	注塑模具设计33例精解	28

如需以上图书的内容简介、详细目录以及更多的科技图书信息，请登录www.cip.com.cn。

邮购地址：(100011) 北京市东城区青年湖南街13号　化学工业出版社

服务电话：010-64518888，64518800（销售中心）

如要出版新著，请与编辑联系。

联系方法：010-64519276　jiana@cip.com.cn